新时代煤炭地质勘查工作发展方向研究

赵 平 等 编著

科学出版社
北 京

内 容 简 介

本书论述了新时代煤炭地质勘查工作在国家能源安全保障和国民经济建设中的新使命，在"绿水青山"发展理念下的新担当，在"一带一路"倡议中的新作用。提出了煤炭地质勘查科技创新的新方向和煤炭地质勘查队伍建设的新要求，建立了煤炭生态地质勘查新体系，展示了当代煤炭地质科技创新发展的新成果，畅想了煤炭地质工作发展的美好愿景。

本书既是新时代煤炭地质勘查发展战略的研究，也是科技创新思路的综述，贯穿了辩证思想，体现了方法论。可供政府煤炭工业管理部门、能源企业、煤炭地质勘查与煤矿开发的相关专业人员和科研院校师生参考。

图书在版编目（CIP）数据

新时代煤炭地质勘查工作发展方向研究 / 赵平等编著. —北京：科学出版社，2020.3
ISBN 978-7-03-063703-1

Ⅰ. ①新… Ⅱ. ①赵… Ⅲ. ①煤田地质－地质勘探－研究 Ⅳ. ①P618.110.8

中国版本图书馆 CIP 数据核字（2019）第 281516 号

责任编辑：周 丹 石宏杰 洪 弘 / 责任校对：王 瑞
责任印制：师艳茹 / 封面设计：许 瑞

科 学 出 版 社 出版
北京东黄城根北街 16 号
邮政编码：100717
http://www.sciencep.com

河北鹏润印刷有限公司 印刷
科学出版社发行　各地新华书店经销

*

2020 年 3 月第 一 版　开本：787×1092　1/16
2020 年 3 月第一次印刷　印张：15 1/4
字数：362 000

定价：99.00 元
（如有印装质量问题，我社负责调换）

《新时代煤炭地质勘查工作发展方向研究》
编委会

顾　　问：彭苏萍　武　强　王双明
主　　任：赵　平
副 主 任：王海宁　潘树仁
成　　员：王　佟　谭克龙　孙红军　张谷春
　　　　　刘永彬　谢志清　林中月

《新时代煤炭地质勘查工作发展方向研究》
编写组

主　编：赵　平
编写人：王　佟　谭克龙　林中月　孙红军　谢志清
　　　　张谷春　赵　欣　孙　杰　潘海洋　洪士姚
　　　　张　昊　袁同星　张强骅　马国东　黄　勇
　　　　刘永彬　刘福胜　马彦良　王　玥　江　涛
　　　　姚超美　文怀军　沈智慧　彭桂辉　白志刚
　　　　邓小林　党　枫

序 一

煤炭工业是关系国家经济命脉和能源安全的重要基础。煤炭是我国的主体能源和重要的化工原料。习近平总书记高度重视煤炭工业改革发展，在阐述"四个革命、一个合作"能源安全新战略时，强调我国煤炭资源丰富，在发展新能源、可再生能源的同时，还要做好煤炭这篇文章；特别是实地考察徐州市贾汪区潘安采煤塌陷区整治工程和抚顺市采煤沉陷区避险搬迁安置情况时，强调要贯彻新发展理念，坚定不移走生产发展、生活富裕、生态良好的文明发展道路。新时代如何提高煤炭地质勘查的科学水平、增强煤炭资源保障能力，特别是如何贯彻绿色发展理念、促进煤炭地质勘查工作与生态环境协调健康发展是亟待研究的重大课题。

在这样的大背景下，2017年以来，中国煤炭地质总局站在建设具有核心竞争力的世界一流地质与生态文明建设企业的高度，开展了新时代煤炭地质勘查工作发展方向研究，力图通过对我国煤炭资源保障能力和生态环境问题的深入研究，明确新时代煤炭地质勘查技术攻关方向，为提高煤炭勘探水平、提供优质煤炭资源、以最小的生态环境扰动获取最大的资源回收、促进煤炭资源开发与环境保护共同发展提供强有力的地质工作保障。

通过近两年来的艰辛努力，取得了丰硕的研究成果，提出了新时代煤炭生态地质勘查工作保障国家能源安全、实施生态环境安全和践行"一带一路"倡议的三大任务，丰富了生态地质勘查技术体系的内涵，拓展了地质服务新领域，明确了建设"透明地球、美丽地球、数字地球"的发展目标。

《新时代煤炭地质勘查工作发展方向研究》是赵平团队多年潜心研究的成果，是煤炭行业实施科技兴煤战略和创新驱动发展战略的具体行动，为煤炭行业开展生态勘查提供了重要的基础和参考，研究成果理论和实践相结合，对促进我国煤炭地质勘查领域高质量发展具有十分重要意义。该书的出版为煤炭企业、煤炭科研人员更多地了解我国煤炭地质勘查工作等提供了帮助和借鉴。衷心希望中国煤炭地质总局在此基础上，深入研究新时代煤炭生态地质勘查工作的发展战略与重点任务，开展基础理论研究和组织关键技术攻关，为我国煤炭安全绿色智能化开采和清洁高效低碳化利用提供坚实的科技支撑，为推动能源革命、深化煤炭供给侧结构性改革、促进煤炭工业高质量发展做出新的更大的贡献。

2019年12月18日

序　二

近年来，煤炭地质勘查工作领域不断拓宽，研究范围不断扩大，已经从资源-技术型发展为技术-经济-环境-社会型，煤炭地质勘查工作与技术经济、生态环境、煤炭开发、矿山安全等多学科的交叉和融合日趋紧密。进入新时代，我国经济和社会发展对地质勘查工作的发展提出了许多新要求，地质勘查单位自身发展也需要适应新时代新要求积极变革。在此大背景下，中国煤炭地质总局以习近平新时代中国特色社会主义思想为指导，认真落实十九大提出的生态文明建设要求，通过对煤炭地质单位发展历程与成就的系统总结，从资源、环境、社会、经济协调发展角度，科学界定了新时代煤炭地质单位发展的方向，构建了煤炭生态地质勘查工作的研究框架，提出了煤炭地质勘查工作需要紧密围绕"透明地球"、"美丽地球"和"数字地球"——"三个地球"建设的发展理念和战略愿景，实现保障国家煤炭能源和粮食化工矿产资源安全与高质量、绿色、信息化发展的发展愿景，以及面向国家战略，保障我国能源和化工矿产资源供给安全，促进生态文明建设；面向行业发展需求，努力提升科技创新能力，努力发展"地质+"产业，实现地质勘查产业信息化、智能化发展的新思路。

赵平等完成的《新时代煤炭地质勘查工作发展方向研究》一书，紧扣时代脉搏，立意时代特色鲜明，对煤炭地质与化工地质勘查行业具有重要的指导意义。相信该书的出版会对促进我国煤炭地质工作的科学发展起到积极的推动和指导作用。

2019 年 12 月 10 日

前　言

煤炭地质勘查工作关系国家能源安全，在国民经济发展中具有重要的战略地位。科学勘查开发煤炭资源是保障我国能源安全供应，实现国民经济可持续发展的重要前提。进入新时代以来，为进一步贯彻习近平新时代中国特色社会主义思想，适应国民经济和社会发展对地勘工作的新要求，中国煤炭地质总局组织开展了"新时代煤炭地质勘查工作发展方向研究"的系列研究，提出了新时代煤炭地质勘查工作的三大任务，即保障国家能源安全、实施生态环境安全和践行"一带一路"倡议。明确了煤炭地质勘查工作的四个新方向，即进一步加强对国家能源安全的保障，确保国家能源和战略性新兴矿产的需求必须立足国内自给；积极投身美丽中国建设，将生态环境地质勘查工作提升到与资源勘查同等重要的位置抓紧抓好；做好"一带一路"建设的保障，参与国际竞争与践行"一带一路"倡议，打造一支国际一流的地质勘查队伍；服务于改善民生，围绕民生、城市等领域对"地质＋"的新需求，拓宽煤炭地质勘查工作的领域和空间。最后，形成了建设"透明地球"、"美丽地球"和"数字地球"的总体奋斗目标。

本书是对该研究成果的进一步归纳总结。全书共分十章：第一章，回顾煤炭地质勘查工作历史沿革与发展现状，论述煤炭地质勘查理论的形成、发展和技术的进步趋势，分析新时代煤炭地质行业面临的机遇与挑战。第二章，论述煤炭在国民经济中的地位与保障能力，分析煤炭资源消费现状、煤炭资源消费构成及煤炭需求趋势，并从煤炭资源区域分布、煤炭资源赋存特征、煤炭资源开发现状三个方面分析我国煤炭资源的保存现状。第三章，分析我国能源现状和发展趋势，总结以往煤炭地质勘查工作对国家能源安全保障的重要贡献，提出新时代煤炭地质勘查工作在国家能源资源安全保障中的新使命。第四章，论述新发展理念对煤炭地质勘查工作的定位和煤炭地质勘查工作如何适应新形势进行自身变革，提出煤炭地质勘查工作在推进"绿水青山"发展理念中的新担当。第五章，论述煤炭地质勘查工作在"一带一路"倡议中的新作用，介绍"一带一路"倡议框架下的国际合作情况和"一带一路"地区化石能源资源基础、矿产资源条件和水资源基础与发展需求；分析"一带一路"倡议下煤炭地质勘查工作的合作机遇与展望。第六章，论述煤炭地质勘查科技创新的新方向，提出如何建立以企业为创新主体的科技工作新体系，确立高质量发展的科技攻关方向。第七章，分析煤炭地质勘查队伍的改革历程、基本情况和煤炭地质勘查队伍面临的新形势，指出煤炭地质勘查队伍改革发展中存在的问题和破解煤炭地质勘查队伍规模与数量逐渐变小、队伍管理体制机制制约、队伍科技创新能力不足以及核心竞争力弱等问题的对策，特别是需要加强新时代煤炭地质事业发展的政治保障。第八章，回顾煤炭地质勘查技术体系的发展、演变脉络，提出新时代煤炭地质绿色勘查新内涵，论述由空天遥感技术、高精度多维地球物理勘探技术、精细钻探技术、矿山生态环境修复技术以及地质大数据技术共同构成的煤炭生态地质勘查关键技术。第九章，展示煤炭地质勘查重大科技创新成果与运用，主要包括"透明地球、美丽地球、数字地球"建设发展理论；中国煤炭地质综合勘查关键技术与工程应用；西北地区煤与煤层气协同勘查与开发的地质关键技术及应用；陆域天然气水合物勘查技术与重大发现；磷块岩成矿理论体系与勘查重大发现；中国煤炭资源潜力评价；中国化工矿产资源潜力评价；新型覆岩离层注浆技术；地热能勘查与开发技术；机载 LiDAR 点云的综合测图系统；合成孔径雷达（SAR）应用技术；区域煤层底板含水层改造技术；矿山抢险救援大孔径钻孔快速施工技术；煤炭分析测试新技术等重要成果。第十章，畅想煤炭地质人实现"中国梦"的行动——"三个地球"建设的美好愿景。

  本书总体思路和基本架构由赵平提出。特别需要提出的是，中国煤炭工业协会名誉会长王显政、中国工程院彭苏萍院士对研究工作和本书编著多次给予精心指导，并拨冗写序。中国工程院武强院士、王双明院士、中国煤炭学会刘峰等专家也给予了悉心指导。中国煤炭地质总局所属单位的有关专家和同事也给予了热情帮助，提供了最新的资料，这些都难以忘怀，借此予以衷心感谢。

  由于著者水平所限及写作时间仓促，书中难免存在疏漏，恳切希望广大同行专家与读者批评指正。

编著者
2019 年 12 月 24 日

目 录

序一
序二
前言
1 煤炭地质勘查工作历史沿革与发展现状 ································ 1
　1.1 煤炭地质勘查工作发展历程 ·· 1
　　1.1.1 古代中国煤炭地质勘查（1840 年以前） ······················· 2
　　1.1.2 近代中国煤炭地质勘查（1840~1949 年） ····················· 3
　　1.1.3 现代中国煤炭地质勘查（1949~2012 年） ····················· 4
　　1.1.4 新时代中国煤炭地质勘查（2013 年至今） ····················· 7
　1.2 煤炭地质勘查理论和技术的形成与发展 ····························· 8
　　1.2.1 煤炭地质理论的发展 ··· 8
　　1.2.2 煤炭资源勘查技术的进步 ····································· 13
　　1.2.3 煤炭地质勘查发展趋势 ······································· 16
　1.3 新时代煤炭地质行业面临的机遇与挑战 ····························· 18
　　1.3.1 短期内以煤为主的能源消费不会改变 ··························· 18
　　1.3.2 煤矿生态环境保护与煤炭资源清洁利用需要进一步加强 ··········· 19
　　1.3.3 践行"一带一路"倡议与参与国际竞争 ·························· 20
　　1.3.4 煤炭地质勘查需要向绿色、高质量发展 ························· 21
　参考文献 ··· 22
2 煤炭在国民经济中的地位与保障能力 ···································· 25
　2.1 煤炭在国民经济建设中作用分析 ····································· 25
　　2.1.1 煤炭资源消费现状 ··· 25
　　2.1.2 煤炭资源消费构成 ··· 30
　　2.1.3 煤炭需求趋势分析 ··· 33
　2.2 我国煤炭资源现状分析 ··· 36
　　2.2.1 煤炭资源区域分布概述 ······································· 36
　　2.2.2 煤炭资源赋存特征 ··· 37
　　2.2.3 煤炭资源开发现状 ··· 40
　2.3 煤炭资源的地质保障能力分析 ······································· 44
　　2.3.1 煤炭资源的生态地质特征分析 ································· 44
　　2.3.2 绿色煤炭资源的勘查与评价 ··································· 49

2.3.3 我国煤炭资源保障存在的问题 ··· 54
　参考文献 ··· 55
3 煤炭地质勘查在国家能源安全保障中的贡献与新使命 ························· 56
　3.1 我国能源现状和发展趋势 ·· 56
　　3.1.1 我国能源资源禀赋特点 ·· 56
　　3.1.2 我国能源结构分析 ·· 59
　　3.1.3 我国能源消费发展趋势 ·· 61
　3.2 煤炭地质勘查对国家能源安全保障的重要贡献 ······························· 63
　　3.2.1 煤炭地质勘查成就辉煌 ·· 63
　　3.2.2 煤系多资源勘查成效显著 ··· 68
　　3.2.3 煤炭开采精准地质保障 ·· 72
　3.3 煤炭地质勘查在国家能源资源安全保障中的新使命 ························· 73
　　3.3.1 加大资源勘查力度，提高主体能源保障水平 ··························· 73
　　3.3.2 加强绿色资源勘查，保障煤炭清洁利用 ································· 74
　　3.3.3 推进煤系气资源勘查，提高天然气自给能力 ··························· 74
　　3.3.4 坚持煤水资源共探，促进资源科学利用 ································· 76
　　3.3.5 提高矿山地质精准勘查能力，支撑智能开采 ··························· 77
　　3.3.6 拓展资源勘查领域，提升能源保障能力 ································· 77
　参考文献 ··· 78
4 煤炭地质勘查在推进"绿水青山"发展理念中的新担当 ························ 79
　4.1 新发展理念对煤炭地质勘查工作要求 ··· 79
　　4.1.1 新发展理念下煤炭地质勘查定位 ·· 79
　　4.1.2 新发展理念下煤炭地质勘查的变革 ······································· 83
　4.2 煤炭开采引发的生态环境问题 ·· 87
　　4.2.1 矿井瓦斯排放 ··· 87
　　4.2.2 矿井水污染 ·· 88
　　4.2.3 采煤沉陷 ··· 88
　　4.2.4 煤矸石堆放 ·· 90
　　4.2.5 煤炭自燃 ··· 91
　4.3 煤炭生态环境治理和修复技术 ·· 92
　　4.3.1 煤矿瓦斯（煤层气）抽采与利用 ·· 92
　　4.3.2 矿井水治理及资源化利用 ··· 94
　　4.3.3 采煤沉陷治理 ··· 95
　　4.3.4 矸石减排与综合利用 ··· 97
　　4.3.5 煤火探测与防治 ··· 99
　参考文献 ··· 100
5 煤炭地质勘查在"一带一路"倡议中的新作用 ····································· 102
　5.1 "一带一路"倡议框架下的国际合作情况 ·· 102

　　　　5.1.1 "一带一路"倡议的总体推进情况 102
　　　　5.1.2 "一带一路"沿线国家合作情况 104
　　5.2 "一带一路"地区资源基础与发展需求 106
　　　　5.2.1 "一带一路"地区化石能源基础与发展需求 106
　　　　5.2.2 "一带一路"地区矿产资源条件与发展需求 109
　　　　5.2.3 "一带一路"沿线国家水资源基础及合作潜力 113
　　5.3 "一带一路"倡议下煤炭地质勘查工作的合作机遇与展望 116
　　参考文献 119

6 煤炭地质勘查科技创新的新方向 120
　　6.1 建立以企业为创新主体的科技工作新体系 120
　　　　6.1.1 定义与内涵 120
　　　　6.1.2 创新能力评价体系 121
　　　　6.1.3 科技创新保障机制 123
　　　　6.1.4 协同创新共同体 124
　　6.2 坚持高质量发展的科技攻关方向 125
　　　　6.2.1 资源绿色勘查与清洁利用 125
　　　　6.2.2 绿色矿山建设地质保障 126
　　　　6.2.3 生态环境地质勘查与治理 127
　　　　6.2.4 地质勘查大数据云平台建设 127
　　　　6.2.5 "一带一路"合作倡议与国家战略地质保障 128
　　6.3 加大科技创新平台和领军人才建设 128
　　　　6.3.1 人才与平台建设现状 128
　　　　6.3.2 科技领军人才需求与培养机制 133
　　　　6.3.3 煤炭地质重点方向科技创新平台建设 135
　　6.4 加快科技成果转化 136
　　　　6.4.1 科技成果转化的定义与内涵 136
　　　　6.4.2 地质勘查科技成果转化特点 137
　　　　6.4.3 加快科技成果转化的措施 139
　　参考文献 140

7 煤炭地质勘查队伍建设的新要求 141
　　7.1 煤炭地质勘查队伍现状 141
　　　　7.1.1 煤炭地质勘查队伍的改革历程 141
　　　　7.1.2 煤炭地质勘查队伍基本情况 142
　　　　7.1.3 煤炭地质勘查队伍面临的新形势 144
　　7.2 煤炭地质勘查队伍改革发展中存在的问题 144
　　　　7.2.1 煤炭地质勘查队伍建设需要升级 144
　　　　7.2.2 队伍管理体制机制需要进一步改革 146
　　　　7.2.3 队伍科技创新能力不足,难以形成核心竞争力 147

7.3 新时代煤炭地质勘查队伍改革的对策与思考……………………………………148
    7.3.1 国家层面做好对煤炭地质勘查队伍改革管理的顶层设计………………148
    7.3.2 煤炭地质勘查队伍要向着国际一流的煤炭地质勘查国家队大步迈进……148
    7.3.3 加大科技创新投入和平台建设……………………………………………150
    7.3.4 建立地质勘查队伍新能力标准和诚信建设评价体系……………………151
7.4 新时代煤炭地质事业发展的政治保障………………………………………………151
    7.4.1 坚定正确的政治方向，夯实煤炭地质事业发展的政治基础……………151
    7.4.2 完善现代企业制度，推动煤炭地质单位改革发展………………………152
    7.4.3 提高领航人才能力，引领煤炭地质事业更上一层楼……………………153
    7.4.4 传承历史本色，牢记新时代国家队使命担当……………………………153
参考文献…………………………………………………………………………………154

8 煤炭地质勘查工作的体系架构……………………………………………………………155
8.1 煤炭地质勘查工作体系架构的理论综述……………………………………………156
    8.1.1 煤炭地质综合勘查技术体系………………………………………………156
    8.1.2 煤炭地质协同勘查技术体系………………………………………………158
8.2 新时代煤炭地质绿色勘查新内涵……………………………………………………160
    8.2.1 总体任务……………………………………………………………………160
    8.2.2 主要目标……………………………………………………………………161
    8.2.3 煤炭地质绿色勘查理论……………………………………………………161
    8.2.4 服务内容……………………………………………………………………162
    8.2.5 关键技术……………………………………………………………………162
8.3 煤炭地质勘查关键技术综述…………………………………………………………163
    8.3.1 空天遥感技术………………………………………………………………163
    8.3.2 高精度多维地球物理勘探技术……………………………………………165
    8.3.3 精细钻探技术………………………………………………………………173
    8.3.4 矿山生态环境修复技术……………………………………………………180
    8.3.5 地质大数据技术……………………………………………………………183
参考文献…………………………………………………………………………………188

9 煤炭地质勘查重大科技创新成果与运用………………………………………………190
9.1 新时代煤炭地质勘查工作指导理论…………………………………………………190
9.2 煤炭地质勘查国家级成就……………………………………………………………191
9.3 煤炭地质勘查重大成果列举…………………………………………………………194
参考文献…………………………………………………………………………………216

10 煤炭地质事业发展的美好愿景畅想……………………………………………………217
10.1 愿景的提出……………………………………………………………………………217
10.2 "三个地球"科学内涵…………………………………………………………………218
10.3 愿景的路径……………………………………………………………………………223
参考文献…………………………………………………………………………………225

1 煤炭地质勘查工作历史沿革与发展现状

摘要：本章主要回顾了煤炭地质勘查工作的历史沿革与发展现状，将煤炭地质勘查工作的发展历程划分为古代中国煤炭地质勘查、近代中国煤炭地质勘查、现代中国煤炭地质勘查、新时代中国煤炭地质勘查四个阶段；论述了煤炭地质勘查理论的形成、发展和技术的进步趋势；分析了新时代煤炭地质行业面临的机遇与挑战，指出短期内以煤为主的能源消费不会改变，而煤矿生态环境保护、践行"一带一路"倡议和参与国际竞争是煤炭地质工作的新方向，煤炭地质勘查工作向绿色、高质量方向发展是必然趋势。

中国是世界上最早利用煤炭的国家，古人已经掌握了利用煤炭冶炼铜、铁，锻造兵器，烧制瓷器等工艺。近代中国受列强侵略，煤炭的开发利用没有得到发展，中华人民共和国成立以前我国的煤炭地质勘查主要限于山西、淮南等地，主要以地质填图为主，煤炭地质勘查工作整体落后。中华人民共和国成立以来，煤炭地质勘查工作虽有起伏，但整体呈上升趋势，先后完成了四次全国煤炭资源潜力评价，探明了14个亿吨级大型煤炭基地，保障了国家能源安全，为经济建设和社会进步做出了重大贡献。进入新时代，煤炭地质勘查工作要以"绿水青山就是金山银山"发展理念为指导，坚持资源保障和生态文明建设一体发展。

1.1 煤炭地质勘查工作发展历程

1949年之前，我国没有建立专门的煤炭地质勘查机构，煤田地质勘查工作薄弱，煤炭工业极端落后。老一辈地质学家王竹泉、谢家荣等曾进行部分地区的煤田地质调查和研究，积累了宝贵的资料，但都是零星的和分散的，未进行过系统的煤田地质研究和正规的地质勘查工作。当时全国只有200多名地质人员和十几台小钻机，除了在一些煤田做过踏勘和零星的地质调查外，没有进行过系统的勘查工作，绝大多数矿井都没有系统的地质资料。

我国煤炭地质工作与国家政治局面和国民经济形势密切相关。中华人民共和国成立70年来，我国煤炭地质工作经历了曲折的发展历程，煤炭地质勘查队伍从无到有、从小到大，煤炭地质工作领域不断拓宽。尤其是进入21世纪以来，国民经济持续快速发展，对能源的需求不断增长，煤炭地质工作进入了鼎盛时期，煤炭勘查机制的不断转变和矿业权制度的建立，为煤炭地质勘查工作注入了新的活力。但煤炭地质勘查管理体制的变化和探矿权人的多元化也带来一系列新问题，导致了煤炭勘查工作难以控制的局面。

中华人民共和国成立至今，我国煤炭工业得到了飞速的发展，1949年全国煤炭产量仅0.32亿吨，1989年，全国原煤产量突破10亿吨大关后，我国煤炭产量和消费量一直居世界首位，2013年全国原煤产量达39.7亿吨，是1949年原煤产量的124倍，2018年全国原煤产量36.8亿吨。随着我国经济发展对能源需求的不断增长，我国煤炭地质研究和资源勘查工作得到了迅速发展，逐步建立了专业齐全，生产、科研、教育相配套的煤田地质队伍，基本摸清了我国煤炭资源状况，为国民经济建设的高质量发展提供了强有力的资源保障。

1.1.1 古代中国煤炭地质勘查（1840年以前）

中国是世界上发现和利用煤炭最早的国家，大约在新石器时代，我国人民就发现了煤炭，并开始了对煤炭的早期利用。煤炭被古人用作燃料之记载，已知的有《墨子·备穴篇》。其原文很不易理解，但可知是利用煤炭燃烧所生之烟作为制敌取胜之防御手段。1958年，河南省文化局文物工作队在巩县铁生沟汉代冶铁遗址中，出土了大量的煤饼、煤渣和原煤块，也发现木炭，表明当时木炭和煤炭并用，或者以木炭为引燃之物。汉代军事和农业对铁需求量很大，社会需求使冶铁业和采煤业发展起来，出现了第一个高峰。

曹操曾在邺都（今河北临漳县西南）三台藏煤数十万斤以备军需，其煤之来源当就近取自太行山东麓即现在的峰峰、鹤壁等地。唐代开采煤炭之规模也很可观，据来中国留学的日本僧人圆仁（公元793~864年）在《入唐求法巡礼行记》一书中记载："太原府……出城西门，向西行三四里，到石山，名为晋山，遍山有石炭，近远诸州人尽来取烧……"。当时，不仅山西采煤，其他如抚顺、烟台、柳江、焦作、新密、淄博、枣庄等地区都开采煤炭。

宋代是中国历史上又一个采煤高峰。这是因为宋代手工业、兵器工业、瓷业以及人民日常生活对煤炭的需求量大增。自汉代起到宋代千余年时间里，裸露之煤层悉被采掘，于是，寻找新的煤炭产地——原始的煤田地质勘查事业开始萌芽。就目前所知，北宋的苏轼是找煤事业的先驱者。他于1077~1079年徐州太守任上，为满足徐州"利国监"（国家设立的管理冶炼铁矿的机构）和当地居民的生活需求，派人四处找煤，曾在萧县的白土镇（后世的孤山煤矿）找到煤。苏轼喜不自胜，遂挥笔赋《石炭》诗一首。

明代是一个比较稳定的历史时期。冶金、陶瓷、盐业、砖瓦业等得到发展，由于林木日渐减少而人口却大量增加，发展采煤业成为当务之急，为此，明朝政府采取了一些必要的措施，以便于民间采煤。现在所知的较著名的老煤矿，大多都在此时兴建。不仅山西、北京、山东、河南等地煤矿众多，生产规模空前，就连吉林、辽宁、陕甘宁、云贵川、皖浙等地也都煤窑林立。

兴旺的明代采煤业一直延续到清代的"康雍乾盛世"，到乾隆晚期，政治腐败、官吏昏庸，民间造反事件越来越多，故嘉庆、道光及其以后的清政府对采煤业实行了限制措施。

古代千余年的采煤业实践曾被一些学者总结出一些有关煤炭地质方面的经验。从中国古代的《禹贡》、《山海经》、《诗经》、《麻姑仙坛记》、《天工开物》和《梦溪笔谈》等典籍中，可以发现古人对地质作用、地质现象包括煤田地质现象，已有察觉并有所记述，但由于中国的工业发展较晚，当时对地质科学未形成社会需求，故虽有煤田地质实践，但未能总结出较系统的煤田地质理论。清光绪年间编纂的《峄县志》对近代采煤业有较深入的记述,为后人留下珍贵的矿业资料。

中国古代煤矿多采裸露之煤,矿坑短浅,随采随迁,且产煤点遍及各地沟崖坡岸,足供此类小煤矿选择利用,无须大力勘查已知煤层的深部和隐蔽之煤田,因而煤田的勘查知识和手段长期处于较原始状态。

1.1.2 近代中国煤炭地质勘查(1840~1949年)

(1) 1911年辛亥革命前

自1840年鸦片战争之后,中国开始沦为半封建半殖民地社会,中国门禁大开,东西方国家的殖民者、探险者、传教士和一些专家学者争相来华,他们抱着掠夺中国资源的目的,搞所谓地质采矿。俄国因紧邻中国而捷足先登,早在1820年俄国人就进入中国,其足迹遍及新疆、青海、西藏、宁夏、内蒙古和黑龙江等地区。其后,德、美、英、法、比、瑞、意、匈等国人从1860年起也陆续进入中国,有的走遍中国东部各省,有的局限在华北一带,有的注重长江中游地区,法国人偏重云南和两广地区。日本是发展较晚的帝国主义国家,它的主要势力是在1894年中日甲午战争后才进入中国,日本从不平等的《马关条约》中获得了中国的大片领土和特权,在中国开设银行、升办工厂、修筑铁路、开采煤炭,并进行了煤田地质考察和勘探。

1840年鸦片战争之后,清政府中一些洋务派官吏推行洋务运动。1889年,张之洞多次派人四处进行煤炭勘查,湖北省大冶县的王三石煤矿和江夏县(今武汉市江夏区)的马鞍山煤矿就是在这次找煤高潮中创办的。1903年,清政府规定:大学堂内应设八科,其中的"格知科"内设六个学门,地质学是其中之一。1909年,京师大学堂首开地质学门。自1887年清政府派留学生深研"西技"起,到1911年辛亥革命期间,曾在外国学习地质学的国人有王宠佑、章鸿钊、王烈、翁文灏、李四光等。

(2) 1911年辛亥革命后

1911年辛亥革命之后,中国煤田地质工作虽已起步,但大多数仅是地表调查,成果简单,只在少数地方配合有钻探工程探查深部,如沙俄和日本侵略者在东北地区的鹤岗、扎赉诺尔、抚顺等地,为加快掠夺而动用钻探;德国人为加紧掠夺山东省的煤炭资源,在坊子、洪山打钻并建矿;英国人为加大焦作煤矿产量也动用钻探;中国的民族企业如大通煤矿公司、枣庄中兴煤矿公司等,为扩大开采规模,也进行了一些钻探工作。

1931年"九一八事变"以后,日本侵略者由东北向华北步步进逼,中华民国国民政府采取不抵抗政策,节节退让。在此情况下,工矿企事业单位遭受摧残,单位纷纷内迁,地质工作亦跟着向内地退缩,处于勉强维持现状的境地。抗日战争胜利后,官僚、政客忙于抢夺"胜利果实",无暇顾及经济建设事业,致使地质工作在抗日战争胜利后反而日趋凋敝,煤田地质工作更加微弱。到1949年中华人民共和国成立前,全国从事煤田地质勘探工作的技术人员仅20多人,钻机仅60余台,钻探职工将近500人,而其中分布在东北解放区的技术人员约20人,钻机约50台,钻探职工约400人,完成了500个工作项目,但几乎全部是地表调查。由于手段单一,因而工作成果多属设想推断,结合煤矿生产实践进行的研究尤为少见。

1.1.3　现代中国煤炭地质勘查（1949～2012年）

（1）起步形成时期（1949～1957年）

从中华人民共和国成立到1957年年底是全国煤炭地质勘查行业建立与初步形成阶段，也是一个比较健康的逐步发展时期。

中华人民共和国成立后，根据煤炭工业恢复和发展的需要，煤田地质勘查工作在非常艰难的情况下起步，"自力更生，艰苦奋斗"，队伍从小到大，由弱到强。通过借鉴苏联建设社会主义的经验，发奋学习并掌握先进技术，努力培养人才，积极组建并不断壮大地质勘探队伍，及时建立健全管理机构和各项管理制度，战胜了暂时的困难。在中国共产党的领导下，从实际出发，依靠群众，在建设中发展，在发展中建设，有力地保证了煤炭工业的建设，保证了国民经济的恢复和发展。

三年国民经济恢复时期，根据"以改建恢复为主，扩大井田范围，提高矿井生产能力，延长矿井寿命"的煤矿基本建设方针，将中华人民共和国成立前已离散的零星钻探工人就地组织起来，围绕老矿区的恢复、改建、扩建，艰苦地进行着生产与地质勘探工作。在中国共产党七届二中、三中全会精神指引下，通过依靠工人阶级，团结并发挥知识分子的积极性，在边建设边勘探的情况下，对28个老矿区进行了地质勘探。在短短的三年时间内全国恢复、改建、扩建、新建矿井达98处，迅速恢复了遭战争严重破坏的煤炭工业，1952年原煤产量就超过了历史的最高水平。

第一个五年计划期间，在党的过渡时期总路线的指引下，煤田地质勘探行业从白手起家逐步发展到4万多职工，开动600多台钻机，在83个新、老矿区内进行了地质勘探。为了保证重工业特别是钢铁工业的发展，完成了以国外设计的13个项目为中心、115个新建项目为重点的240个煤矿建设项目的地质勘探任务，使原煤产量由建国初期的3000多万吨提高到1.3亿吨。1956年，为了全面完成第一个五年计划，并提出第二个五年计划的设想，根据全国煤矿基本建设会议精神，地质勘探总局编制了《煤田地质勘探工作七年规划（1956—1962）》。

中华人民共和国成立初期，国家面临的是一个千疮百孔、一穷二白的"烂摊子"。煤田地质勘探力量更异常弱小。但是，在中国共产党的领导下，煤田地质勘探人依靠自己的双手，独立自主，自力更生，艰苦奋斗，勤俭节约，终于战胜了重重困难，使煤田地质勘探队伍由弱到强，逐步发展壮大起来，煤田地质勘探走上了稳步、协调、持续、健康发展的道路。

（2）曲折发展与调整时期（1958～1965年）

第二个五年计划开始后，全国进行了大规模的经济建设，在煤炭工业迅猛发展的同时，煤田地质勘探事业也获得了前所未有的发展。1960年年末与1957年年末相比，勘探队由53个增加到111个；职工人数由40252人增加到66745人；最高开动钻机由662台增加到972台；物探队伍猛增了近3倍。煤田地质勘探力量的分布除西藏、台湾地区以外，几乎遍及全国，改变了过去大部分勘探力量集中在老矿区的局面，开辟了65个新勘探区，在全国131个新老矿区进行了勘探工作。

大力加强了普查找煤工作，投入37.7%的钻探工程量和35.6%的资金进行普查勘探，共完成机械岩心钻探工程量1308.9万米，获得煤炭储量2008.8亿吨（复审后有所变动），较"一五"期间增加了4倍多。与此同时，煤田地质勘探部门已基本查清了峰峰、鹤岗、北票、新汶等37个老矿区煤炭资源的赋存情况，还加强了南方各缺煤省（自治区）的普查勘探工作，为煤炭工业的合理布局和有计划发展提供了依据。

煤田地质勘探技术水平有了显著提高，积累了许多普查找煤经验，掌握了一整套隐蔽煤田的找煤及勘探方法。由于大力开展了物探工作，物探技术明显提高，迅速找到了如济宁、沈北、邢台等表土层掩盖下的大型全隐蔽煤田。这一时期，航测技术也开始起步并已有所发展。当时，由于技术革新和技术革命的蓬勃兴起，科学研究水平逐渐提高。全国煤田预测图及各省（自治区）的大比例尺煤田预测图的编制，是开始对地质资料进行综合研究的初步成果，是实践升华到理论的结晶，对指导煤田勘探工作向更高层次发展迈出了可喜的第一步。

在全国，由于在经济建设上急于求成和生产关系上急于过渡的"左"倾错误思想的指导，轻率地发动了"大跃进"运动，使得以高指标、瞎指挥、"浮夸风"和"共产风"为主要标志的"左"倾错误严重地泛滥起来，破坏了国民经济的综合平衡，波及煤炭工业系统，影响到煤田地质勘探部门，造成了严重后果，社会主义建设事业受到重大挫折。

（3）"文化大革命"时期（1966~1976年）

1966年开始的"文化大革命"使全国煤田地质勘探系统从上到下深受其害，勘探效率和质量急剧下降。据统计，在"三五"期间，全国煤田地质勘探系统共完成钻探工程量726.9万米，获得煤炭储量2009.18亿吨。全国煤田地质勘探队伍在"抓革命、促生产"方针的号召下，总体上仍坚持生产，坚持"自力更生、艰苦奋斗"的光荣传统，进行着各地的勘探会战。

在这些会战中，广大职工努力克服重重困难，取得了值得肯定的成绩，获得了不少煤炭储量，并发现了一些新煤田，如宁夏1967年横城煤田的发现、1971年王洼隐蔽煤田的发现、1967年山东黄县煤田的发现等。但是，由于会战任务重，时间紧，行动仓促，难免在准备上不够充分，施工上有所浪费。特别是有的地区急于求成，忽略了客观地质条件的基础，任凭主观意愿和热情，在"左"的思想指导下，动用"千军万马"，大搞群众运动式的会战，结果劳民伤财，适得其反，值得深思。

1970~1974年，各省煤田地质勘探机构逐步恢复、健全，特别是燃料化学工业部煤田地质局（今中国煤炭地质总局）的重建，加强了全国煤田地质勘探工作的领导，解放了一批干部，初步落实了党的政策，恢复和建立了一些规章制度，加强了质量管理，重视了经济核算和定额管理工作，生产秩序逐渐趋向正常或有所改观。1975年全国煤田钻探工程量达到了274万米，比1974年提高20%，探明储量257亿吨。至此，"四五"期间共探明各类储量967.21亿吨。到1975年年底，全国累计探明各类煤炭储量已达到5246.6亿吨（不包括地质部系统探明的401.8亿吨）。1976年，提交储量达260亿吨，为年计划的169%。

"文化大革命"给煤炭地质工作造成的影响是巨大的，勘查质量和效率急剧下降，各地开展的勘探会战，虽然取得了一定成果，但是忽略了客观地质条件的基础。这一时期恢复的煤炭地质勘查机构，对当时全国煤炭地质勘查工作的统一领导起到了重要作用，提出的煤田综合勘探技术，加强了地质、物探、钻探的配合，为以后煤田综合勘查体系的形成奠定了基础。

（4）快速发展时期（1977~1997年）

党的十一届三中全会做出了把全党工作重点转移到社会主义现代化建设上来的战略决策。按照这次会议精神，1979年煤炭工业部在南京基本建设会议上，提出了要把煤田地质工作转移到以提交优质地质报告为中心的轨道上来的方针，从而开始摆脱粉碎"四人帮"后徘徊前进的局面。

"五五"期间，全国共完成煤田地质勘探事业费12.5亿元，最高开动钻机948台（1979年），平均年开动钻机751.9台，完成钻孔36 618个，完成钻探总进尺1629万米，甲级、乙级孔率平均为70%，钻月效率平均368米，提交各类地质报告554件，探明储量约806.65亿吨。

"六五"期间，共完成煤田地质勘探事业费16.3亿元，最高开动钻机844台（1984年），平均开动钻机659.83台，完成钻孔24 831个，完成钻探总进尺1080万米，甲级、乙级孔率平均为91%，钻月效率平均303米，提交各类地质报告654件，探明储量约1100.17亿吨。

"七五"期间，提交各类地质报告558件，提交工业储量351.5亿吨，完成国家计划的146%；提交新增储量561.1亿吨，完成国家计划的112%。各项勘探工程质量大幅度提高，煤心采取率由1985年的86.6%上升到1989年的89.8%，钻探特甲级孔率由1985年的64.8%上升到1989年的82.3%。

"八五"期间，是煤田地质基础理论不断丰富和发展的重要时期，提交各类地质报告400余件，其中获得煤炭新增储量260亿吨，普查、详查储量1065亿吨，精查储量217亿吨，新发现煤产地12处，提交地下水储量96.54万米^3/天。

这段时期，煤田地质基础理论得到全面发展，中国煤田地质总局（今中国煤炭地质总局）出版了《中国东部煤田推覆、滑脱构造与找煤研究》（王文杰和王信，1993）、《黔西、滇东、川南晚二叠世含煤地层沉积环境及聚煤规律研究》（王小川，1997）、《华北地台晚古生代煤地质学研究》（尚冠雄，1997）、《鄂尔多斯盆地聚煤规律及煤炭资源评价》（王双明等，1996）等专著。同时，也加强了东部地区找煤、煤变质规律和煤质综合评价、煤层气及煤系其他共伴生有益矿产的勘探和评价、水文地质、工程及环境地质、岩土工程等工作。

从1992年到1997年，中国煤田地质总局组织完成了第三次全国煤田预测，对已发现资源进行了综合评价，预测全国煤炭资源总量5.57万亿吨，其中1000米以浅2.87万亿吨，对我国煤炭资源聚积和赋存规律提出了很多新认识，编写了《中国煤炭资源预测与评价》（毛节华和许惠龙，1999）及《中国主要煤矿资源图集》（内部版）等专著和图件，为国民经济宏观决策和煤炭工业规划提供了重要的地质依据。

（5）深化改革时期（1998~2012年）

随着改革开放的不断深入，尤其是社会主义市场经济体制的建立，中国煤炭地质勘查体制发生了重大变革，19世纪50年代以来逐渐形成的"中国煤田地质总局—地区煤田地质局—煤田勘查队"一条龙的三级垂直管理体制被打破。1998年，原所属中国煤田地质总局的 21 个省（自治区、直辖市）煤田地质局和 7 所院校实行属地化管理，中国煤田地质总局及其所属的省（自治区）煤田地质局、专业局和在京单位交由中央管理，并更名为中国煤炭地质总局。

在新旧机制交替时期，煤田地质勘查出现了空档。"九五"期间新增探明煤炭储量 161 亿吨，精查储量 43 亿吨，详查储量 170 亿吨，普查储量 215 亿吨，钻探工程量 74 万米。煤田勘查和煤炭储量已不能满足煤炭工业建设与发展的需要。同时，地质应用基础理论研究不断深入，开展了"中国主要含煤盆地层序地层研究"和"中国煤相特征研究"等多项地质研究课题。"中国主要含煤盆地层序地层研究"课题，运用层序地层理论，建立了不同类型聚煤盆地层序地层格架和聚煤模式。"东北中生代聚煤盆地成矿规律及资源预测专家系统"课题在总结专家经验的基础上，建立了盆地预测专家系统，对断陷盆地聚煤规律和资源分布具有很高的预测性。在区域性地质科研课题的基础上，出版了《中国煤岩学图鉴》（杨永宽等，1996）、《中国煤岩图鉴》（陈佩元等，1996）、《中国聚煤作用系统分析》（程爱国，2001）等科技专著，丰富和发展了煤田地质基础理论，并对找煤、勘查和资源评价等具有重要的指导意义。

进入 21 世纪以后，随着煤炭勘查机制的不断转变和矿业权制度的建立，国际国内煤炭需求快速增长，煤炭价格上涨，加之我国"九五"期间新井建设严重滞后，企业也加大了煤炭地质勘查的投入，为煤炭地质勘查工作注入了新的活力。

1.1.4　新时代中国煤炭地质勘查（2013 年至今）

党的十八大以来，煤炭工业坚持以习近平新时代中国特色社会主义思想为指引，贯彻新发展理念，以推进供给侧结构性改革为主线，着力提升供给体系质量，供给侧结构性改革取得突破性进展，煤炭工业高质量发展步伐明显加快，市场供求关系得到极大改善。

2012 年 12 月，国务院办公厅发布了《国务院办公厅关于深化电煤市场化改革的指导意见》（国办发〔2012〕57 号），取消了重点合同，实现了电煤价格并轨。2013 年 3 月，《国务院机构改革和职能转变方案》将原国家能源局、国家电力监管委员会的职责整合，重新组建国家能源局，由国家发展和改革委员会管理。2013 年 5 月和 9 月，炼焦煤和动力煤期货合约分别在大连商品交易所和郑州商品交易所成功上市交易，市场配置资源的基础性作用进一步发挥。2014 年国家发展和改革委员会印发《关于深入推进煤炭交易市场体系建设的指导意见》（发改运行〔2014〕967 号），进一步推进煤炭市场化改革。

2016 年 2 月 1 日，《国务院关于煤炭行业化解过剩产能实现脱困发展的意见》（国发〔2016〕7 号）提出，从 2016 年开始，用 3 至 5 年的时间，再退出产能 5 亿吨左右、减量重组 5 亿吨左右，较大幅度压缩煤炭产能，适度减少煤矿数量，煤炭行业过剩产能得到有效化解，市场供需基本平衡，产业结构得到优化，转型升级取得实质性进展。2017 年 10 月 18 日，党的十九大召开，中国特色社会主义进入新时代，我国社会主要矛盾已经转化为人民日益增长的美好生活需要和不平衡不充分的发展之间的矛盾。

煤炭工业坚持以习近平新时代中国特色社会主义思想为指引，高质量发展步伐加快，煤炭结构调整成效显著。2017 年，14 个大型煤炭基地产量占全国的 94.3%，8 个亿吨级省（自治区）原煤产量占全国产量的 86.8%，前 8 家煤炭企业产量占全国总产量的 39%，煤炭稳定供应保障能力增强。煤矿数量大幅减少，全国煤矿数量由 2015 年年底的 1.2 万处左右，减少到 2018 年的 7000 处以下。

在进行煤炭资源勘查的同时，我国煤炭地质工作者也同样重视对煤炭相关资源的勘查与利用，陆续出版了《煤炭资源与水资源》（彭苏萍等，2014）、《中国煤炭地质综合勘查理论与技术新体系》（王佟等，2013）、《中国煤炭资源赋存规律与资源评价》（中国煤炭地质总局，2016）、《中国西北地区煤与煤层气资源勘查开发研究》（王佟，2018）、《中国煤田构造格局与构造控煤作用》（曹代勇等，2017）等科技专著，丰富和发展了煤炭地质勘查的内容，对煤系资源的综合利用具有重要指导意义。

煤炭地质勘查工作取得了新进展，以中国煤炭地质总局为代表，提出地质勘查工作需要向"三个地球"发展的目标，即"透明地球"建设、"美丽地球"建设和"数字地球"建设。在煤炭资源综合勘查与开发方面——"透明地球"建设，其核心就是提高地质研究程度和勘查工作精度，在一定尺度上实现对各种地质体的精准研究，达到想象上的透明。具体工作包括发挥传统技术优势，向"空天地"包括水文、工程、环境地质和灾害地质以及城市地质、采区地震、矿区防治水、煤矿抢险救灾和煤层气、天然气、页岩气、石油、盐等其他地质勘查与资源调查方面拓展，形成了以煤炭、化工地质工作为主，多种地质工作共同发展的局面。在生态文明建设方面——"美丽地球"建设，核心是对大自然改造和人类活动形成的与总体环境不和谐的破坏进行科学规划和治理修复，实现总体环境的和谐美丽。主要是围绕国家重大生态环境修复工程建设，发挥地质技术多元化优势，加快拓展地质环境市场，致力打造生态文明建设国家队。在地理信息产业发展方面——"数字地球"建设，核心是实现地质数据的采集、归纳、汇总、集成，大数据的一体化存储、组织、管理。主要是以提供地理信息产品服务为主要目标，在集成化、智能化、云计算和三维可视化等方面加快发展，重点做好 3S 技术、新一代测图系统、多元信息的复合与融合处理技术、数据挖掘技术、虚拟现实、智慧城市系统、互联网服务等技术。

1.2 煤炭地质勘查理论和技术的形成与发展

1.2.1 煤炭地质理论的发展

（一）含煤岩系沉积学研究

1. 含煤岩系层序地层学

20 世纪 90 年代以来，煤地质学者先后提出幕式聚煤作用（邵龙义等，1992；郝黎明等，2000）、海侵过程成煤（Diessel，1992）、海侵体系域成煤（李宝芳等，1999）、海侵事件成煤作用（李增学等，1996）、海相层滞后阶段聚煤（邵龙义等，2009）等基于层序地层分析的成煤模式和聚煤作用理论。

研究认为，聚煤作用实际上是在基准面（海平面、湖平面或潜水面）上升过程中发生的，煤层厚度受可容空间增加速率与泥炭聚集速率之间的平衡关系控制：在靠陆盆地上倾方向以及靠陆一侧冲积平原和三角洲平原沉积环境中，厚煤层主要出现在最大海泛面或最大湖泛面位置；而靠盆地下倾方向或盆地沉积中心一侧障壁—潟湖、碳酸盐岩台地沉积环境或陆相的滨浅湖环境中，较厚的煤层主要出现在初始海泛面或初始湖泛面附近的位置，但三级复合层序中厚度最大、分布最广的煤层主要分布于可容空间增加速率最大的最大海泛面或最大湖泛面附近（邵龙义等，2008）。

针对中国陆表海盆地成煤沉积充填特点，提出了陆表海聚煤盆地海侵事件成煤作用机制（李增学等，2015）。针对陆相聚煤盆地，提出了陆相盆地古气候与沉积环境、聚煤作用关系模型，认为在盆地构造活动、基底相对稳定沉降和煤系均匀沉积过程中，气候变化通过影响盆地和流域径流深度与植被发育程度控制绝对湖水面变化、物源剥蚀与沉积物供给速率，进而引起盆地内成煤沼泽与陆源碎屑沉积体系的交替演化，并建立了中国西北侏罗纪陆相层序地层格架下的聚煤作用理论（Wang et al., 2012；王佟等，2013；鲁静等，2016）。

2. 成煤系统及多元聚煤理论

成煤系统的概念是煤地质学和系统论相结合的研究成果。成煤系统在时空中表现为由若干实体组成的复杂系统，在时间上可分为物质来源子系统、物质堆积子系统与埋藏变质子系统，在空间上可以分为若干次级含煤子系统。我国学者分析了聚煤模式的多样性和聚煤作用过程与机制多元性，提出了多元聚煤理论体系。各种地质因素的相互牵制、多种事件（如突发性水浸事件、构造事件、火山事件等）的影响，聚煤模式的多样性和聚煤作用过程与机制多元性等，构成了多元成煤理论体系的内核（李增学等，2015）。

3. 超厚煤层成因

在超厚煤层中识别出水进型、水退型间断面和水进型、水退型连续沉积转换面，通过对鄂尔多斯盆地南部延安组一段超厚煤层成因机制的研究，建立了多煤层叠加形成超厚煤层的成因模式，同时认为单一的异地堆积模式或多煤层叠加模式不足以描述现实中超厚煤层的成因，进而提出了超厚煤层的多元性成因模式，认为超厚煤层应该是多个层序旋回的泥炭沼泽体系叠置而形成。对于断陷盆地与拗陷盆地中超厚煤层的成因，分别提出了异地堆积理论（吴冲龙等，2006）和多层序叠置理论（王东东等，2016）。

4. 含煤岩系与地质信息

煤作为一种重要而常见的地质信息载体，蕴含着丰富的地质信息，记录了聚煤期的气候条件、沼泽类型、成煤物质、碎屑物质注入、水平面变化、营养条件、构造特征、极端事件、天体周期旋回等信息。通过沉积学、煤岩学、古生物学、地球化学、地球物理学等方法对含煤岩系进行研究，可恢复聚煤期的构造条件、古地理、古气候、古生物及年代信息等，对重大地质事件的认识与矿产资源的勘探具有重要的指导意义。

当前研究热点包括煤层丝质体含量反映古泥炭地火灾事件、大气氧含量的变化（Shao et al., 2012），以及煤层在地质历史长周期变化过程中的表现特征、古泥炭地古气候对米兰科维奇旋回的响应及其对全球碳循环的影响（邵龙义等，2011）和基于含煤岩系地质信息建立的时间尺度等。

（二）构造控煤与煤田滑脱构造研究

1. 构造控煤研究

构造地质作用对煤系形成和形变的全过程具有控制作用，是煤系形成、形变和赋存的首要控制因素。早期的构造控煤研究侧重于构造形态对煤系的聚集和赋存的控制，后期的构造控煤概念逐渐侧重于构造运动与聚煤作用之间关系的研究，对煤的聚集、经受改造至现在赋存状态全过程的控制，由简单的几何形态描述演变到构造组合规律分析，由个体构造演变到对构造体系的整体分析，最后深入研究构造作用的成因机制。构造控煤作用的概念和观点已越来越为人们所重视，并在煤田构造研究之中得到了广泛应用（夏玉成等，2016）。

2. 控煤构造样式

构造样式是指对煤系和煤层的现今赋存状况具有控制作用的一群构造或某种构造的总特征，即同一期构造变形或同一应力作用下所产生的构造的总和。构造样式的研究在于揭示地质构造的发育规律，建立地质构造模型（王佟等，2017a）。

控煤构造样式是指对煤系和煤层的现今赋存状况具有控制作用的构造样式，它们是区域构造样式的重要组成部分。控煤构造样式的划分采用当前构造样式研究的主流方案——地球动力学分类，划分为伸展构造样式、剪切和旋转构造样式、压缩构造样式、反转构造样式等。控煤构造样式的厘定，是煤田滑脱构造研究的继续和发展，对于深入认识煤构造发育规律、指导煤炭资源勘查和开展煤炭资源评价均具有重要意义（曹代勇等，2008；王佟，2012）。

3. 煤田滑脱构造

滑脱构造是指地质体沿着近水平的断层面（滑脱带）运动形成的构造组合，包括两种构造形式：推覆和滑覆。继我国地质学家对多样化的中国东部煤田滑脱构造进行了系统分类，在福建、河南等地取得了找煤的重要突破之后，滑脱构造的研究和认识被越来越多的煤田地质工作者接受和应用，并且在中国西北和西南地区复杂条件下煤田构造规律认识中发挥了重要作用。研究发现，在新疆主要赋煤盆地的边缘地带推覆式滑脱构造具有一定的普遍性，在准南煤田的乌鲁木齐煤矿井田范围内，经对勘探、生产资料的对比研究发现，所谓逆冲断层的叠瓦状组合实为推覆式滑脱构造，纠正了对井田断裂构造发育规律的认识，避免了因认识误差造成的资源浪费，更好地服务于煤炭资源的安全高效开采（王佟等，2017a）。

(三)煤系非常规天然气资源地质特征研究

1. 煤系气地质特征及成藏机理

煤系具有有机质含量高、Ⅲ型干酪根为主、旋回性强、经历多期构造运动、储集层陆源物质丰富等特征。煤系页岩气、致密砂岩气和煤层气具有同源性、伴生性、旋回性、互层性、相变性,具连续性气藏和根缘气藏特征。煤系剖面上总体表现为煤层气、页岩气、致密砂岩气多层叠置的储层群,不同沉积体系的煤系,其储层组合不同。煤系中煤层、煤线、碳质泥岩、泥岩、粉砂质泥岩、页岩、泥质粉砂岩、粉砂岩甚至夹细砂岩,即煤-泥-砂结构系统内呈现煤层气、页岩气、砂岩气的混合储层(曹代勇等,2014;傅雪海等,2016)。

在煤系气成藏机理研究方面,从煤系烃源岩气体概念及成因联系出发,将煤系中的非常规天然气作为一个系统进行研究,揭示了煤化作用-构造作用-地质环境条件之间的时空耦合关系,提出了煤系气系统的概念(王佟等,2014),对推动煤系多能源资源协同开发具有指导意义。也有学者提出了我国煤系气的成藏特征及其控制因素,沉积相控制煤系气藏生储盖组合配置关系,河流、三角洲沉积体系是煤系气共生成藏的最有利沉积相带(欧阳永林等,2018)。在煤层气开采方面,有学者提出了煤系叠置含气系统发育的基本地质特点和共采兼容性的地质原理(秦勇等,2016);构建了煤系气"源储共层紧邻型"页岩气与煤层气叠置成藏模式和煤系气藏受"沉积-热事件-构造-水动力"综合控制的成藏机制(王海超,2017)。这些研究推动了我国特殊地质条件下煤系气勘探开发技术的进步。

2. 煤层气地质特征与煤系气系统勘查开发

在地质研究方面,揭示了煤储层在原地应力、骨架支撑力和储层压力作用下,煤层气开采时的驱动能量、煤体效应和气水产出动态,建立了煤储层含气性和物性对煤层气产能影响的基础模型(王佟等,2017a)。提出了煤层含气性主要受地质构造条件、沉积环境、水文地质条件、煤层埋藏深度、煤层物性和岩浆活动等因素的控制和影响(刘大锰和李俊乾,2014)。建立了基于渗透率排采诱导变化的煤层气产能预测、煤储层开发动态评价和诊断理论与技术。

在煤层气富集成藏理论方面,揭示了我国低煤阶煤层气具有盆地类型多元、煤层气赋存状态多元、成因类型多元、富集类型多元的成藏特征(孙粉锦等,2018)。建立了沁水盆地南部高煤阶煤层气成藏主要受构造、沉积、水文地质条件和热动力"协同、互补、共存"成藏理论控制(赵贤正等,2016)。

煤系气是由整个煤系中的烃源岩母质在生物化学及物理化学煤化作用过程中演化生成的全部天然气,其包括赋存在煤系泥/页岩中的页岩气、煤层中的煤层气、煤型气源天然气水合物和致密砂岩(王佟等,2014)。煤系中产生的煤层气由于地质构造的改造作用最终可能仅有部分保存在煤层中,其他部分可能运移到构造裂隙中成为致密砂岩气,也可能运移到泥页岩中成为页岩气等。另外,煤系中碳质泥岩、薄煤层及砂岩中的煤包体和层理面都有丰富的煤系页岩气或致密砂岩气发育。因此，将煤系煤层气、页岩气和致密砂岩气等非常规天然气作为一个整体进行勘查研究，既有望增加我国非常规天然气的总资源量，又有可能实现包括煤层气资源在内的煤系非常规天然气资源勘查与开发突破。

3. 煤系天然气水合物研究

高纬度地区的陆域天然气水合物在国外早有勘探与开发的实例，2008年我国在青海祁连山钻获天然气水合物实物样品，使我国成为全球首个在中低纬度高山冻土区发现天然气水合物实物的国家。近几年，我国对陆域天然气水合物的研究取得了许多成果，陆域可燃冰主要分布于我国青藏高原、西部高原和东北大、小兴安岭地区。我国青藏高原发现的水合物主要赋存在中生界砂岩、泥岩、页岩等硬岩石的孔隙或裂隙内，具有埋深浅、饱和度低、水平及纵向分布不连续等特点（方慧等，2017）。冻土带的存在为天然气水合物的形成提供了温度和压力条件，而木里地区丰富的煤炭资源在煤化进程中提供了气源基础（祝有海等，2009）。气源成因类型、气源有效供应量、不同产状与性质的断层是影响天然气水合物形成与分布的主要地质控制因素（文怀军等，2015）。

（四）煤系锂镓等"三稀"矿产资源研究

1. 煤中共伴生有益矿产勘查研究

对煤中共伴生矿产的研究引起了国内学者的高度重视，在内蒙古准格尔煤田的勘查中发现镓局部富集，预测资源量为8.57万吨，与镓共伴生的稀土元素在主采分层及其灰化产物中的含量均值分别为255微克/克和830.36微克/克，同时，稀土元素也是可以回收利用的资源（代世峰等，2006）；在邢台矿区发现了煤伴生镓富集（Zhao et al.，2009）；准格尔煤田官板乌素煤矿煤中锂的含量达到266微克/克，可以作为伴生矿产开发（Sun et al.，2012）；在准格尔煤田和山西宁武煤田平朔矿区发现两个煤伴生锂矿，在国内外引起了广泛关注（孙玉壮，2014）。

2. 煤中共伴生有益矿产成因研究

我国研究者从不同的角度对云南临沧邦卖煤伴生锗矿床的赋存状态、矿化作用和成因机制进行了详细的研究（张淑苓等，1987；戚华文等，2003），对内蒙古胜利煤田乌兰图嘎煤中锗矿床的分布规律和元素地球化学性质进行了分析（杜刚等，2003；Huang et al.，2008；Dai et al.，2011）。同时，建立了煤系矿产资源综合评价指标，为煤系矿产资源的综合评价提供依据（宁树正等，2017，2019）。

（五）煤炭清洁利用与绿色煤炭资源评价理论

绿色煤炭资源是指资源禀赋条件适宜，能够实现安全高效开采（地质条件相对简单、煤炭资源相对丰富、易于实现机械化开采）；煤炭开发对生态环境的影响与扰动相对小且损害可修复，煤炭开发过程中水资源能得到保护和有效利用，能够实现生态环境友好；煤中有害元素含量低，且可控可去除，适宜清洁高效利用（彭苏萍等，2018）。实现煤炭安全绿色开采、清洁高效利用是推动能源生产和消费革命的要求，是煤炭资源向绿色能源转变的根本出路，"绿色煤炭"是煤炭绿色开发的基础，也是煤炭清洁利用的地质保障（王双明等，2019）。袁亮等（2018）提出了"绿色煤炭资源量"概念，即能够满足煤矿安全、技术、经济、环境等综合条件，并支撑煤炭科学产能和科学开发的煤炭资源量。彭苏萍等（2018）、王佟等（2017b）阐述了绿色煤炭资源的内涵，构建了绿色煤炭资源评价技术框架，并对我国绿色煤炭资源进行了总体评价。绿色煤炭资源评价作为优化调整煤炭产业结构、淘汰落后产能的首要参考标准，为加快我国煤炭地质工作重心向绿色煤炭资源的勘查与开发地质保障工作转移指明了方向（彭苏萍，2017）。

同时，国内学者综合采用地质学、煤岩学、矿物学、地球化学、选矿学、环境化学、燃烧学、环境评价等学科的理论与方法，系统研究了煤中硫及有害微量元素的分布规律与赋存特征及其在煤炭洗选等加工利用过程中的迁移规律与环境效应，建立了煤炭资源洁净潜力评价体系（唐书恒等，2006）。从成煤地质条件出发，结合煤岩、煤质和煤的工艺性质，建立优质煤的分类与评价方式，并提出煤不同分类的首选利用方式（李小彦等，2007）。从沉积学及层序地层角度研究，认为我国煤中硫含量高低和分布特征受到沉积环境及古地理的影响显著（唐跃刚等，2015；邵龙义等，2017）。

煤的清洁利用不仅为洁净煤技术提供基础和条件，也为我国治理煤源污染、合理规划煤炭工业布局和协调能源与环境可持续发展提供战略依据（刘焕杰等，2003）。

1.2.2 煤炭资源勘查技术的进步

（一）遥感技术

遥感技术（RS）已在煤田地质各领域发挥着不可替代的作用。遥感技术具有快速、直观、准确、可定量化、动态等特点，在煤田地质中应用范围广泛，主要概括为两大方向十多个领域。在煤炭资源调查评价方面，遥感技术应用于地形图更新、高精度煤田地质填图、煤炭资源调查评价、煤层气调查评价、水文地质调查评价、小煤窑调查；在矿区地质灾害及环境方面，应用于矿区地质灾害调查、矿区水害预测、矿区环境调查评价、煤层自燃环境调查等。

经过长期实践，形成了岩矿波谱、遥感图像处理、多光谱蚀变异常提取、高光谱矿物识别与填图、InSAR 地表形变调查与监测、遥感找矿模型、遥感地质灾害调查与监测 7 个方面的应用研究体系。现阶段，遥感技术与全球定位系统（GPS）、地理信息系统（GIS）有机结合，共同组成了 3S 现代测绘技术，发挥了越来越重要的作用（谭克龙等，2012）。

（二）地球物理勘查技术

我国的煤田勘探技术经历了十几年的发展历程，从二维勘探到三维勘探，在数据的收集、处理和分析技术上已经有了明显的提升,尤其是三维勘探技术的应用推广。针对我国不同地区煤田地震地质条件,在爆破成孔和激发工艺、高密度数据采集和特殊观测设计技术、叠前深度域偏移技术、静校正技术、共中心点道集校正技术等关键技术方面取得突破性进展。

在地震数据采集方面,针对西部复杂地震地质条件的特点,通过采集设备、技术方法和措施等试验攻关,总结出了一套西部山区、黄土塬区、高原戈壁区、沙漠区等复杂条件地区系列采集技术。我国自主研发的 BV620-LF28t 低频可控震源,可有效解决地表浅层卵、砾石层而导致的炸药激发成井困难、能量弱等问题(王瑞贞等,2018)。

在地震数据处理方面,研究推广应用叠前深度域偏移技术,从二维到三维、叠后到叠前、时间域到深度域、各向同性到各向异性、射线追踪到波场延拓、声波近似到弹性波方程等多个方面发展非常迅速。地震仪采用数字形式记录地震信号,可以进行亮点剖面、三瞬剖面、声阻抗剖面等高精度的处理,提高了地震数据处理技术水平。

在地震数据解释方面,正由单一的地震解释向多学科综合解释方向发展,煤层精细解释、小断层识别、陷落柱识别、采空区识别、裂缝带及富水区识别等技术得到较快发展。复杂地区三维地震地质成果可以定量解释厚度 0.5 米以上煤层,查明落差大于 5 米的断层和直径大于 20 米的陷落柱,准确率由原来的 30%~50%提高到 80%以上,较准确地圈定采空区、岩浆岩侵入体和煤层冲刷带分布范围(许崇宝等,2016)。

(三)地质钻探技术

钻探技术的应用领域十分广泛,除在煤炭勘探中施工煤田钻孔、水文孔,进行取心、探测地下岩层和水文条件外,近年来,随着科技的进步,钻探工程还扩展到煤层气高效快速钻完井技术、矿井水害勘查防治与矿山灾害救援钻探技术、矿井注浆加固煤层底板的专门钻孔技术、煤矿大口径工程井钻井技术等方面。

1. 煤层气高效快速钻完井技术

煤层气(瓦斯)高效快速钻完井技术将直井/丛式井快速钻井、U 形井、多分支水平井等钻井技术与储层保护技术有机结合,形成一套煤层气高效开发钻完井技术体系。

直井/丛式井快速钻井技术。我国煤储层普遍具有裂缝和割理发育、应力敏感性强、黏土矿物含量丰富、非均质性强、机械强度低等特点,通过不断的理论研究和现场试验应用,形成了以欠平衡钻井技术为核心的直井/丛式井快速钻井技术,具有钻井周期短、单井成本低的特点。目前,沁水盆地、鄂尔多斯盆地东缘等地区大面积采用直井/丛式井快速钻井方式。

U 形井钻井技术。该技术集成了水平井技术、水平井与洞穴井联通技术、欠平衡钻井和地质导向等技术,煤层气 U 形井由一口直井和一口或多口水平井组成。直井通过在目标储层进行造穴,形成直径一般为 0.5~0.6 米的洞穴,水平井穿过该洞穴,达到对接连通的目的(叶建平和石慧宁,2010)。

多分支水平井钻井技术。该技术的基本特点是增加有效供给范围,提高导流能力,对煤层的伤害减小,单井产量高、环境影响小等,在我国应用范围较为广泛,尤其是在沁水盆地南部煤层气开发中发挥了重要作用（宋岩等，2005；丁昊明等，2013）。

在清水钻井液的基础上，为了更好地保护煤层气资源、提高钻井效率和成功率，形成了可降解钻井液、无固相活性盐水钻井液、生物酶可解堵钻井液、绒囊钻井液等钻井液体系（张遂安等，2016）。

2. 矿井水害勘查防治与矿山灾害救援钻探技术

我国已经形成了完善的矿区地下水勘查和矿井水害类型划分的理论与综合防治技术体系，实现了矿井水隐蔽致灾精细探测和灾害异常区块的主动改造。在顶板充水型水害防治技术方面，形成了留设防水煤岩柱、疏干开采、顶板帷幕注浆水害防治等技术方法。在底板水害防治技术方面，已经形成了带压开采、疏水降压、加固隔水底板、利用改造切割分块治理、局部底板改造、留设防水煤岩柱、建立防排系统、防渗堵漏等多项关键技术。在周边充水型水害防治技术方面，多采用物探、钻探并基于勘探成果用注浆法切断其水力联系。

矿山灾害救援钻探技术的最新进展主要包括地面快速垂直孔钻进救援技术、救援钻孔定向钻进技术、救援孔准确定位技术、救援钻孔护壁技术等。能够在矿山采空区、地下含水层、破碎地层、坚硬砂砾岩层、松散地层及流沙层等各种复杂地质条件下快速、准确、安全钻进及成孔。地面钻孔救援首先在地面快速施工小直径生命保障孔，与被困人员建立通信，给其提供给养，维持生命；然后施工地面大直径救援井，通过安全提升装备将被困人员救援至地面。中国煤炭地质总局特种技术勘探中心在我国多起矿难中运用该技术成功实现了救援。

3. 矿井注浆加固煤层底板的专门钻孔技术

煤层底板注浆加固是治理煤矿突水的有效手段之一。我国的注浆技术起步于20世纪50年代初期。在煤炭行业，东北的鹤岗矿区、鸡西矿区和山东淄博矿区首先采用井壁注浆方法来封堵井筒漏水。近年来，国内一些煤矿企业开始将定向钻井技术、地面多分支水平井钻井技术应用于井下煤层底板超前探测与注浆改造。

华北地区石炭系下部的奥陶系灰岩为巨厚含水层，裂缝、陷落柱发育，水头压力高，中国煤炭地质总局特种技术勘探中心针对这些困扰石炭系下组煤炭资源开采的问题，研发裂隙发育区和破损带水平井井眼轨迹控制和成孔技术、水平井取心和加固效果评价等技术，解决了地面直井注浆方式和巷道钻孔注浆方式在陷落柱治理与底板加固方面存在的施工效率低、成本高和治理效果有限的问题，达到了加固底板、隔离奥灰水的目的，实现了地面水平井钻井技术在煤矿水灾害主动预防与治理中的成功应用。

4. 煤矿大口径工程井钻井技术

近现代以来，随着生产实践的需要和钻探装备的进步，在传统钻探工艺和技术基础上产生了大口径钻井，其中一个重要的应用领域就是煤矿区大口径工程井。煤矿大口径工程井的应用包括：煤矿矸石投放用于充填采空区进行塌陷区治理、连通回风联巷用于瓦斯集中抽排放、煤矿矿难施工定向孔连通地面和井下用于抢险救灾，以及施工专门钻孔用于地面和地下线缆布设等领域。

1996 年中国煤炭地质总局一二九勘探队研发了采用煤田勘探钻机施工煤矿大口径工程井技术，根据钻井规格优化钻具组合，地层变化随钻调整钻进和泥浆参数，正循环泥浆钻进，一次性成井和下套管固井的大口径钻孔快速施工技术，基本满足了煤矿地质保障工程快速施工的要求，在煤矿生产中得到广泛应用。之后煤矿大口径钻孔施工技术取得了新的进展，主要是煤矿大口径工程井钻井技术集定向钻进、气动潜孔锤钻进、分级扩孔、大口径井固井完井等技术为一体，解决了工程井垂直度要求高、直径大、中靶点位范围小等技术难点（王佟等，2017a）。

（四）煤矿环境治理与生态修复技术

我国煤矿生态环境治理与修复主要包括矿山环境修复、边坡修复、土壤重金属污染修复、水体污染修复等。现阶段矿山环境修复治理工作呈现扰动破坏因素多、机理复杂、问题类型多、分布面积广、修复治理难度大等特点。目前，矿山环境治理技术发展较多集中在三废治理方面，主要包括：固体废弃物综合利用技术、尾矿和矿渣污染治理技术、酸性废水治理技术、采矿对地表生态环境影响的预测与诊断技术、矿山生态恢复技术等（陈奇，2009；胡振琪等，2014）。

针对东部矿区潜水位较高、大面积塌陷积水区的湿地生态恢复问题，研究防止洪涝侵袭、塌陷积水区规划与疏浚、水污染控制工程、控制沉陷水位、水生生态群落选育与构建工艺、生态与旅游开发模式等立体化修复技术；针对西部高强度开采产生的植被退化、水土流失加剧、土地资源破坏等生态破坏问题，研究矿区植被快速恢复、植被品种筛选与快速繁育、生物多样性的稳定等技术。这些技术的研发成果将为矿山环境修复治理提供保障（王双明等，2017；赵平，2018a；王佟等，2017a）。

1.2.3 煤炭地质勘查发展趋势

（一）建立绿色安全开采的地质保障技术体系

新时代煤炭地质勘查要紧随煤炭开发技术革命，把矿山地质保障工作作为煤炭地质工作的重要发展领域，建立绿色煤炭资源勘查评价与绿色安全开采的地质保障体系，以及勘查与煤炭精细利用的技术标准体系。煤炭地质工作要逐步由以煤为主向煤、水、气、工、环并重转变；由资源保障为主向资源保障和安全生产保障并重转变，由地面地质向地面地质和井下地质并重转变。在勘查技术方面要加大"空天地"包括遥感技术、高精度多维地球物理勘探技术、精细钻探技术以及样品测试化验的高度融合，实现复杂地质体透明和可视化解译（谢和平等，2014；潘树仁等，2013）。

（二）服务于煤与煤系矿产协同勘查的地质保障技术

煤系特别是含煤段为一套含有煤层或煤线及有机质泥页岩的沉积岩系，有机质丰富。

近年来，煤系共伴生矿产的研究主要针对煤层气、页岩气、砂岩气等煤系非常规天然气，煤系砂岩型铀矿、黏土矿、铝土矿等固体矿产资源，以及煤中镓、锗、锂等"三稀"（"稀有、稀土、稀散"）矿产资源。

以往煤系多能源矿产与共伴生矿产勘探开发由不同单位完成，一方面由于勘查任务和目标不同，不同单位之间资料相互保密，无法实现矿区、井田内多矿产综合勘查评价，造成无法综合规划、开发、利用多矿产资源；另一方面，多单位多次进场进行的单一矿种勘查，极易造成资源的浪费和环境的多次扰动破坏。

新时代煤炭地质单位要进一步加大创新，由资源勘查向开发地质延伸，打通上下游，延长产业链，建立煤系多能源矿产与其他共伴生矿产探采一体化地质保障技术体系。针对不同勘查区，在开展勘查工作前，可充分利用已知区、相邻区钻探、物探、化探等成果资料，利用地质大数据对未知区地质背景、矿产资源类型、资源丰度、分布特征甚至资源量展开预测，进而确定协同勘查的主体目标矿种和勘查工作任务，最大限度减少资源遗漏和替代工程勘查，最终实现煤、煤系、煤盆地多种矿产综合勘查、协同开发（王佟等，2013）。

（三）形成煤矿区生态环境保护与修复利用技术体系

长期以来，由于缺少对自然资源勘查开发利用的科学系统规划布局，对生态环境保护重视不够，高强度的开采造成了极大的资源浪费和严重的生态环境问题。例如，采矿活动造成地下水污染、枯竭，煤矿中矸石山和废渣等固废的堆积侵占了大量的土地资源，采空区塌陷严重破坏了地表景观，大量建筑物受损。生态环境保护与修复是煤炭地质绿色勘查的一个重要内容，既包括勘查阶段的生态环境保护，也包括煤炭开采、采后的环境保护与修复工作。

1. 煤炭勘查阶段

矿山生态环境保护需要考虑在煤炭预查、普查、详查、勘探各阶段勘查工作对于生态环境的影响方式、范围和程度，制定环境保护和修复方案以及环境突发事件应急预案等。例如，以钻探代槽探，减少地表植被破坏；钻探施工中减少钻井液对储层的污染和伤害，及时修复钻后井场环境等；"一孔多用"，减少同一地区针对不同矿产多次勘查造成的环境扰动；在生态脆弱区可选择航空物探、高光谱遥感技术等手段，应用轻便物探、深穿透地球化学的方式，最大限度减少对环境的影响和破坏。

2. 煤炭开采和采后阶段

煤炭开采阶段主要是进行保护性的开采布局和时序设计；尽量减轻地表损伤，预防采空塌陷、植被退化、水资源变化等生态环境灾害；综合评价矿区环境容量和合理控制开发强度。

煤矿采后阶段重点是对矿区生态环境的修复工作，需要有目的地开展矿区生态环境地质的评估、调查、治理、修复和重塑生态地质环境，实现资源与生态环境的合理科学利用。生态地质保护与修复的内容主要包括：环境修复、固体废弃物污染修复、边坡稳定与修复、水体污染修复、土地复垦等（赵平，2018b）。

（四）构建煤炭"地质+"平台的地质保障体系

"地质+"是多元化综合手段，包括地质大数据分析、煤炭地质勘查信息的多维化展示、基于移动式 GIS 的项目现场管理及野外编录、基于互联网地图的虚拟野外考察、踏勘等，可应用于地质勘查、生态环境、城市建设、应急保障、文化旅游等领域。

地质大数据分析是基于煤炭资源勘查积累的海量遥感、钻探、物探、化探、分析测试数据，通过建立勘查成果信息库，搭建地质云计算平台，进行地质大数据分析；煤炭地质勘查信息的多维化展示是将三维建模、动态模拟、虚拟现实等技术紧密结合，实现以煤炭成果为核心，关联其他矿产资源及其地质载体的多元化信息成果，最终达到基于信息化和网络化的可控共享；基于移动式 GIS 的项目现场管理及野外编录，能够提高数据提取和分析能力；基于互联网地图的虚拟野外考察、踏勘等，可以节省体力，减少外业工作量，提高工作效率（赵平，2018a；李朝奎等，2015）。

1.3 新时代煤炭地质行业面临的机遇与挑战

1.3.1 短期内以煤为主的能源消费不会改变

（一）煤炭产量有必要设定"天花板"，必须及早谋划弥补能源增长缺口

近几年，受煤炭去产能影响，煤炭在一次能源消费中的占比逐年下降，煤炭能源减少部分的替补主要靠进口解决，但供应不足的问题频频出现。同时，随着我国经济总量持续扩大，能源消费仍将持续增长，根据《能源生产和消费革命战略（2016—2030）》，到 2030 年，我国能源消费总量将在 60 亿吨标准煤左右，但据业内专家预计我国石油国内供给量的"红线"是 2 亿吨左右（约 2.85 亿吨标准煤）；天然气是 3000 亿立方米（约 3.64 亿吨标准煤）；水电可开发的总量预计约 4 亿千瓦（约 3.2 亿吨标准煤）；核电预计年发电量不超过 1 亿吨标准煤，如果能全部开发出来，合计 10.69 亿吨标准煤，仅占未来我国能源总需求的 18%左右。未来逐渐增长的能源需求缺口由哪种资源替代？需要未雨绸缪，及早谋划部署。

（二）短期内以煤炭为主的能源消费不会改变

煤炭在我国一次能源消费占比高。2018 年，煤炭占我国一次能源消费比重的 59.0%，全年原煤产量 36.8 亿吨，进口量 2.81 亿吨，煤炭消费量增长 1.0%，可以满足电力、钢铁、水泥及煤化工等多产业发展的需求。受煤炭去产能、节能减排和能源清洁利用的影响叠加，煤炭在一次能源消费中的占比逐步下降。同时，随着国内外经济的复苏和工业化发展，对煤炭的需求将会有所增加。

我国煤炭自主保障程度高。据国家统计局的数据显示，2018年，全国煤炭产量36.8亿吨，同比增长4.55%。全国累计生产煤炭773亿吨，占一次能源生产总量的74.3%，全国煤炭的供应保障能力实现跨越式提升，已建成神东、黄陇、宁东、新疆等14个大型煤炭基地，其产量占全国总产量的94%左右。

煤炭资源丰富，但后备储量和库存量相当紧张。全国煤炭查明资源储量1.67万亿吨。目前，经勘查证实的储量中，经济可采储量约占30%，而且大部分已经开发利用。例如，2013~2016年，煤炭查明资源储量增长幅度呈逐年下降的趋势，由2013年的10.7%降至2016年的2%，2017年有所增长，为4.3%，后备经济可采储量相当紧张。2018年年末，重点煤炭企业存煤5500万吨，同比减少609万吨，下降10%，处于较低水平。

煤炭消费量受到控制。国家发展和改革委员会、国家能源局联合印发的《能源发展"十三五"规划》提出，到2020年，我国煤炭消费比重应降到58%左右，煤炭消费总量控制在41亿吨以内。2013~2016年我国煤炭产量持续下降，2017~2018年产量小幅增长；煤炭消费量在2018年稳中有升，进口量增加。

进入21世纪，我国煤炭供应及消费能力极大提升，但由于缺乏有效且严格的环境污染监管措施，加之粗放、浪费、无节制、低效率、高排放的煤炭利用方式，环境问题日益严重，特别是大范围雾霾现象频发，更是让社会舆论把矛头直接指向煤炭消费，"去煤化"呼声高涨。但受资源禀赋、技术经济发展水平、资源保障能力、开发难易程度、生产和消费成本等因素制约，综合考虑我国能源产业现状和未来发展趋势，未来相当长一段时间内，煤炭仍将是我国重要的主体能源。

1.3.2 煤矿生态环境保护与煤炭资源清洁利用需要进一步加强

煤炭是我国一次能源的主体，在保证国家安全生产稳定中发挥了不可替代的作用。煤炭以其资源的可靠性，价格的低廉性，燃烧的可洁净性，有力支撑着国民经济和社会长期平稳较快发展。近年来国际上对工业化引发气候变化和环境污染问题越来越关注，世界主要国家相继签署了《联合国气候变化框架公约》《京都议定书》《巴黎协定》等国际公约，国务院也印发了《大气污染防治行动计划》等文件，积极应对气候变化。长期以来，确因煤炭的粗放式开发利用导致了大气污染、环境污染、地表塌陷、地下水和地表生态损伤等很多问题，对煤炭产生了许多负面影响。

1. 煤炭引起的生态环境破坏严重

长期以来，煤炭高强度开采引发地表沉陷，并诱发大量地质灾害，造成土地挖损和压占，矿区大量耕地损害、植被破坏、水土流失与土地荒漠化加剧等问题。初步统计，我国每开采万吨煤炭，地表下沉和破坏土地面积为2~5亩[①]，2015年全国矿区（井）土地塌陷面积约6.8亿平方米，究其原因主要是没有按地层发育特点进行科学规划开采和同步治理，造成对矿体顶底板扰动。

---

① 1亩≈666.67平方米。

2. 大气污染形势十分严峻

在传统煤烟型污染尚未得到控制的情况下,以 $PM_{2.5}$ 和酸雨为特征的区域性复合型大气污染日益严峻,污染物减排压力持续增大,城市空气质量达标难度大。大范围、高强度的雾霾天气倒逼能源结构转型。

3. CO_2 减排任务艰巨

我国单位 GDP 的 CO_2 排放量远高于发达国家,2016 年我国 CO_2 排放量全球占比 28.4%,排放总量居世界前列。我国政府已向国际社会庄严承诺到 2030 年单位 GDP 的 CO_2 排放量要比 2005 年下降 60%~65%,必将对全国煤炭需求产生重要影响。

4. 能源清洁利用的要求

随着我国社会经济的发展,煤炭开采带来的资源和环境问题日益突出,在石油和天然气对外依存度高,非化石能源供给不足,煤炭依然是我国主体能源的背景下,大力推进煤炭清洁高效利用已成为保障能源安全,应对气候变化,实现可持续发展的重要举措和必然选择。煤炭引发的各种社会和环境问题并非煤炭本身的问题,而是煤炭利用的问题。煤炭本身是清洁能源,煤炭行业需要进行自身革命,走清洁化高效利用之路,开发和利用绿色煤炭资源才能更好应对气候变化、环境污染等问题。

1.3.3 践行"一带一路"倡议与参与国际竞争

"一带一路"倡议合作为地勘行业带来了前所未有的发展契机。近年来我国在"一带一路"沿线国家进行了大量的基础建设和矿业投资,但预期成效不显著,究其原因主要是对沿线国家地质情况不了解,投资带有盲目性。对比我国工业化发展的成功经验,我国在建国初期,十分重视地质勘查先行,推动了矿业开发和工业化建设,依靠大量的地质勘查工作保障了我国经济建设的快速发展和改革开放的伟大成就。同样,"一带一路"倡议的更好实施也应发挥地质勘查工作的基础性和先行性作用,服务于重大工程建设和矿产资源开发,带动沿线国家经济建设和发展,多途径利用全球资源,构建人类命运共同体。

(一)带动沿线国家经济建设和发展,构建人类命运共同体

构建人类命运共同体是中国特色大国外交理念的核心和重大成果。"一带一路"倡议作为一项重要的中长期国家发展计划,是构建人类命运共同体的具体措施,对于促进多边区域经济合作,沿线各国经济繁荣意义重大。

"一带一路"沿线大多是发展中国家和新兴经济体,不少国家工业基础薄弱,经济发展相对落后,随着这些国家经济发展和城市化、工业化进程的推动,机场、港口、铁路、公路等大规模的基础设施建设都需要大量的石油、天然气、煤炭等化石能源作为支撑和保障,提

供大量高能耗产品。因此,开展"一带一路"沿线国家地质调查研究,保障重大工程的顺利实施,提高沿线国家的地质勘查能力,保障资源需求,带动沿线国家经济建设,是提升我国在世界资源勘查领域的影响力和国际竞争力,助力构建人类命运共同体的有效途径。

（二）多途径利用全球资源,补充国内能源供给不足

习近平总书记提出:"全方位加强国际合作,实现开放条件下能源安全。在主要立足国内的前提条件下,在能源生产和消费革命所涉及的各个方面加强国际合作,有效利用国际资源"[①]。

"一带一路"贯穿亚欧非大陆,连接东亚经济圈和发达的欧洲经济圈,中间广大腹地国家的能源和矿产资源丰富、资源需求日增、发展潜力巨大。"一带一路"沿线国家矿产资源主要有20余种,其中,石油、天然气、煤炭、铬、钨、稀土、钾盐超过世界矿产储量的50%;铁、锰、铅、锌、钼占世界矿产储量的30%~50%;铀、铜、镍、铝、金、银、锂、磷占世界矿产储量的10%~30%;铂族金属接近世界矿产储量的10%。例如,哈萨克斯坦为中亚最大的有色金属工业基地,钨矿储量居世界首位,锌、钼、铜、铅居亚洲第一。乌兹别克斯坦的石油、天然气、黄金为国民经济支柱产业,被誉为"三金"。因此,应充分利用沿线国家的煤炭、油气、大宗矿产资源及战略性新兴矿产资源以弥补国内能源和矿产资源不足、促进能源结构优化、共同保障国家能源安全,实现中国和"一带一路"沿线国家共同发展。

（三）参与国际竞争,提升国际影响力

当前,我国经济由高速增长转变为中高速增长的"新常态",煤炭行业的发展面临严峻的形势,煤炭价格仍处于下降态势,煤炭市场供过于求。"一带一路"沿线许多国家对煤炭需求量逐年增长,为我国煤炭产业参与国际竞争,走向更高更远的海外市场提供了广阔的机会和舞台。充分发挥国内地质勘查队伍的特色和优势,深入研究"一带一路"沿线国家和地区煤炭地质特征,助力我国煤炭地质勘查队伍走出国门,形成适应"一带一路"沿线国家和地区的能源与矿产资源的地质勘查服务体系,服务沿线国家经济建设。通过参与国际地勘行业竞争,促进国际煤炭勘查项目往来,开拓国际煤炭地质勘查市场,提升我国煤炭地质勘查队伍在国际的影响力和知名度。

1.3.4 煤炭地质勘查需要向绿色、高质量发展

（一）煤炭地质勘查向深部和复杂地质条件地区发展

经过60多年的勘查与开发,我国浅部、条件简单的矿产大多已经探明和开发。新时

---

① 人民网. 人民日报: 新常态下能源革命蓄势待发. http://opinion.people.com.cn/n/2015/0506/c1003-26955722.html[2019-11-25].

代能源与矿产勘查工作难度不断增大，地质条件更加复杂，以往传统的地质勘查工作针对浅部地区单矿种的勘查技术和能力已经不能适用，隐蔽的、深部的、稀有矿产的勘查和采矿将有巨大的发展空间，要持续保障我国能源与大宗矿产资源的自给，地质工作必须转向成矿条件复杂、隐伏特别是深部矿产资源的勘查。

（二）煤炭地质勘查由单资源勘查到多资源协同勘查和煤炭地质绿色勘查方向发展

我国地质构造的特点与矿产资源赋存属性决定了必须全面构建区域地质单元或区块多矿产资源协同勘查，研究多种矿产资源在某一个地质块段内存在共伴生及叠置关系和时空分布、成藏规律以及选择什么样的勘查模式。同时煤炭地质勘查工作将由资源保障为主向资源保障和安全生产保障并重转变，由单一矿产勘查向多矿种资源协同勘查和煤炭地质绿色勘查的方向转变，把保护生态环境放在更加重要的位置，树立生态环保意识，将绿色勘查与绿色开发相结合。

（三）煤炭地质勘查的服务范围延伸到社会发展各个方面

新时代地质勘查工作应用领域已延伸到经济、社会发展各方面。煤炭地质勘查工作范围由传统的能源和矿产勘查开发向生态环境地质勘查与环境保护修复、治理及再造、城市地质、农业地质、旅游地质、海洋地质等各门类的综合性"地质+"工作转变；服务形式由单纯为国家解决资源储备向为地方提供城市建设、城市安全运营、防灾减灾、环境治理，以及特色农业、特色小镇、美丽乡村建设等各类服务，融入地方经济发展和社会进步转变。

参 考 文 献

曹代勇，宁树正，郭爱军，等.2017.中国煤田构造格局与构造控煤作用.北京：科学出版社.
曹代勇，王佟，琚宜文，等.2008.中国煤田构造研究现状与展望.中国煤炭地质，20（10）：1-6.
曹代勇，姚征，李靖.2014.煤系非常规天然气评价研究现状与发展趋势.煤炭科学技术，42（1）：89-92.
陈佩元，孙达三，丁丕训，等.1996.中国煤岩图鉴.北京：煤炭工业出版社：1-67.
陈奇.2009.矿山环境治理技术与治理模式研究.北京：中国矿业大学：45-60.
程爱国.2001.中国聚煤作用系统分析.徐州：中国矿业大学出版社.
代世峰，任德贻，李生省.2006.内蒙古准格尔超大型锗矿床的发现.科学通报，52（2）：177-185.
丁昊明，戴彩丽，高静，等.2013.国内外煤层气开发技术综述.煤，22（4）：24-26.
杜刚，汤达祯，武文，等.2003.内蒙古胜利煤田共生锗矿的成因地球化学初探.现代地质，17（4）：453-458.
方慧，孙忠军，徐明才，等.2017.冻土区天然气水合物勘查技术研究主要进展与成果.物探与化探，41（6）：6-12.
傅雪海，德勒恰提·加娜塔依，朱炎铭，等.2016.煤系非常规天然气资源特征及分隔合采技术.地学前缘，23（3）：36-40.
郝黎明，邵龙义，时宗波，等.2000.旋回频率曲线在幕式聚煤作用研究中的应用——以西南地区上二叠统为例.古地理学报，2（4）：12-19.
胡振琪，龙精华，王新静.2014.论煤矿区生态环境的自修复、自然修复和人工修复.煤炭学报，39（8）：1751-1757.
李宝芳，温显端，李贵东.1999.华北石炭、二叠系高分辨层序地层分析.地学前缘，6（S1）：81-94.

李朝奎,严雯英,肖克炎,等.2015.地质大数据分析与应用模式研究.地质学刊,39(3):352-357.
李小彦,王杰玲,赵平.2007.鄂尔多斯盆地优质煤的分类与评价.煤田地质与勘探,35(4):1-4.
李增学,吕大炜,王东东,等.2015.多元聚煤理论体系及聚煤模式.地球学报,36(3):271-282.
李增学,魏久传,王明镇,等.1996.华北南部晚古生代陆表海盆地层序地层格架与海平面变化.岩相古地理,16(5):1-11.
刘大锰,李俊乾.2014.我国煤层气分布赋存主控地质因素与富集模式.煤炭科学技术,42(6):19-24.
刘焕杰,桑树勋,郭英海,等.2003.我国含煤沉积学若干问题及展望.沉积学报,21(1):129-132.
鲁静,杨敏芳,邵龙义,等.2016.陆相盆地古气候变化与环境演化、聚煤作用.煤炭学报,41(7):1788-1797.
毛节华,许惠龙.1999.中国煤炭资源预测与评价.北京:科学出版社.
宁树正,曹代勇,朱士飞,等.2019.煤系矿产资源综合评价技术方法探讨.中国矿业,28(1):76-82.
宁树正,邓小利,李聪聪,等.2017.中国煤中金属元素矿产资源研究现状与展望.煤炭学报,42(9):2214-2225.
欧阳永林,田文广,孙斌,等.2018.中国煤系气成藏特征及勘探对策.天然气工业,38(3):15-23.
潘树仁,吴加河,钱建平,等.2013.煤炭测试技术进展与展望.北京:煤炭工业出版社:12-18.
彭苏萍.2017.建设"煤炭资源强国"的战略思考.煤炭经济研究,37(11):1.
彭苏萍,等.2018.煤炭资源强国战略研究.北京:科学出版社:44-76.
彭苏萍,张博,王佟,等.2014.煤炭资源与水资源.北京:科学出版社:84-156.
戚华文,胡瑞忠,苏文超.2003.陆相热水沉积成因硅质岩与超大型锗矿床的成因——以临沧锗矿床为例.中国科学(D辑:地球科学),33(3):236-246.
秦勇,申建,沈玉林.2016.叠置含气系统共采兼容性——煤系"三气"及深部煤层气开采中的共性地质问题.煤炭学报,41(1):14-23.
尚冠雄.1997.华北地台晚古生代煤地质学研究.太原:山西科学技术出版社:5-36.
邵龙义,鲁静,汪浩,等.2008.近海型含煤岩系沉积学及层序地层学研究进展.古地理学报,10(6):561-570.
邵龙义,鲁静,汪浩,等.2009.中国含煤岩系层序地层学研究进展.沉积学报,27(5):904-914.
邵龙义,汪浩,Large D J.2011.中国西南地区晚二叠世泥炭地净初级生产力及其控制因素.古地理学报,13(5):473-480.
邵龙义,王学天,鲁静,等.2017.再论中国含煤岩系沉积学研究进展及发展趋势.沉积学报,35(5):1016-1031.
邵龙义,张鹏飞,刘钦甫,等.1992.湘中地区下石炭统测水组沉积层序及幕式聚煤作用.地质论评,38(1):52-59.
宋岩,张新民,柳少波.2005.中国煤层气基础研究和勘探开发技术新进展.天然气工业,25(1):1-7.
孙粉锦,田文广,陈振宏,等.2018.中国低煤阶煤层气多元成藏特征及勘探方向.天然气工业,38(6):10-18.
孙玉壮.2014.煤中某些伴生金属元素的综合利用指标探讨.煤炭学报,39(4):744-748.
谭克龙,万余庆,王晓峰,等.2012.基于遥感技术的煤炭勘查方法研究.中国地质,39(1):218-227.
唐书恒,秦勇,姜尧发,等.2006.中国洁净煤地质研究//"十五"重要地质科技成果暨重大找矿成果交流会材料二——"十五"地质行业获奖成果资料汇编.北京:地质出版社:36-52.
唐跃刚,贺鑫,程爱国,等.2015.中国煤中硫含量分布特征及其沉积控制.煤炭学报,40(9):1977-1988.
王东东,邵龙义,刘海燕,等.2016.超厚煤层成因机制研究进展.煤炭学报,41(6):1487-1497.
王海超.2017.沁水盆地中南部煤系气储层物性及叠置成藏模式.徐州:中国矿业大学:2-9.
王瑞贞,王冬雯,白旭明,等.2018.煤田高精度地震勘探关键技术及应用效果//中国地球科学联合学术年会论文集(二十三):1009-1010.
王双明,杜华栋,王生全.2017.神木北部采煤塌陷区土壤与植被损害过程及机理分析.煤炭学报,42(1):17-26.
王双明,段中会,马丽,等.2019.西部煤炭绿色开发地质保障技术研究现状与发展趋势.煤炭科学技术,47(2):6-11.
王双明,吕道生,佟英梅,等.1996.鄂尔多斯盆地聚煤规律及煤炭资源评价.北京:煤炭工业出版社,1-45.
王佟.2012.中国西北赋煤区构造发育规律及构造控煤研究.北京:中国矿业大学:4-5.
王佟.2018.中国西北地区煤与煤层气资源勘查开发研究.北京:科学出版社.
王佟,等.2013.中国煤炭地质综合勘查理论与技术新体系.北京:科学出版社.
王佟,邵龙义.2013.西北地区侏罗纪煤炭资源形成条件及资源评价.北京:地质出版社:196.
王佟,邵龙义,夏玉成,等.2017a.中国煤炭地质研究取得的重大进展与今后的主要研究方向.中国地质,44(2):242-262.

王佟，王庆伟，傅雪海.2014. 煤系非常规天然气的系统研究及其意义. 煤田地质与勘探，42（1）：24-27.

王佟，张博，王庆伟，等.2017b. 中国绿色煤炭资源概念和内涵及评价. 煤田地质与勘探，45（1）：1-9.

王文杰，王信.1993. 中国东部煤田推覆、滑脱构造与找煤研究. 徐州：中国矿业大学出版社：1-67.

王小川.1997. 黔西、滇东、川南晚二叠世含煤地层沉积环境及聚煤规律研究. 重庆：重庆大学出版社：12-85.

文怀军，卢振权，李永红，等.2015. 青海木里三露天井田天然气水合物调查研究新进展. 现代地质，29（5）：983-994.

吴冲龙，李绍虎，王根发，等.2006. 先锋盆地超厚优质煤层的异地成因模式. 沉积学报，24（1）：1-9.

夏玉成，王佟，王传涛，等.2016. 新疆早–中侏罗世聚煤期同沉积构造及其控煤效应. 煤田地质与勘探，（2）：1-7.

谢和平，王金华，等.2014. 中国煤炭科学产能. 北京：煤炭工业出版社：13-58.

许崇宝，王晶，曾爱平.2016. 地震勘探技术在煤炭勘查中的应用与展望. 山东国土资源，32（1）：1-8.

杨永宽，等.1996. 中国煤岩学图鉴. 徐州：中国矿业大学出版社：1-56.

叶建平，石慧宁.2010. 煤层气多分支水平井技术在沁水盆地南部的试验和应用//煤层气勘探开发理论与技术——2010年全国煤层气学术研讨会论文集. 北京：石油工业出版社：83-123.

袁亮，张农，阚甲广，等.2018. 我国绿色煤炭资源量概念、模型及预测. 中国矿业大学学报，47（1）：1-8.

张淑苓，王淑英，尹金双.1987. 云南临沧地区帮卖盆地含铀煤中锗矿的研究. 铀矿地质，3（5）：267-275.

张遂安，袁玉，孟凡圆.2016. 我国煤层气开发技术进展. 煤炭科学技术，44（5）：1-5.

赵平.2018a. 新时代煤炭地质勘查技术及发展方向思考. 中国煤炭地质，30（4）：5-8.

赵平.2018b. 新时代生态地质勘查工作的基本内涵与架构. 中国煤炭地质，30（10）：1-5.

赵贤正，杨延辉，孙粉锦，等.2016. 沁水盆地南部高阶煤层气成藏规律与勘探开发技术. 石油勘探与开发，43（2）：303-309.

祝有海，张永勤，文怀军，等.2009. 青海祁连山冻土区发现天然气水合物. 地质学报，83（11）：1762-1771.

中国煤炭地质总局.2016. 中国煤炭资源赋存规律与资源评价. 北京：科学出版社.

Dai S F，Wang X B，Seredin V，et al. 2011. Petrology，mineralogy，and geochemistry of the Ge-rich coal from the Wulantuga Ge ore deposit，Inner Mongolia，China：New data and genetic implications. International Journal of Coal Geology，（S90-91）：72-99.

Diessel C F K. 1992. Coal-bearing depositional System-coal Facies and Depositional Environments：8-coal formation and Sequence Stratigraphy. New York，Springer-Verlag：465-514.

Huang W H，Wan H，Du G，et al. 2008. Research on Element Geochemical Characteristics of Coal-Ge Deposit in Shengli Coalfield，Inner Mongolia，China. Earth Science Frontiers，15（4）：56-64.

Shao L Y，Wang H，Yu X H，et al. 2012. Paleo-fires and atmospheric oxygen levels in the Latest Permian：Evidence from maceral compositions of coals in Eastern Yunnan，Southern China. Acta Geologica Sinica，86（4）：801-840.

Sun Y Z，Yang J J，Zhao C L. 2012. Minimum mining grade of associated Li deposits in coal seams. Energy Exploration & Exploitation，30（2）：167-170.

Wang T，Shao L Y，Tian Y，et al. 2012. Sequence stratigraphy of the Jurassic coal measures in Northwestern China. Acta Geologica Sinica（English Edition），86（3）：769-778.

Zhao C L，Qin S J，Yang Y C，et al. 2009. Concentration of Gallium in the Permo-Carboniferous Coals of China. Energy Exploration & Exploitation，27（5）：333-344.

2 煤炭在国民经济中的地位与保障能力

摘要：本章论述了煤炭在国民经济中的地位与保障能力，分析了煤炭资源消费现状、煤炭资源消费构成及需求趋势。从煤炭资源区域分布、煤炭资源赋存特征、煤炭资源开发现状三个方面分析了我国煤炭资源的现状，认为新时代煤炭在国民经济建设中的作用仍然不可替代，需要进一步加强煤炭资源的地质保障能力，开展绿色煤炭资源的勘查与评价，是今后煤炭资源保障的必然路径。

我国煤炭资源的消费构成主要包括电力、钢铁、建材、化工及其他行业，其中电力耗煤占煤炭资源总消费的一半以上，且煤炭发电量占总发电量70%以上[1]，煤炭作为我国主体能源的地位不可动摇，也支撑了我国钢铁、建筑、化工等行业的发展，为我国的国民经济和社会发展做出了重大贡献。近年来，随着经济的发展和全体人民美好生活的逐步实现，煤炭消费总量逐年上升，我国煤炭资源虽能保障国家发展和人民生活的需求，但目前还需要加强资源的勘查程度，尤其是加强对可供开发利用资源和绿色煤炭资源的勘查力度。

2.1 煤炭在国民经济建设中作用分析

2.1.1 煤炭资源消费现状

（一）煤炭消费总量

中国是世界上最大的煤炭生产和消费国，也是少数几个以煤为主要能源的国家之一。根据《2018煤炭行业发展年度报告》，从消费总量上看中国煤炭消费增长是世界煤炭增长的主要动力，图2.1为2010~2017年中国煤炭消费占世界比重变化情况，2017年中国煤炭消费量38.6亿吨，较2010年增加3.71亿吨，年均增长1.5%，占世界煤炭消费量的50.8%左右，占世界1980年以来煤炭消费增量的近80%（贺佑国，2018）。

2017年以来，煤炭需求在恢复中回升，根据国家统计局数据，2017年全国煤炭消费量达38.6亿吨，2018年煤炭在严控新增消费情况下，全年煤炭消费量39亿吨，同比增长1.0%。我国煤炭消费量在2014~2016年3年连降，2017年后小幅增长，2018年迎来较大幅度增长[2]（图2.2）。

---

[1] 数据来源：国家统计局2017年统计数据。
[2] 数据来源：《中国能源发展报告2018》。

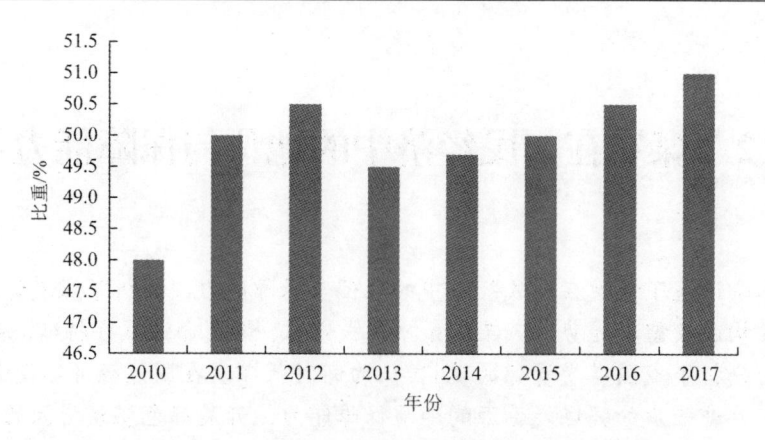

图 2.1　2010~2017 年中国煤炭消费占世界比重变化情况

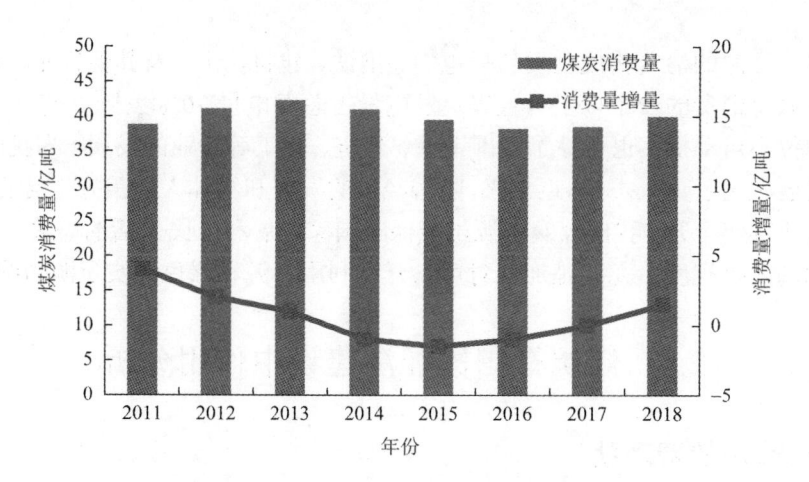

图 2.2　2011~2018 年全国煤炭消费量情况

（二）不同地区煤炭消费分布

中国煤炭消费分布与区域经济发展呈正相关关系，经济越发达的地区煤炭消费量相对越高。东部地区是我国工业化进程最早的地区，电力等主要耗煤行业发展起步早、规模大，长期以来是中国煤炭消费重心，煤炭消费量长期占全国煤炭消费量的一半以上。随着中部崛起战略和西部大开发战略实施，中西部经济发展加速，能耗需求较快增长，中西部对煤炭资源的需求也在增加，煤炭消费量占比逐步上升，而东部地区尽管煤炭消费总量仍在增加，但所占比重却逐步下降。2005~2017 年，晋陕蒙等西北地区煤炭消费量由 4.45 亿吨增加到 11.47 亿吨，占全国煤炭消费总量比重由 18.3%上升到 29.7%；京津冀、东北、华东、中南、云贵、川渝青藏地区煤炭消费量占全国的比重分别比 2005 年下降 2.0 个、0.7 个、4.5 个、1.8 个、0.9 个和 1.5 个百分点。图 2.3 为 2005 年和 2017 年各地区煤炭消费量及比重变化对比[①]。

---

① 数据来源：《2018 煤炭行业发展年度报告》。

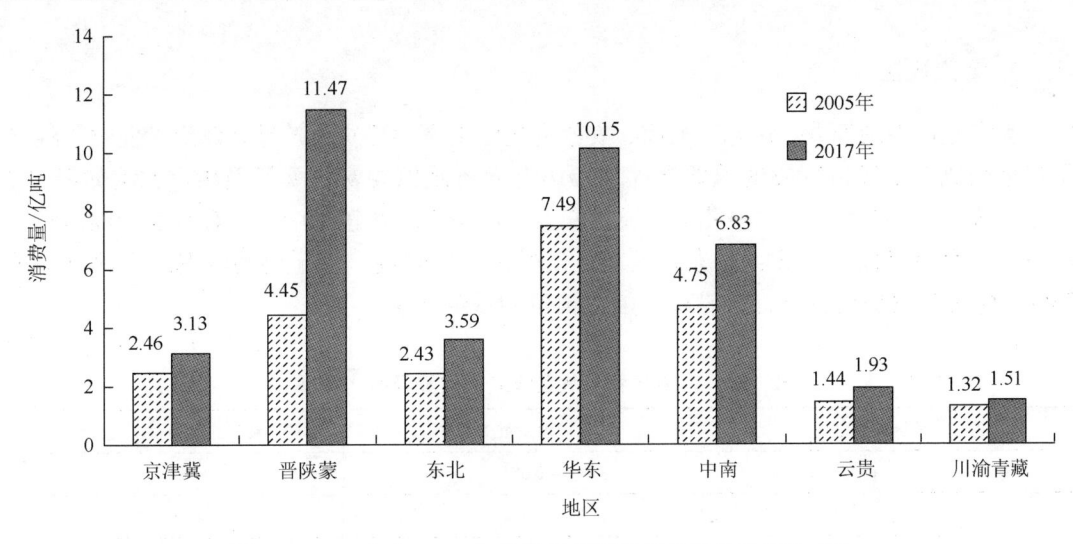

图 2.3 2005 年和 2017 年各地区煤炭消费量及比重变化对比

我国东部和中部地区是煤炭的主消费区，消费总量占全国的 70%左右，西部和东北地区消费量占比较少。在我国经济发展初期，东部地区发展较快，对能源的需求量较大，煤炭作为我国的主要能源，消费量也随之增加，但随着经济的迅速发展，工业迅速发展的同时也造成了严重的环境问题，所以清洁能源和可再生能源开始被重视，在能源消费中的占比也不断提高，煤炭的占比也随之降低。我国西部地区经济发展缓慢，随着西部大开发和中部地区发展崛起，能源的消费是经济发展的重要支柱，中西部地区煤炭需求量也逐渐上升（王海珍，2016）。

（三）煤炭产业对地方区域经济发展贡献

1. 东北地区

据统计数据显示，截至 2017 年，工业对黑龙江经济贡献率在 50%以上，其中能源工业占工业比重在 53.8%~72.9%。在煤炭消费方面，根据《中国能源统计年鉴 2017》，2016 年，黑龙江、吉林和辽宁煤炭消费量分别为 1.40 亿吨、0.94 亿吨和 1.69 亿吨，分别占到了能源消费总量的 76%、80%和 54%，经济发展对煤炭依赖度较高。表 2.1 为 2016 年东北地区煤炭消费量及所占比重。

表 2.1 2016 年东北地区煤炭消费量及所占比重

省（自治区、直辖市）	煤炭消费量/亿吨	煤炭在能源消费中占比/%
黑龙江	1.40	76
吉林	0.94	80
辽宁	1.69	54

2. 黄淮地区

黄淮地区中的河北、山东、河南、安徽为我国主要的煤炭生产地，煤炭工业对其经济贡献率较高，是经济发展的重要支撑。2016年黄淮地区煤炭消费量及所占比重如表 2.2 所示。从表 2.2 中可以看出，北京、天津在大气污染治理政策影响下，煤炭在能源消费中所占比重有所降低；河北、山东、河南、安徽的占比较高，安徽能源消费所占比重高达83%，煤炭依然是这些省（直辖市）能源消费的重要支撑。

表 2.2　2016年黄淮地区煤炭消费量及所占比重

省（自治区、直辖市）	煤炭消费量/亿吨	煤炭在能源消费中占比/%
北京	0.084	26
天津	0.420	50
河北	2.810	70
山东	4.090	69
河南	2.320	79
安徽	1.570	83

3. 东南地区

东南地区是中国经济发达的地区之一，东南地区普遍煤炭资源赋存状况较差，但能源消费较高。根据《中国能源统计年鉴2017》，2016年在东南地区煤炭消费量及所占比重如表 2.3 所示。从表 2.3 中可以看出，东南地区除海南能源消费水平本身较低，其他省（自治区）煤炭依赖度都在50%以上。

表 2.3　2016年东南地区煤炭消费量及所占比重

省（自治区、直辖市）	煤炭消费量/亿吨	煤炭在能源消费中占比/%
福建	0.68	59
浙江	1.39	70
江苏	2.80	71
湖北	1.16	70
湖南	1.14	75
海南	0.10	39
江西	0.76	74
广西	0.65	60
广东	1.61	57

4. 晋陕蒙宁区

山西、陕西、内蒙古、宁夏的煤炭资源丰富、煤种齐全、煤质优良，开采条件较好，是中国重要的煤炭生产区和调出区，煤炭产业是该区的核心支柱产业，为区域经济发展做出了重要贡献。根据《中国能源统计年鉴 2017》，2016 年晋陕蒙宁地区的煤炭消费量和所占比重如表 2.4 所示。从表 2.4 可以看出，煤炭是该区主要能源来源，支撑了该区域第一、第二和第三产业的发展。

表 2.4　2016 年晋陕蒙宁地区煤炭消费量及所占比重

省（自治区、直辖市）	煤炭消费量/亿吨	煤炭在能源消费中占比/%
山西	3.56	92
陕西	1.96	86
内蒙古	3.66	91
宁夏	0.86	85

5. 西南区

贵州工业发展对自然资源的依赖程度较高，主要是以资源开发和原材料粗加工为主的资源密集型工业，煤炭工业作为贵州重要的产业之一，2015 年完成工业增加值 684.68 亿元，占全省工业经济比重为 19.3%。云南 2015 年采矿业实现增加值 326.69 亿元，同比增长 10.6%，采矿业增加值占全部规模以上工业增加值的比重为 9.0%，拉动规模以上工业增加值增长 1.0 个百分点，在煤炭消费方面增长贡献率为 15.0%。根据《中国能源统计年鉴 2017》，2016 年西南区煤炭消费量及所占比重如表 2.5 所示。可以看出，贵州、云南、重庆经济发展对煤炭依赖度较高。

表 2.5　2016 年西南区煤炭消费量及所占比重

省（自治区、直辖市）	煤炭消费量/亿吨	煤炭在能源消费中占比/%
贵州	1.36	93
云南	0.74	79
四川	0.88	60
重庆	0.56	80

6. 西部区

根据《中国能源统计年鉴 2017》，2016 年西部区煤炭消费量及所占比重如表 2.6 所示。从表 2.6 可以看出，新疆与甘肃经济发展对煤炭依赖度较高。

表 2.6 2016 年西部区煤炭消费量及所占比

省（自治区、直辖市）	煤炭消费量/亿吨	煤炭在能源消费中占比/%
新疆	1.89	86
青海	0.19	53
甘肃	0.63	72

2.1.2　煤炭资源消费构成

煤炭资源的消费构成主要包括电力、钢铁、建材、化工行业及其他行业，其中电力约占 53.8%，钢铁 15.9%，建材 12.8%，化工 7.2%，其他 10.3%（《2018 煤炭行业发展年度报告》），电力是拉动煤炭消费增长的主要因素。从 2016 年到 2017 年，4 个主要耗煤行业煤炭消费量由 32.86 亿吨增至 34.05 亿吨，其中，电力行业耗煤量增加 1.12 亿吨，钢铁行业和化工行业耗煤量也均有增长，分别增长 0.09 亿吨和 0.15 亿吨（表 2.7）。

表 2.7 2016 年和 2017 年各行业煤炭消费情况

行业	2016 年煤炭消费量/亿吨	2017 年煤炭消费量/亿吨	2017 年同比增量/亿吨	行业增量占比/%
电力行业	18.75	19.87	1.12	110.89
钢铁行业	6.26	6.35	0.09	8.91
建材行业	5.24	5.07	−0.17	−16.83
化工行业	2.61	2.76	0.15	14.85
其他行业	4.41	4.23	−0.18	−17.82
总计	37.27	38.28	1.01	100

（一）电力行业

2018 年，电力耗煤占煤炭消费的 54%，主要为火力发电。我国现有能源发电结构中，火力发电比重虽然从 2011 年的 82.8%下降至 2018 年的 74.0%，但其发电量近年一直在增加，2016 年、2017 年、2018 年火力发电量分别为 4.4 万亿千瓦时、4.6 万亿千瓦时、4.98 万亿千瓦时，且增速有逐步增加的趋势。

国家统计局相关数据显示，2018 年全国规模以上电厂发电量为 6.79 万亿千瓦时，同比增长 6.8%，增速较去年加快 1.1 个百分点，为 2014 年以来最高增速，其中，火电发电量为 4.98 万亿千瓦时，同比增长 6.0%。我国各能源发电量情况如图 2.4 所示。

2012 年以来，电力工业耗煤量每年均超过 20 亿吨，2016 年以来全社会用电量同比增长较快，电力工业耗煤逐年增长，日均煤炭消耗进一步提高，2017 年电力工业耗煤

20.98 亿吨，占全国煤炭消费总量的比重为 54.3%。图 2.5 为 2010 年以来中国电力耗煤量及占全国煤炭消费总量的比重。与火力发电量增加的趋势相同，电力耗煤量也在逐年增加。

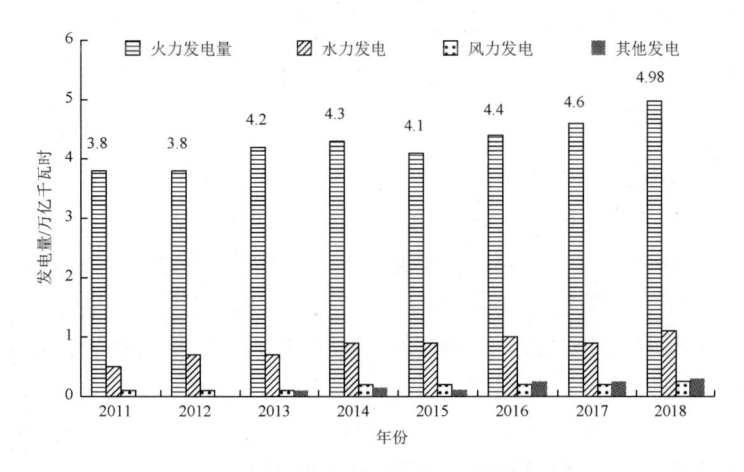

图 2.4　我国各能源发电量情况

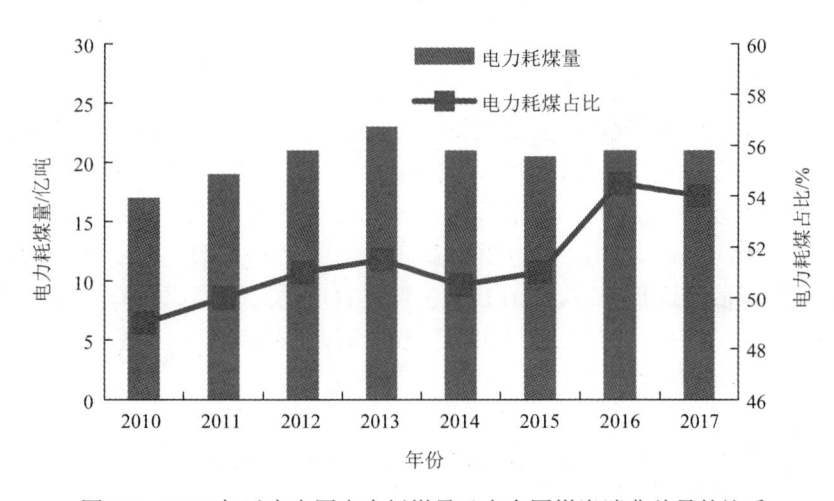

图 2.5　2010 年以来中国电力耗煤量及占全国煤炭消费总量的比重

（二）钢铁行业

2018 年，钢铁行业耗煤占煤炭消费的 14.9%，主要用于炼焦用煤和燃料用煤，2018 年，我国粗钢产量达到 9.28 亿吨，已迈过 9 亿吨大关。钢铁需求与房地产投资、基建投资息息相关，且成为决定煤炭需求波动走势的主要终端动力之一。2010 年以来钢铁行业耗煤量由快速增长转变为缓慢增长，2016 年后钢铁行业煤炭消费量趋于稳定。表 2.8 为 2016~2018 年中国钢铁产量与煤炭消费量情况。

表 2.8　2016～2018 年中国钢铁产量与煤炭消费量情况　　　（单位：亿吨）

年份	生铁产量	粗钢	煤炭消费量
2016	5.97	6.37	5.38
2017	7.11	8.32	5.75
2018	7.71	9.28	5.77

钢铁行业是国民经济的重要基础产业，长期以来，钢铁行业为国家建设提供了重要的原材料保障，有力支撑了相关产业发展，推动了中国工业化、现代化进程，促进了民生改善和社会发展，同时作为中国第二大耗煤产业，为煤炭行业快速发展提供了重要支撑。

钢铁行业是中国主要能源消耗行业之一，煤炭占其能源消费量的 70%左右。钢铁行业煤炭消费量主要取决于生铁产量和单位产品能耗，消费的煤炭主要是炼焦用煤和燃料用煤，炼焦用煤主要供炼焦炭，燃料用煤主要包括无烟粉煤、自备电站和高炉烧结等用煤。2013 年钢铁行业耗煤达到历史峰值 6.72 亿吨，较 2010 年增加 1.34 亿吨，随后钢铁行业煤炭消费量趋于稳定，2018 年钢铁行业耗煤 5.77 亿吨。

（三）建材行业

2018 年，建材行业耗煤占煤炭消费的 12.6%，主要用于生产水泥、玻璃、陶瓷。建材产品大多需要进行煅烧、烘烤、熔炼、焙烧等加工工艺过程，需要消耗大量煤炭，其中煤炭消耗较大的建材产品主要有水泥、墙体材料和石灰 3 种产品，其煤炭消费量占建材工业煤炭消费量的 90%左右。2013 年建材行业煤炭消费 5.91 亿吨，较 2010 年增加 1.55 亿吨，在达到历史峰值后逐步下降，2017 年主要建材产品产量同比略有下降，建材行业煤炭消费 4.88 亿吨，其中，水泥耗煤 3.03 亿吨，墙体材料耗煤 1.01 亿吨，石灰耗煤 0.31 亿吨。2010 年和 2017 年建材行业主要产品耗煤量见表 2.9。

表 2.9　2010 年和 2017 年建材行业主要产品耗煤量　　　（单位：亿吨）

名称	2010 年	2017 年
水泥耗煤量	2.61	3.03
墙体材料耗煤量	0.98	1.01
石灰耗煤量	0.28	0.31
其他产品耗煤量	0.49	0.53
合计	4.36	4.88

（四）化工行业煤炭消费现状

2018 年，化工行业耗煤占煤炭消费的 6.7%，主要用于生产化肥和电石、煤制油、煤制烯烃。目前，中国化学工业主要耗煤产品大致可分为两类，一类是包括生产合成氨、电石、烧碱、甲醇等在内的传统煤化工，另一类是包括煤制醇醚、煤制烯烃和煤制油等在内的现代煤化工。近几年随着现代煤化工技术的突破，以及一批示范项目的建设运行，中国煤化工产业规模增长较快，化工用煤整体呈增长态势，占比不断提高。2017年化工行业用煤量2.60亿吨，较2010年增长1.20亿吨，年均增长11.7%。

合成氨是化学工业的主要耗煤产品，产量70%以上以煤为原料，其中无烟块煤约占96%。近年来，合成氨的产量基本保持稳定，为0.5亿吨左右。2017年，合成氨产量为0.5亿吨，共消费煤炭约0.7亿吨；电石产量0.24亿吨，消耗煤炭0.11亿吨；煤制油、煤制天然气、煤制烯烃消费煤炭约1.22亿吨。

（五）其他行业

除了主要用煤行业外，煤炭消费还包括生活、采掘业、交通运输仓储和邮政业、农林牧渔水利业、批发、零售业和住宿、餐饮业等。2015年以来，民用煤及其他用煤消费量（图2.6）有所下降，随着煤改气、煤改电推进，影响了全年民用煤及其他用煤消费变化。2018年民用煤及其他用煤总消费煤炭4.478亿吨。民用煤炭主要包括民用生活、燃料小锅炉、工业小窑炉、轻工、纺织、食品加工等许多方面，同时民用煤主要集中于农村生活使用，所以数据统计存在困难，实际使用量应该高于现有统计量。

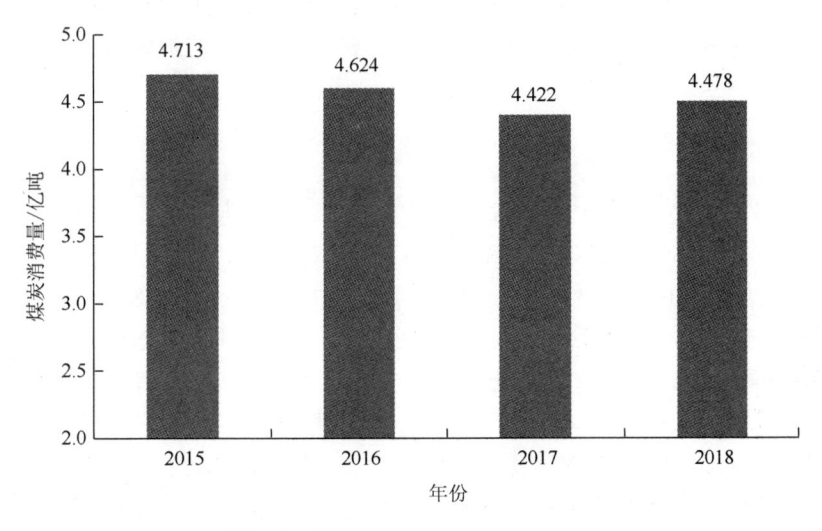

图 2.6 民用煤及其他用煤消费情况

2.1.3 煤炭需求趋势分析

我国的石油、天然气资源相对匮乏，能源结构一直以煤为主。近年来，在国家产业政策引导和鼓励下，天然气、核电、水电和其他可再生能源快速发展，但是研究表明除煤炭以外的能源消费在我国煤炭消费中占比较低,煤炭依然是我国能源消费的主体,煤炭的需求量也将稳步增长。

经济基本面对煤炭需求拉动力度略有减弱,但总体上呈现稳健、适中状态。从宏观经济形势来看,中国经济发展进入高质量发展阶段,经济发展已从过去高速增长转变为中高速增长,2018 年中国经济增长总体平稳,经济结构不断优化,经济增长质量不断提高,经济发展出现更多积极变化。根据国家统计局公布数据,2018 年 GDP 增速为 6.6%,经济增速实现稳中有进。中国经济供求失衡的态势正在缓解,经济增长显现出质量和效益逐步改善的趋势。经济增速快落的风险下降,转型从降速逐步转向提质。全球经济在未来几年有望延续缓慢复苏的态势,国内经济总体增速保持平稳态势,下降空间不大,国内经济向高质量转型,经济韧性将显著增强,对能源的需求将继续增加,经济增长更注重质量和效益的提升(方圆等,2018)。

(一)电力行业用煤需求趋势分析

全社会用电量将延续平稳较快增长水平。2018 年,受宏观经济稳中向好态势持续、电能替代步伐加快等因素影响,全社会用电量增速明显回升。未来几年,国内经济发展将继续平稳增长,提质增效的阶段性变化特征将越发明显,电力消费结构不断调整,电力消费增长主要动力呈现由高耗能向新兴产业、服务业和居民生活用电转换,高技术制造行业用电增速也将进一步加快,综合考虑宏观经济、服务业和居民用电发展趋势、大气污染治理、电能替代等各方面因素,预计电力消费仍将延续平稳较快增长的特征。

(二)钢铁行业用煤需求趋势分析

钢铁需求呈稳定趋势。2017 年以来,受益于全球经济超预期复苏和国内经济回暖的拉动,主要下游行业钢材消费量均保持良好增长态势,2017 年中国钢材需求量为 7.25 亿吨,同比增长 7.7%,但受经济增速放缓、下游行业需求增长乏力等影响,未来几年钢材需求增速难以达到 2017 年的水平。根据《钢铁工业调整升级规划(2016—2020 年)》,"十三五"期间,中国钢材消费强度和消费总量将呈双下降走势,生产消费将呈波动缓降趋势。

钢铁行业能耗指标和煤炭需求下降。随着技术进步、设备大型化、落后生产能力逐步淘汰、节能技术普及,以及铁钢比降低和喷煤比提高,中国钢铁工业能耗指标逐步改善,综合焦比和综合燃料比呈下降趋势。随着钢铁企业对工业锅炉余热利用程度的提高,全行业燃料比也将逐步下降。《钢铁工业调整升级规划(2016—2020 年)》提出,坚持绿色发展原则,以降低能源消耗、减少污染物排放为目标,全面实施节能减排升级改造,这对煤炭需求带来了一定影响。

(三)建材行业用煤需求趋势分析

主要产品产量保持平稳或略有负增长。随着中国城市化进程推进和人民居住条件改善，对住房、基础设施需求将继续增长，但近年由于工业化和城镇化进程不断深入，经济发展进入新常态，城乡基础设施和房地产投资增速放缓，与建材行业相关的市场需求下降，建材主要产品产量呈现下降趋势。未来几年，电力、水利、交通等基础设施建设和农村农户建设投资保持平稳增长，而占固定资产投资总额比重较大的房地产投资依然难以恢复高速增长，随着房地产调控政策不断趋紧，房地产及制造业投资难以持续好转，固定资产投资增速仍有回落空间，建材行业去产能形势依然严峻，建材市场需求情况难言乐观。根据《建材工业发展规划（2016—2020年）》预测，随着经济发展方式不断转变，需求结构不断升级，传统建材产品需求量保持基本平稳或略有下降的态势，其中，水泥需求量会出现下降，绿色建材和先进无机非金属材料、复合材料等需求量继续增长。"十三五"期间，水泥熟料、平板玻璃、陶瓷砖年均增长分别为-2%、1%、-1%。综合来看，预计产量不会有太大波动。

建材行业单位产品煤耗和耗煤量逐步下降。《关于促进建材工业稳增长调结构增效益的指导意见》（国办发〔2016〕34 号）提出建材行业发展目标任务，要求到 2020 年再压减一批水泥熟料和平板玻璃产能，进一步提升节能减排和资源综合利用水平。同时，《中共中央关于制定国民经济和社会发展第十三个五年规划的建议》也强调，"加强高能耗行业能耗管控，有效控制电力、钢铁、建材、化工等重点行业碳排放"。由此可知，"十三五"期间对于资源消耗型、能源依赖型和环境敏感型的建材行业而言，节能减排仍将是重要任务之一。随着建材行业落后产能不断淘汰和新型干法水泥、浮法玻璃、新型墙体材料比重进一步提高，单位产品综合能耗下降空间较大。预测建材工业煤炭消费量将维持现状，不会有太大波动。

（四）化工行业用煤需求趋势分析

传统煤化工产品产量增长空间有限。由于目前农作物对氮肥施用量已经处于较高水平，今后氮肥在农业领域消费的增长幅度基本趋于稳定；火电、水泥行业脱硝和柴油车尾气处理等对尿素需求拉动较大的领域，经过近几年快速增长之后，对尿素的需求增速将会明显放缓，电石法聚氯乙烯受国家消除汞污染和节能减排制约，短期电石市场需求量和消费结构不会发生大的变化。随着下游产业链不断延伸和扩张，甲醇的原料属性越来越强，甲醇未来市场需求仍有一定上升空间。

新型煤化工有较大增长空间。中国部分现代煤化工技术处于世界前列，一批拥有自主知识产权的技术正处于产业化示范阶段。2013 年 9 月，国务院发布的《大气污染防治行动计划》（国发〔2013〕37 号）明确提出，"在满足最严格的环保要求和保障水资源供应的前提下，加快煤制天然气产业化和规模化步伐"。但新型煤化工尚处于大规模发展初期，面临着投资大、耗水多、能效低、排放高等一系列问题，应定位为战略性产业，有控制地发展。综合以上分析，在新型煤化工持续发展的带动下，化工行业耗煤量继续保持稳定增长（煤炭工业技术委员会，2018）。

2.2 我国煤炭资源现状分析

2.2.1 煤炭资源区域分布概述

我国煤炭资源储量丰富，资源分布地域广阔。根据《中国矿产资源报告 2018》最新收集的数据，截至 2017 年年底，我国煤炭查明资源储量为 16 666.73 亿吨，增长 4.3%；2017 年煤炭新增查明资源储量为 815.56 亿吨。

我国煤炭资源量大，但区域分布差异较大（图 2.7），各地区勘查程度也存在很大差异。全国确定为高勘查程度省（自治区、直辖市）的有 17 个，包括辽宁、吉林、天津、江苏、安徽、浙江、福建、湖北、湖南、广东、广西、海南、台湾、宁夏、重庆、云南、青海。确定为中勘查程度省（自治区、直辖市）的有 10 个，分别是黑龙江、山东、北京、江西、山西、陕西、四川、贵州、甘肃、新疆。确定为低勘查程度省（自治区）有 4 个，分别为河南、河北、内蒙古、西藏。全国勘探程度达到 60%以上的 18 个省（自治区、直辖市）有辽宁、吉林、北京、天津、江苏、安徽、山东、浙江、福建、江西、湖北、湖南、广东、广西、海南、山西、宁夏、重庆，除河北、河南、内蒙古、陕西、四川、贵州等省（自治区）外，其他各省（自治区、直辖市）已发现煤炭资源的勘查工作几乎全部达到了普查程度。

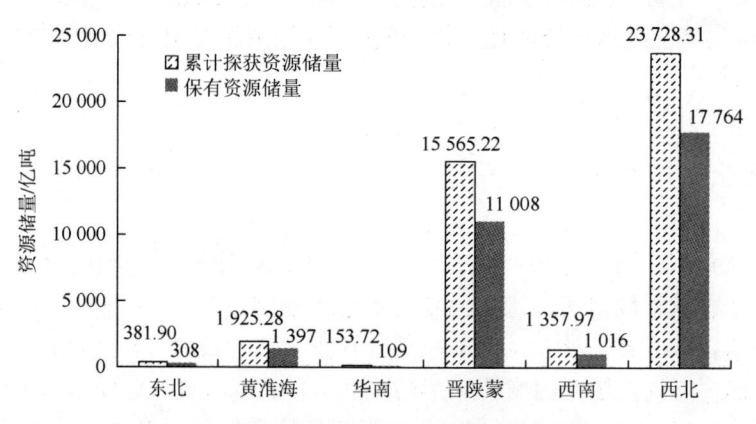

图 2.7 2017 年我国各地区煤炭资源储量情况

我国煤炭资源勘查工作总体为东部勘查程度高，西部勘查程度低。我国东北、华南勘查程度最高，其详查程度达到了 71%和 84%，这也说明，东北老工业基地与华南贫煤省（自治区、直辖市）对于煤炭资源的迫切需求；黄淮海地区详查程度达到 56%，这一地区煤炭资源丰富，但是除河北、河南外其他省（自治区、直辖市）的勘查程度也都较高，目前除冀、豫、皖深部煤炭资源尚需进一步开展资源勘查工作之外，其他地区多为资源提高储量控制的勘查工作；晋陕蒙宁规划区相对东部勘查程度低，而西北规划区勘查程度更低，这两个地区煤炭资源量大，含煤地层分布广，虽已安排了大量的勘查工作，但是，仍有较广大的地区不能覆盖；西南规划区详查程度达到了 66%，勘查程度分类为中等，西南规划区勘查工作布置较多，尤其是贵州、云南两省，同时，四川、重庆也加大了对煤炭资源的勘查力度。

综上所述，我国煤炭资源勘查工作总体上勘查程度中等，具有进一步勘查的空间，但东部地区勘查程度高，中、西部煤炭资源赋存丰富的地区勘查程度低，探获程度尚未达到一半，查明程度只达到 30%，因此，煤炭资源勘查潜力巨大。

2.2.2 煤炭资源赋存特征

我国煤炭地质基本特征呈现由东西向展布的天山—阴山—燕山构造带、昆仑山—秦岭—大别山构造带的"两横"，以及南北向展布的大兴安岭—太行山—雪峰山构造带、贺兰山—六盘山—龙门山构造带的"两纵"相区隔的"井"字形构造格架。我国煤炭地质基本特征总体受控于"井"字形构造格架，特别是在主聚煤期与含煤地层、主聚煤期成煤环境、含煤盆地的规模、盆地类型与煤系构造变形等方面以"井"字形构造格架的部分构造带或构造带组合为界而呈现明显差异（彭苏萍等，2015）。

"井"字形区划格局将我国大陆划分为九个分区，呈"九宫"分布。①东北区；②黄淮海区；③东南区；④蒙东区；⑤晋陕蒙（西）宁区；⑥西南区；⑦北疆区（新疆北含煤区）；⑧南疆—甘青区；⑨西藏。据 2012 年煤田地质调查数据显示，我国远景煤炭资源总量为 5.82 万亿吨，其中，累计探明煤炭资源量 2.01 万亿吨，保有煤炭资源量为 1.94 万亿吨，尚有预测资源量 3.88 万亿吨。按照"井"字形区划格局，晋陕蒙（西）宁区占全国煤炭资源保有量的 54.6%，蒙东区占 16.2%，北疆区占 10.8%，黄淮海区占 8.2%，西南区占 5.7%（彭苏萍等，2015）。

（一）东北区

东北区主要包括辽宁、吉林、黑龙江三省含煤区，东北区含煤盆地以黑龙江板块东部为主，晚古生代因强烈裂陷作用而伴随大规模的岩浆活动，后因印支期强烈构造运动使早期断陷槽闭合隆升而基本退出海相沉积和古亚洲构造域，进而进入陆相滨太平洋大陆边缘构造演化阶段，并在侏罗纪—白垩纪太平洋板块向欧亚大陆的斜向俯冲下发生张性裂陷而形成北东—北北东向断陷盆地群，盆地规模受盆缘断裂控制，并在同沉积断裂控制下形成陆屑含煤建造，煤系也因此具有断块变形特征，煤层纵向错动严重，横向对比困难，厚度不均，后在沉积充填机制下新生盖层横向连续性增强而向拗陷盆地演化，使其具有典型的二元结构。

东北区绝大多数煤炭资源为褐煤和长焰煤，局部地区分布低变质烟煤和高变质的无烟煤。石炭纪—二叠纪煤分布极为有限，大多为气煤，南部浑江、长白山一带因岩浆热影响有无烟煤分布；晚侏罗世—早白垩世煤在兴蒙造山带两侧绝大多数为褐煤，伊通—依兰以东以低变质烟煤为主；三江—穆棱含煤区因岩浆热作用而分布"气肥焦瘦"等中变质烟煤。各类煤多属中高灰分、低硫、低磷煤，红阳、南票矿区煤硫分较高，其他多为低硫-特低硫煤，煤中灰分中等偏高。

(二)黄淮海区

黄淮海区包括河北、河南、山东、北京、天津以及安徽、江苏两省北部,燕山中晚期之前,古华北克拉通东部未能接受早中侏罗世聚煤作用。晚侏罗世—早白垩世以来,太行以东的黄淮海区普遍发生伸展断陷并伴随岩浆活动,前期统一于古华北克拉通的晚古生代含煤盆地普遍被改造为断陷型含煤盆地,形成凹凸相间、箕状断陷及地堑等构造样式,并在后期沉积充填机制下逐渐平原化。

黄淮海区煤类丰富,包括气煤、气肥煤、肥煤、焦煤、焦煤和瘦煤,也有贫煤和无烟煤少量分布,总体以中变质烟煤为主。黄淮海区山西组和石盒子组煤属中灰低硫煤,太原组煤硫分较高。

(三)东南区

东南区包括安徽南部、浙江南部、福建、江西、湖南、湖北、广东、广西、海南东南区,聚煤作用以二叠纪为主,早石炭世及晚三叠世、古近纪、新近纪亦有间歇聚煤作用发生。该区晚古生代聚煤作用统一于古华南盆地。进入中生代尤其是印支运动时期,东南区发生地史上第二次陆内强烈造山运动,导致区内构造极为复杂,聚煤作用间断。燕山晚期以来,雪峰山以东的中下扬子地区和东南区普遍发生构造反转,中下扬子地区被改造为具有半地堑、复合地堑的复杂伸展构造样式并逐步平原化,东南区则被改造为兼具挤压、引张、剪切等多种应力场背景构造样式多期次叠合的复杂盆岭构造格局,煤系地层基本破坏殆尽。

东南区煤类以贫煤、无烟煤为主,次为褐煤,其他煤类较少。煤的硫分较高,高硫煤占 40% 以上,灰分以中灰煤为主,部分为中高灰煤,低灰煤较少。

(四)蒙东区

蒙东区包括内蒙古呼和浩特以东地区。蒙东区为大兴安岭断裂以西的内蒙古弧形褶断带,区内含煤盆地以兴安—中亚蒙古微板块(黑龙江板块西部部分)为基础,亦经历了晚古生代强烈裂陷、印支期裂陷槽闭合隆升基本退出海相沉积和古亚洲构造域,并于侏罗纪—白垩纪进入陆相滨太平洋构造域的演化历程,并在侏罗纪—白垩纪张性裂陷作用下形成北东—北北东向断陷盆地群,该区亦为断陷期聚煤,具有和东北区类似的断块变形特征及"下断上拗"的盆地二元结构。

蒙东区煤类较为单一,绝大多数为褐煤,在伊敏等地区有少量气煤、肥煤、焦煤及贫煤。该区煤多为特低硫煤,全硫在 1% 以下,灰分中等,一般为 10%~30%,有少量高灰煤。

(五) 晋陕蒙 (西) 宁区

晋陕蒙 (西) 宁区包括山西、陕西关中和陕北、内蒙古西部、甘肃陇东、宁夏东部。晋陕蒙 (西) 宁区各含煤盆地晚古生代聚煤作用统一于古华北克拉通。印支—燕山运动早期, 古华北克拉通在周缘多向汇聚构造挤压下, 南、北、西部均向中心收缩, 东部向西掀斜抬升并使中生代聚煤主要集中于克拉通中西部地区; 燕山中晚期以来, 东部构造反转, 中西部在持续构造挤压下被改造成克拉通内拗陷盆地, 使盆地总体具有周缘变形强烈, 盆内变形微弱, 横向上总体呈不对称箕状的宏观构造样式, 其煤系变形也因此具有盆缘变形强烈、盆内变形微弱的向心环带状分异特征。

晋陕蒙 (西) 宁区煤类丰富, 从低级别的长焰煤至高级别的无烟煤均有分布, 山西以长焰煤、气煤、肥煤、焦煤、瘦煤、贫煤、无烟煤所占比例较高, 7 种煤类占全省煤炭资源的 90%以上; 陕西绝大多数为长焰煤; 蒙中绝大多数为长焰煤、不黏煤; 宁夏绝大多数为不黏煤。该区石炭—二叠纪煤多为中灰 (15%~25%)、特低硫-低硫 (山西组) 及中硫 (太原组) 煤; 三叠纪煤为中灰 (15%~20%)、低硫 (0.65%) 煤; 侏罗纪煤属特低灰-低灰 (大多小于 10%), 特低硫煤 (绝大部分小于 1%)。

(六) 西南区

西南区包括贵州、云南东部、四川东部以及重庆, 西南区晚古生代聚煤统一于古华南盆地, 因古华南盆地晚古生代总体具有西高东低, 西陆东海的沉积格局, 导致聚煤作用主要集中于以四川盆地为主体的上扬子区且分布较广。随着印支期古秦岭洋、古特提斯洋的拼合以及燕山期多向汇聚构造挤压, 整个古华南盆地隆升为陆, 四川盆地也由古生代海陆过渡相克拉通被改造为中生代克拉通内拗陷, 呈现盆缘变形强烈、盆内变形相对微弱且发育箱状褶皱组合, 总体呈东缓西陡的不对称箕状格局, 煤系变形也因此具有盆缘变形强烈, 盆内变形微弱的向心环带状分异特征。

西南区煤热变质程度差别较大, 云南 5%为褐煤, 30%为焦煤和无烟煤; 贵州 65%为无烟煤, 30%左右为肥煤、焦煤、瘦煤和贫煤; 川东 70%为贫瘦煤、贫煤和无烟煤。上二叠统龙潭煤系为西南区主要煤系, 除少部分为中低灰、中硫煤外, 黔东、黔北、川南大部分为高-特高硫煤。

(七) 北疆区 (新疆北含煤区)

北疆区主要为乌鲁木齐以北, 包括准噶尔盆地、吐哈等盆地, 北疆区各含煤盆地的形成演化以准噶尔—哈萨克斯坦板块及其南缘若干微陆块于加里东—海西运动期间经历一系列洋陆、弧陆碰撞拼合形成的统一块体为基础。北疆区因古生代块体裂解和拼合作用频繁并伴随广泛岩浆活动而未有聚煤作用发生。晚二叠世以来, 随着南部秦岭造山带、昆仑造山带、古特提斯洋盆的相继闭合, 以及一系列微陆块向西北大陆的依次增生, 西北广大地区长期处于近南北向构造挤压应力场环境，各盆地由古生代陆表海盆逐渐收缩抬升向中生代内陆拗陷湖盆演化，并于早中侏罗世挤压间歇期形成丰富煤炭资源。同时也形成了具有应力指示意义的不对称箕状构造，盆地和煤系也因此均具有盆缘强、盆内弱的同心环状变形特征，并在喜马拉雅期得到加强并定型。

北疆区绝大多数煤为长焰煤、不黏煤和弱黏煤，三者占比可达 80% 以上，也分布一定比例的气煤，约占 3.2%。早中侏罗世煤灰分中等偏低，为 5.14%～30.81%，以中灰煤为主。全硫含量为 0.19%～2.56%，以小于 1% 的低硫、特低硫煤为主，中硫煤次之，中高硫煤极少。

（八）南疆—甘青区

南疆—甘青区包括青海、甘肃河西以及新疆南疆塔里木盆地，南疆—甘青区各含煤盆地的形成演化以塔里木板块、柴达木板块、祁连微陆块等于加里东—海西运动期间经历洋陆、弧陆碰撞拼合形成的统一块体为基础。南疆—甘青区古生代由于频繁裂解和拼合作用并伴随广泛岩浆活动而基本没有聚煤作用发生。自晚二叠世印支运动以来，南疆—甘青区因南部秦岭造山带、昆仑造山带、古特提斯洋盆的相继闭合而长期处于近南北向构造挤压应力场环境，古生代陆表海盆逐渐收缩抬升并于印支晚期基本进入内陆拗陷湖盆演化阶段，并于早中侏罗世挤压间歇期形成煤炭资源，近南北向的长期构造挤压促使盆地不对称箕状构造的形成，并在喜马拉雅期得到加强并迅速定型。盆地和煤系也因此均具有盆缘强、盆内弱的同心环状变形特征。

南疆—甘青区绝大多数为长焰煤、不黏煤和弱黏煤，青海和甘肃两省以长焰煤、不黏煤占绝大比例。总的来说，南疆—甘青区的煤以中灰、低硫、特低硫煤为主，煤质良好。

（九）西藏区

西藏区主要为青海南部、四川西部、云南西部及西藏地区，西藏区从晚石炭世到新近纪均有聚煤作用发生，煤类从褐煤至高变质烟煤、无烟煤均有分布，大多为中高灰、低-低中硫煤。该区构造环境复杂动荡，沉积环境不稳定，有效聚煤期短，煤盆地规模小，含煤性与煤层赋存条件差，开采地质条件复杂。西藏区几乎没有具有经济价值的煤炭资源分布。

2.2.3 煤炭资源开发现状

（一）我国煤炭资源总体开发情况

以国家规划矿区为单元进行评价，东北规划区的开发程度最高，黄淮海规划区除天津没有开发活动外，其他省（直辖市）均有不同程度开发，开发程度位居第二，华南规划区各省开发程度差别较大，有开发程度最高的浙江和基本未开发的海南，开发程度与黄淮海规划区相当；西南规划区总体开发程度不高，晋陕蒙宁规划区开发程度较低，西北规划区的西藏因多年没有开发工作，开发程度极低（李霞和崔涛，2019）。

西部7省（自治区、直辖市），资源丰富、煤质总体优良、开采条件较好。根据2015年原国土资源部地质矿产储量表，2014年，西部7省（自治区、直辖市）的查明保有资源储量总量10 843亿吨，占全国的70.8%，是我国煤炭主产区和主要调出区。

随着我国对煤炭行业化解过剩产能实现脱困发展工作的推进，煤矿数量和煤炭产能在不同地区发生变化较大，目前主要集中在晋、陕、蒙、新地区。根据国家能源局2019年第2号产能公告，截至2018年12月底，山西、陕西和内蒙古三省（自治区）煤矿数量占全国煤矿总数35.7%，较2018年6月底数据提高了4.4%，同时，山西、陕西和内蒙古地区的煤炭产能总和占全国煤炭总产能的64.1%，较2018年6月底提高1.6%。山西、陕西、内蒙古、新疆的煤炭产能总和则占全国煤炭总产能的近70%，同时，这些地区的单矿平均生产规模也位居全国前列。

东北、华东、华中、西南区域内煤炭生产规模相对西北地区要低，且随着去产能工作深入，呈现持续下降趋势。根据国家能源局2019年第2号产能公告，截至2018年12月底，东北地区（黑龙江、吉林和辽宁）煤矿数量总和占全国的12.1%，东北地区煤炭产能占全国4.2%。华东地区（江苏、安徽、福建、江西、山东）煤矿数量总和占全国的8.8%，煤炭产能占全国总产能的8.8%。华中地区（河南、湖北和湖南）煤矿数量总和占全国的8.8%，煤炭产能占全国煤矿总产能的4.6%。西南地区（四川、云南、贵州、重庆）煤矿数量总和占全国27.6%，但产能仅占7.9%。

随着去产能工作的推进，目前我国小型煤矿数量下降明显、大型及特大型煤矿产能占比继续上升，煤炭行业结构持续优化。根据国家能源局2019年第2号产能公告，截至2018年12月底，在生产煤矿中，大型及特大型煤矿共有823处，较上期公告增加1处；中型煤矿1002处，较上期增加8处。小型煤矿数量继续下降，为1548处，减少452处。大型及特大型煤矿数量占比约为24%，较上期公告提高约2%；小型煤矿数量占比约46%，较上期下降六个百分点。大型及特大型煤矿产能占比达到72%，与上期公告持平；小型煤矿产能占比约7%，较上期下降约1%（焦敬平，2019）。

（二）主要煤炭生产企业资源开发现状

我国煤炭企业主要由大型中央企业和地方国有企业为主，2018年中国煤炭企业煤炭产量超过1亿吨的企业共有6家，产量排名第一的是国家能源投资集团有限责任公司，年产量5.134亿吨，1亿吨以上的企业还包括中国中煤能源集团有限公司、山东能源集团有限公司、陕西煤业化工集团有限责任公司、兖矿集团有限公司、大同煤矿集团有限公司。冀中能源集团有限责任公司、山西焦煤集团有限责任公司、阳泉煤业（集团）有限责任公司、山西潞安矿业（集团）有限责任公司等年产量都接近1亿吨。

据《中国煤炭工业年鉴2017》显示，我国5000万吨以上产量的煤炭企业主要包括14家（表2.10）。

表 2.10　2016 年中国主要煤炭企业煤炭产量

排名	企业名称	2016 年度煤炭产量/万吨	备注
1	神华集团有限责任公司	43 149	
2	中国中煤能源集团有限公司	13 323	
3	山东能源集团有限公司	13 050	煤炭产量 1 亿吨
4	陕西煤业化工集团有限责任公司	12 593	以上企业
5	大同煤矿集团有限责任公司	11 786	（共 6 家）
6	兖矿集团有限公司	11 415	
7	山西焦煤集团有限责任公司	9 151	
8	冀中能源集团有限责任公司	8 009	
9	山西潞安矿业（集团）有限责任公司	7 433	
10	晋能集团有限公司	7 136	煤炭产量
11	开滦（集团）有限责任公司	7 022	5 000 万～
12	河南能源化工集团有限公司	6 658	1 亿吨企业
13	阳泉煤业（集团）有限责任公司	6 300	（共 8 家）
14	山西晋城无烟煤矿业集团有限责任公司	6 116	

数据来源：《中国煤炭工业年鉴 2017》。

1. 国家能源投资集团有限责任公司

国家能源投资集团有限责任公司是国务院国有资产监督管理委员会（简称国资委）管理的中央企业，由中国国电集团公司和神华集团有限责任公司两家合并重组而成，截至 2018 年年底，拥有煤炭产能 5.6 亿吨。2017 年产量 5.08 亿吨，采掘机械化率达到 100%。拥有世界首个 2 亿吨级的神东矿区，世界最大单井煤矿——补连塔煤矿（产能 2800 万吨/年）。煤炭产业创造了多项中国企业新纪录。拥有 162 个火力发电厂，火电总装机容量 1.78 亿千瓦。生产运营煤制油化工项目 28 个，已建成运营的煤制油产能 526 万吨，煤制烯烃产能 393 万吨。在煤化工主要技术领域拥有自主技术，煤化工产业规模和技术水平处于世界领先地位，煤制油品在国防、航天等领域具有巨大应用价值。

2. 中国中煤能源集团有限公司

中国中煤能源集团有限公司是国务院国资委管理的中央企业，前身是 1982 年 7 月成立的中国煤炭进出口总公司，主营业务包括煤炭生产贸易、煤化工、发电、煤矿建设、煤矿装备制造以及相关工程技术服务。中国中煤能源集团有限公司是中国大型煤炭生产企业，现有可控资源储量 600 亿吨，生产及在建矿井 70 余座，总产能 3 亿吨/年，集团所属矿井主要集中在山西平朔矿区、晋中临汾地区，内蒙古鄂尔多斯呼吉尔特矿区，江苏大屯矿区，陕西榆林榆横矿区，河南新郑地区，安徽新集矿区，新疆哈密矿区。拥有洗煤厂 38 座，洗选能力 3 亿吨/年。中国中煤能源集团有限公司已有 30 余年的煤炭、焦炭进出口贸易历史，拥有完善的物流配送中心和分销网络，从 2005 年起，连续 14 年煤炭贸易量超亿吨。煤化工产业形成规模，煤化工产品权益产能接近 1000 万吨，产品主要包括烯烃、甲醇、尿素、硝铵、焦炭等，其中图克大颗粒尿素项目单厂规模全国最大。截至 2018 年年底，中国中煤能源集团有限公司资产总额 3868 亿元，从业人员 12 万人[①]。

3. 山东能源集团有限公司

山东能源集团有限公司是地方省属大型能源企业，2011 年 3 月成立，2015 年 8 月改建为国有资本投资。公司拥有煤炭资源总量 446 亿吨，内外部煤炭产量连续 8 年过亿吨，集团下辖 6 个矿业集团、2 个省外区域能化公司、10 个非煤专业化公司，是山东省规模最大的省属企业。权属企业分布在山东、山西、陕西、内蒙古、新疆、贵州、香港等十多个省（自治区、直辖市、特别行政区）及澳大利亚、泰国、新加坡等国家。主要煤种包括焦煤、1/3 焦煤、肥煤、气煤、气肥煤、弱黏煤、不黏煤、无烟煤、长焰煤、褐煤及天然焦等。生产矿井 78 对，产能 14 799 万吨/年；在建矿井 10 对，产能 2210 万吨/年。山东能源集团有限公司煤化工产业主要分布在省内枣庄、济宁、菏泽三市及内蒙古、新疆，包括煤焦化、煤制天然气、煤制甲醇、粗苯精制、焦炉煤气制甲醇、焦炉煤气制液化天然气（LNG）、炭黑等项目，主要产品产能为焦炭产能 400 万吨；甲醇产能 63 万吨；焦炉煤气制 LNG 产能 1.2 亿立方米；煤制天然气规模 20 亿米^3/年[②]。

4. 大同煤矿集团有限责任公司

大同煤矿集团有限责任公司是我国第三大煤矿国有企业，公司总部位于中国煤炭重地山西省大同市。煤矿跨越大同、朔州、忻州三市。2017 年，集团公司煤炭产量由 7000 多万吨升至 1.3 亿吨，由全国煤炭行业第 16 位跃至第 6 位，2018 年完成煤炭产量 1.61 亿吨，跃居全国煤炭行业第 3 位。集团以煤炭汽化、液化核心技术为引领，构建"煤电油化联产、上下游一体化"发展模式，形成年产 100 万吨油品、900 万吨甲醇、醋酸及下游产品生产能力。新型煤气化技术目前已在国内外应用转让 104 台套。2017 年，化工产品产量 797 万吨，甲醇产量名列国内行业前列。其中，陕蒙基地甲醇生产经营规模达到中国第一、世界前五。

5. 陕西煤业化工集团有限责任公司

陕西煤业化工集团有限责任公司是陕西省省属特大型能源化工企业。2018 年煤炭产量达 1.4 亿吨，连续两年跨入亿吨级煤炭企业行列。集团公司自 2004 年成立以来，通过投资新建、收购兼并、资产划转、内部重组等多种途径，形成了"煤炭开采、煤化工"两大主业和"燃煤发电、钢铁冶炼、机械制造、建筑施工、铁路投资、科技、金融、现代服务"等相关多元互补、协调发展的产业格局。

6. 山西焦煤集团有限责任公司

山西焦煤集团有限责任公司是中国目前规模最大、煤种最全、煤质优良的炼焦煤生产

---

① 数据来源于中国中煤能源集团有限公司 2019 年 12 月官方网站资料。
② 数据来源于山东能源集团有限公司 2019 年 12 月官方网站资料。

企业,属山西省国有独资企业。有六大主力生产和建设矿区,主要矿厂分布在太原、晋中、临汾、运城、吕梁、长治、忻州7个地市的29个县区。现有100座煤矿,生产能力1.83亿吨/年;27座选煤厂,入洗能力1.14亿吨/年;5座焦化厂,焦炭产能1180万吨/年;6座燃煤电厂,17座瓦斯及余热电厂,盐化、日化产能256万吨/年。2017年,原煤产量9610万吨,炼焦精煤产量4517万吨,生产煤总销量9101万吨,焦炭产量943万吨,发电量144亿度,销售收入1524亿元,利润27.75亿元,上缴税费150亿元[①]。

2.3 煤炭资源的地质保障能力分析

2.3.1 煤炭资源的生态地质特征分析

（一）煤炭生态地质概念

生态地质学是地质科学的一门新兴的分支学科,将地质学（地貌及第四纪地质学、水文地质学、工程地质学等）、土壤学、环境科学、生态学、灾害学、地理学、自然资源学、社会学及其分支学科如环境地质学、人类生态学等多学科相结合,以地质学的理论、方法为主线,生态学的思想观点为依托,在地球系统科学的大框架下研究岩石、土壤、地下水和地表水、植被群落及其在现代地质作用下产生的生态环境地质问题与效应。生态地质学的产生既有当代全球环境问题挑战的需要,也有其历史渊源,是科学发展进入新时期,各学科针对新的实际问题进行交叉、融合,从而形成新的前缘学科的必然结果。

当前,我国能源发展方式与生态文明矛盾突出。一方面,粗放低效的能源开发利用导致资源极大浪费;另一方面,长时间、高强度的能源开发利用严重破坏了区域生态环境。此外,高碳化石能源消费的快速增长也使得二氧化碳排放急剧增大,目前我国已成为二氧化碳第一排放大国,人均排放也显著高于世界平均水平（袁亮等,2018）。

新时期我国煤炭产业应该坚持节约、清洁、安全的发展思路,聚焦煤炭精准开采、清洁高效利用,力争用最少的煤矿数量、最小的开采面积、最小的煤炭消费量支撑中国的能源需求。出于安全生产、生态环境和节能降耗层面考虑,我国煤炭行业必须要推进煤炭资源高效回收及节能战略（彭苏萍,2009）。这意味着,煤炭行业处于一个重大的转型期和转折点,正在步入一个安全智能精准开采新时代。

依托于新时代生态文明建设对能源领域的新诉求,聚焦于煤炭产业,提出了煤炭生态地质的概念。煤炭生态地质是指以煤炭地质基础理论、绿色煤炭资源评价理论和生态学理论为指导,针对煤盆地或煤矿区呈固、液、气、元素"四态"赋存的矿产资源与地表及地下空间生态资源的地质与生态系统,采用"空天地"一体化的多种勘查技术,开展资源勘查、开发利用与环境保护、利用、重塑并贯穿于煤炭资源勘查开发到矿山闭坑全过程的地质与生态研究工作（赵平,2018）。

---

① 数据来源于山西焦煤集团有限责任公司2019年12月官方网站资料。

(二)不同地区煤炭资源分布与生态地质特征分析

我国煤炭资源丰富且分布地域广阔,含煤盆地众多,煤炭资源的形成和演化的地质背景多种多样,聚煤期、地质因素、成煤条件、聚煤规律和构造演化差异显著,各地区的自然地理和生态环境、经济发展水平有很大的差别(韩德馨和杨起,1984)。通过对比分析发现,我国煤炭资源的赋存情况主要受东西向的昆仑—秦岭—大别山构造带、天山—阴山—图们山构造带两大巨型构造带和斜贯中国南北的大兴安岭—太行山—雪峰山构造带、贺兰山—六盘山—龙门山构造带控制,其中,以秦岭—大别山造山带以北赋煤盆地较多,东北、华北以及西北地区发育大型赋煤盆地(彭苏萍,2017)。秦岭—大别山造山带以南赋煤盆地较少,南方仅四川盆地为大型含煤盆地,其余为中小型赋煤盆地,且分散在赣中、闽北、闽西、滇西南及两广近海地区(程爱国等,2011)。

从地理、气候、生态环境、水资源来看,天山—阴山、昆仑山—秦岭—大别山带、贺兰山—龙门山、大兴安岭—太行山—雪峰山都是我国的地理、地形、生态环境、气候、水资源的分界线(彭苏萍等,2014)。

因此,依据区域造山带对于煤田地质构造、煤炭资源空间分布、煤盆地类型、煤系宏观特征的主导控制,在我国传统"九宫"分区的基础上,针对大、中型典型且集中的赋煤盆地,引入地理位置、气候、环境、水资源等生态地质特质因素,研究我国煤炭资源分布与生态地质特征(王佟等,2013)。

1. 东北地区(湿润-半湿润-半干旱生态大区)

地理位置:东北地区是我国的地理文化大区和经济大区,包括黑龙江省、吉林省、辽宁省和内蒙古自治区东四盟(市),土地总面积145万多平方千米。东北地区具有耕地面积大、土壤肥沃、粮食商品率高、森林资源丰富、林木生产量大、草原广阔、畜牧业基础雄厚、生态环境相对良好等优势,是我国重要的农林牧生产基地、能源基地和重工业基地。

气候条件:属温带季风气候,夏季温热多雨,冬季寒冷干燥。自南向北跨中温带与寒温带,年降水量自1000毫米降至300毫米以下。

地形地貌:东北地区地形主要分为山地、平原、高原、丘陵四种。其中山地地形常见于大、小兴安岭,长白山。平原地形常见于三江平原、松嫩平原、辽河平原。高原常见于内蒙古高原东部。丘陵地形常见于辽东丘陵、辽西丘陵。水绕山环、沃野千里是东北地区地面结构的基本特征,南部是黄、渤二海,东、北部有鸭绿江、图们江、乌苏里江和黑龙江环绕,仅西面为陆界。内侧是大、小兴安岭和长白山系的高山、中山、低山和丘陵,中心部分是辽阔的松辽大平原和渤海凹陷。

资源特征:①土壤资源。土质以黑土为主。东北拥有宜垦荒地约1亿亩,潜力巨大,东北西部和内蒙古自治区东四盟(市)各大草原以畜牧业为主。东北山区森林总蓄积量约占全国的三分之一。水热条件的纵横交叉,形成了东北区农业体系和农业地域分异的基本格局,是综合性大农业基地的自然基础。②矿产资源。东北区矿产资源丰富,主要矿种齐全。主要金属矿产有铁、锰、铜、钼、铅、锌、金及稀有元素等,非金属矿产有煤、石油、油页岩、石墨、菱镁矿、白云石、滑石、石棉等。③水资源。东北水资源比较丰富，地表径流总量约为 1500 亿立方米，东部多于西部，北部多于南部。本区可供开发利用的水能资源约有 1200 万千瓦，充分利用后不仅可以节约煤炭和石油资源，而且对东北电网的调峰、调频将起重大作用。

经济条件：东北地区经济起步较早，为新中国的发展壮大做出过历史性的贡献。在 20 世纪 30 年代已建成完整的工业体系，成为东北亚最先进的工业基地。

煤炭资源特征：东北地区煤炭资源保有量为 3471.54 亿吨，占全国的 17.84%，赋煤区面积 154.5 万平方千米，含煤面积 7.03 万平方千米，是我国重要的煤炭基地之一。含煤地层主要为下中侏罗统、下白垩统及古近系。其中，下白垩统为东北地区最重要的含煤层位，主要分布在内蒙古和东北地区的东北部，聚煤盆地数目多、分布广，盆地中常有厚-巨厚煤层赋存，这些煤层埋藏浅，储量大，易于露天开采。东北地区主要为陆相沉积，聚煤古地理类型主要为内陆山间盆地，为断陷性质聚煤盆地，煤层层数多、厚度大，结构复杂，常与火山碎屑岩、含油页岩相伴生。东北地区煤的变质程度普遍较低，以褐煤类为主，有少量长焰煤。各煤类煤多属中高灰分、低硫、低磷煤（彭苏萍等，2018）。

从资源角度来说，东北区内煤炭资源条件较好，以低、中变质烟煤为主，煤层厚度较大，煤层埋藏较浅。从生态环境角度来说，东北地区植被覆盖率为 40%～60%，年平均降水量 800～1600 毫米，煤炭全硫含量 0.51%～1.00%，灰分含量 10%～20%，地区经济和运输条件较好，处于水资源过渡带，可绿色开发。

2. 西北地区（干旱-半干旱生态大区）

地理位置：西北地区是当今中国四大地理分区之一。地理区划上包括陕西省、内蒙古自治区西部、甘肃省、青海省、宁夏回族自治区、新疆维吾尔自治区 6 个省（自治区）。西北地区深居中国西北部内陆，具有面积广大、干旱缺水、荒漠广布、风沙较多、生态脆弱、人口稀少、资源丰富、开发难度较大、国际边境线漫长、利于边境贸易等特点。

气候条件：西北地区东南部为温带季风气候和亚热带季风气候，其他的大部分地区为温带大陆性气候和高寒气候，冬季严寒而干燥，夏季高温，降水稀少，自东向西呈递减趋势。

地形地貌：西北地区从东到西自然景观按照大类可分为黄土高原、戈壁沙滩、荒漠草原、戈壁荒漠等。地形包括天山山脉、阿尔金山脉、祁连山脉、阴山山脉、昆仑山脉、阿尔泰山脉、秦岭山脉、大巴山脉、河西走廊、准噶尔盆地、塔里木盆地、青藏高原、黄土高原、蒙古高原、塔克拉玛干沙漠、吐鲁番盆地、关中平原、汉水谷地等山地、盆地、沙漠、戈壁。

资源特征：①矿产资源。西北地区有着丰富的矿藏，煤炭、石油、天然气均居全国最前列，其他有色金属、稀有金属、贵金属、化工矿藏及非金属矿藏，都在全国占有重要的地位。西北地区矿产资源的潜在价值为 33.7 万亿元。石油储量为 5.1 亿吨，占全国陆上总储油量的近 23%，天然气储量为 4354 亿立方米，占全国陆上总储气量的 58%，其中新疆的天然气储量居全国前列。甘肃省的镍储量占到全国总镍储量的 62%。铂储量占全国总量的 57%。中国钾盐储量的 97%集中在青海省。②水资源。西北地区，西部多为内流河，东部则多为外流河（多属黄河流域和长江流域），其中塔里木河为我国最大的内流河。较大的湖泊如青海的青海湖、扎陵湖、鄂陵湖、托素湖、察尔汗盐湖等，新疆维吾尔自治区的博斯腾湖、罗布泊（已干涸）、阿克赛钦湖、赛里木湖、艾比湖、乌伦古湖、艾丁湖（中国陆地最低点），甘肃省的刘家峡水库，宁夏回族自治区的沙湖等。

煤炭资源特征：其中煤炭保有储量达 2517.38 亿吨，占全国总量的 12.94%左右，赋煤区域为北疆赋煤分区和南疆赋煤分区。赋煤区地域辽阔，煤炭资源丰富，处于待开发阶段，是我国煤炭资源战略接替区。区内含煤地层发育有石炭—二叠纪、晚三叠世、早—中侏罗世、早白垩世，其中以早—中侏罗世为主。西北地区煤层厚度大而稳定，埋藏浅，构造简单，开采条件优越，煤质优良，早—中侏罗世煤以中灰、低硫、低变质烟煤为主，资源丰富，开发条件好。

西北地区是我国已查明的资源最丰富的地区，资源条件优越，长期以来是我国煤炭的主要生产区和供给区。但是，这些地区主要是高山、沙漠、常年冰冻和黄土覆盖区，自然条件恶劣，受限于经济技术条件和自然条件，勘探程度较低。区内对煤炭需求量不大，距离东部主要煤炭消费区远，煤炭的生产、消费主要在区内循环（袁亮等，2018）。区内生态环境脆弱，水资源短缺，大部分为大陆性干旱、半干旱气候，土地荒漠化严重，沙漠化面积大。黄土高原地区沟壑纵横、水土流失严重，泥石流、滑坡等地质灾害频繁，植被覆盖率低，生态环境成为这一地区煤炭勘探开发的重要制约因素。综上，西北地区煤炭资源难于绿色开发。

3. 华北地区（半湿润-湿润生态大区）

地理位置：一般指秦岭—淮河线以北，长城以南的中国广大区域；北与东北地区、内蒙古自治区地区相接。华北地区地理范围包括北京市、天津市、河北省、山西省和内蒙古中部（呼和浩特市、包头市、锡林郭勒盟、乌兰察布市）。华北赋煤区位于我国中、东部，北起阴山—燕山，南至秦岭—大别山，西至桌子山—贺兰山—六盘山，东临渤海、黄海。

气候条件：华北地区属暖温带半湿润、湿润气候。四季分明，光热资源充足，降水集中在夏季，雨热同季。年平均气温在 8~13℃，年降水量在 400~1000 毫米。但华北平原的热量和雨水明显多于黄土高原。华北的土壤皆为河流冲积黄色旱作类型，是中国小麦的主产区。该区的京津冀地区是我国北方经济规模最大、最具活力的地区。

地形地貌：华北地区的北、西、南三面均有山地环绕（北有燕山、西依太行山和伏牛山、南为大别山）；东部有山东丘陵，广阔的黄淮海平原则由山麓至滨海形成三大平原地带：①山前洪积-冲积平原；②冲积平原；③滨海平原。植被类型为温带落叶阔叶林，土壤类型为棕壤。华北地区耕地占绝对优势，林牧用地少，城乡居民点和道路用地所占比例较大。

人口、资源与经济特征：华北地区是中国人口极为稠密的地区之一，北京市和天津市隶属世界最稠密的都市之列，河南省与山东省人口较多，黄淮海平原是中国人口密度最大的地区。华北地区光热资源充足，降水偏少而集中；平原耕地多；水资源时空分配不均，水少土多；矿产资源种类多，组合条件好，但优势矿产不明显，海洋资源和旅游资源十分丰富。华北地区具有完整的工业体系，交通发达，人口聚集。

煤炭资源特征：华北地区是我国煤炭资源丰富的地区之一，保有煤炭资源量达1222.71亿吨，聚煤期主要为石炭—二叠纪，其次为早、中侏罗世和晚三叠世（彭苏萍等，2018）。

我国华北地区多为平原，地势平坦，城乡经济发达，城市、工厂与居民点密布，是全国人口密度最大、人均耕地面积较少的地区。该区煤炭资源储存条件较好，以中变质煤为主，煤层埋藏较深，厚度中等（袁亮等，2018）。该地区煤炭开采对用地、建筑物、环境、公路、生活用水、河流等都造成了严重的破坏，煤矿开发高强度与煤矿区人多地少存在矛盾。综合各因素考虑，华北地区煤炭资源可绿色开发。

4. 南方地区（湿润生态大区）

地理位置：南方地区是指中国东部季风区的南部，当今中国四大地理区划之一，主要是秦岭—淮河一线以南的地区，西面为青藏高原，东面和南面分别濒临黄海、东海和南海，大陆海岸线长度约占全国的2/3以上。行政区划上包括江苏省大部、安徽省大部、浙江省、上海市、湖北省、湖南省、江西省、福省建、云南省大部、贵州省、四川省东部、重庆市、陕西省南部、广西壮族自治区、广东省、香港特别行政区、澳门特别行政区、海南省、台湾地区、甘肃省东南部与河南省信阳市、南阳市。

气候条件：南方地区位于东部季风区南部，以热带、亚热带季风气候区为主，气候湿润。夏季高温多雨，冬季温暖湿润，年降水量800毫米以上，雨热同期，属于我国的丰水区。冬季的寒潮、夏季的洪涝和沿海地区的台风是南方地区常见的灾害性天气。

地形地貌：南方地区平原、盆地、丘陵、高原交错分布。典型的有长江中下游平原（包括洞庭湖平原、鄱阳湖平原、江汉平原、长江三角洲）地势东西差异大，东部平原、丘陵面积广大，西部以高原、盆地为主。植被类型为亚热带常绿阔叶林和热带季雨林。长江中下游地区土壤以水稻土为主，有机质含量丰富、肥沃。四川盆地土壤以紫色土为主，磷钾成分丰富，肥沃。东南丘陵地区以红壤为主，有机质含量少，酸性强，贫瘠。云贵高原土壤薄，含水性差。

水文特征：①水量丰富，汛期长，水位季节变化小；②江南丘陵、南部沿海、云贵高原、四川盆地河流落差大，水能丰富；③长江水系、珠江水系、京杭运河航运价值高；④河流含沙量小，无结冰期。

资源特征：有色金属矿产、水能资源、森林资源丰富。煤、铁、石油等矿产缺乏，不利于经济发展。

煤炭资源特征：南方地区煤炭资源分布不均衡，西部资源赋存地质条件较好，东部资源赋存地质条件差，地域分布零散，煤炭资源匮乏。区内有早石炭世、早二叠世、晚二叠世、晚三叠世、早侏罗世、晚侏罗世、古近纪、新近纪各期的含煤地层。晚二叠世龙潭组、吴家坪组、宣威组含煤地层的分布遍及全区。早石炭世为不稳定薄煤层或煤线，至晚三叠世含煤地层含煤性较好，含可采煤层及局部可采煤层，煤类以无烟煤、焦煤、瘦煤为主，还有气煤、肥煤和贫煤。

南方地区煤炭多属于高硫煤，含硫量高多位于3%～4%，有的甚至高达10%以上。煤矿区内高硫煤的直接燃烧对环境造成了严重的污染，也是酸雨的主要来源。同时，很多煤矿含有一定的砷、氟、放射性元素等有毒有害元素，严重污染环境。由于南方地区煤矿分布较多较广,因此给整个地区都带来了严重的环境问题。南方东部地区煤炭需求量大,资源供应不足(袁亮等,2018)。南方地区属于我国的缺煤地区,该区煤层储存条件差,煤层较薄,地质结构复杂,不易开采,一般只适宜小型矿井开采。

5. 滇藏地区

地理位置:滇藏地区北界昆仑山,东界龙门山—大雪山—哀牢山一线,包括西藏自治区的全部和云南省的西部。

气候条件:气候总体上具有西北严寒干燥,东南温暖湿润的特点。气候类型也因此自东南向西北依次有:热带、亚热带、高原温带、高原亚寒带、高原寒带等各种类型。具有四季温差小、干湿季分明的特征。

地形地貌:地貌类型复杂,种类繁多。高原山地东西并列,山高谷深。青藏高原是世界上隆起最晚、面积最大、海拔最高的高原,因而被称为"世界屋脊",被视为南极、北极之外的"地球第三极"。

土地资源特征:①土地面积广阔,山地多,耕地后备资源短缺;②土地资源类型多样,地域组合复杂;③山高坡陡,水土流失严重,土地生态环境脆弱;④水土资源组合匹配不协调,影响了土地资源的充分开发利用。

煤炭资源特征:区内煤变质程度较深。早石炭世煤以无烟煤为主;晚二叠世及晚三叠世煤以贫煤、无烟煤为主,有少量瘦煤、肥煤或长焰煤;新近纪煤均为褐煤。区内强烈的新构造运动使得含煤盆地褶皱、断裂极为发育,复杂的构造背景使得有效聚煤期限短,沉积环境不稳定,煤盆地规模小,含煤性与煤层赋存条件极差,开采地质条件复杂。

该区复杂的构造背景使得有效聚煤期限短,沉积环境不稳定,煤盆地规模小,含煤性与煤层赋存条件极差,开采地质条件复杂。煤类以中高变质煤为主,主要为无烟煤、气煤、贫煤、焦煤。区内地貌和地质构造较为复杂,生物多样性丰富,生态系统稳定性较差。随着西部大开发战略的实施,交通和运输条件的改善,地区经济的发展,区内煤炭需求量快速增长。

2.3.2 绿色煤炭资源的勘查与评价

(一)绿色煤炭资源概念的提出

我国煤炭资源总量丰富,但在众多煤炭资源中,有的煤炭资源热演化程度极低,仅为褐煤甚至是泥炭,需要通过提质才能被有效利用和科学利用;有的煤田资源量较小而且构造极其复杂,对于矿井建设和煤炭安全生产及科学开采带来较大挑战;有的煤炭资源尽管质量较好但埋藏过深,投入的经济成本过大,安全生产隐患极为突出;有的煤炭资源有害元素含量较高,煤质较差,开发中形成的矸石山等矿山废弃物和利用中排放的二氧化硫、二氧化碳等大气污染物给环境带来极大破坏。因此,在目前技术条件下开发煤质优良的煤炭资源是煤炭资源强国战略的关键(彭苏萍,2017)。

基于此，提出了加大绿色煤炭资源的开发、限制并逐步关闭非绿色煤炭资源开发的煤矿，根据煤炭资源强国战略思想，提出了"绿色煤炭资源"的概念。

（二）绿色煤炭资源的内涵

绿色煤炭资源的内涵包括：①煤炭资源赋存条件适宜，能够利用现有技术安全高效开采（地质结构简单、煤炭资源储量丰富、适宜利用现代化技术开采）；②煤炭开发过程中对环境污染较小，使水资源能够得到保护和有效利用；③煤中有害元素含量较少，而且容易去除，能被清洁高效利用（王佟等，2017）。

1）煤矿整体构造与煤层稳定性：煤矿构造复杂程度与煤层稳定程度是影响煤炭开采的主要因素，煤体结构简单，煤层稳定的煤层可以利用机械大规模开采，建设大型矿井；结构复杂，煤层不稳定的煤层只能利用小型机械或半自动化开采，只能建一些小型矿井。

2）煤质和煤类：煤质和煤类是影响煤炭利用的重要因素。我国煤炭以低灰和低中灰煤为主，硫分总体较低；我国煤类从褐煤、低变质煤到高变质煤均有分布，煤类的差异主要与成煤期有关，煤类的地区分布差异也很大。在评价进行绿色煤炭资源评价时，褐煤直接被评价为非绿色煤炭资源。

3）煤层埋深：我国浅部煤炭资源储量少，所以大多数煤矿只能采取井工开采。我国煤层埋深地区差异较大，东部地区浅部资源开发殆尽，目前主要开采目标是深部资源，但深部煤层结构复杂，不利于矿井建设。而西部一些地区由于构造抬升煤层埋深较浅，适宜开发。就埋藏深度而言，煤层埋深越浅，绿色程度越高。

4）煤厚和倾角：煤层厚度越大，煤层越平缓，绿色程度越高。

5）资源量和探明程度：煤炭资源丰度越高，绿色程度越高；勘查程度越高，绿色程度也越高。

6）瓦斯条件：瓦斯条件是煤矿安全生产的重要制约因素。煤矿瓦斯虽为制约煤矿安全重要因素之一，但随着煤和煤层气（煤矿瓦斯）共采技术的利用，瓦斯问题逐步被控制，故瓦斯条件暂不作为绿色煤炭资源评价的限制条件。

7）水资源保障与水文地质类型：我国煤田水文地质条件总体为简单-中等，国有重点煤矿中水质条件复杂或极其复杂的煤矿占 27%，属于简单的占 34%。就水文地质类型来讲，水文地质条件越简单，绿色程度越高。

8）工程地质条件：我国煤矿勘查区的工程地质条件总体较差，顶底板不稳定，煤矿事故多发。绿色煤炭资源的评价既要考虑煤质、煤种、开采技术条件等资源禀赋，也要对经济区位、科学技术条件、自然条件、环境条件充分考虑。

（三）绿色煤炭资源评价指标

根据绿色煤炭资源的内涵和概念及煤炭资源的赋存特征，建立以下绿色煤炭资源评价指标。在目前的勘探开发条件下，评价主要从煤质、埋深、硫分、灰分及构造复杂程度等几个方面进行，设置煤类、硫分、灰分和埋深为定量指标；设置煤层稳定程度、构造复杂程度为定性指标；其他指标为辅助性研究描述指标。绿色煤炭资源的评价指标体系图如图 2.8 所示。

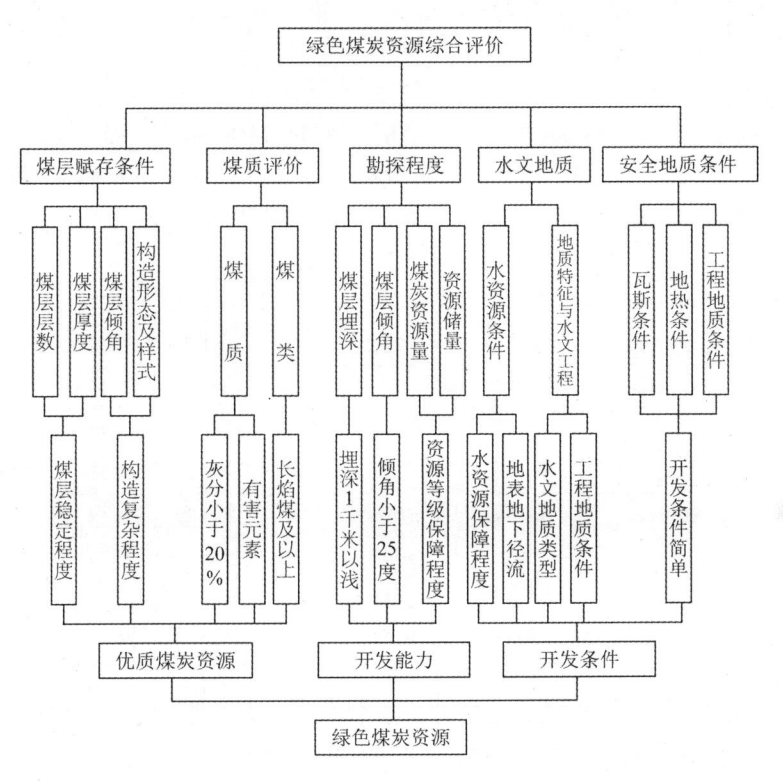

图 2.8 绿色煤炭资源的评价指标体系图（王佟等，2017）

（四）绿色资源的储量分布

通过对各区构造复杂程度、煤质煤类等条件研究，按煤类为褐煤、灰分大于 20%、硫分大于 1%作为绿色煤炭资源的否定指标，其他指标为定性描述性指标，得到了我国绿色煤田（矿区）分布情况。绿色煤田（矿区）集中分布于"九宫"分区的晋陕蒙（西）宁区和北疆区两区，其中，晋陕蒙（西）宁区主要含煤地层为石炭—二叠系的太原组、山西组，三叠系的瓦窑堡组及侏罗系延安组，但煤质评价中石炭—二叠系太原组硫分为 1.5%～2%，大多为中硫煤，超过本次绿色煤炭资源评价的硫分含量指标，因此晋陕蒙（西）宁区的绿色保有煤炭资源量不包括太原组保有资源量。2017 年绿色煤田（矿区）的累计探获量达 10 998.96 亿吨，占全国的 54.7%；保有资源量 10 850.12 亿吨，占全国的 55.7%；尚未利用资源量 8931.34 亿吨，占全国的 57.9%；1000 米以浅预测资源量 7709.79 亿吨，占 1000 米以浅预测资源量的 53.6%；绿色保有资源量 9988.92 亿吨，占全国保有资源量的 51%；绿色基础储量 876.36 亿吨，占全国基础储量的 32.1%；绿色储量 457.53 亿吨，占全国储量的 31%。

从绿色储量的分布来看[图 2.9（a）]绿色储量仅 457.53 亿吨，分布最多的为山西省，达 206.16 亿吨,其次是陕西和蒙西地区,分别为 97.81 亿吨和 93.93 亿吨,北疆地区绿色储量 32.94 亿吨,甘肃 14.5 亿吨,宁夏仅 12.19 亿吨。此外,上述绿色矿区 1000 米以浅还分布 7709.79 亿吨的潜在资源量,可将其作为远景绿色资源量,通过进一步勘查程度的提高转为新增绿色储量。

从绿色保有资源量的省(自治区)分布来看[图 2.9(b)],绿色保有资源量集中分布于蒙西、北疆、陕西和山西四个地区,分别为 5318.43 亿吨、2085.19 亿吨、1451.11 亿吨和 754.33 亿吨,四个地区绿色保有资源量达到绿色保有资源总量的 96.2%;宁夏宁东地区和甘肃陇东地区的绿色保有资源量仅为 255.27 亿吨和 124.59 亿吨。

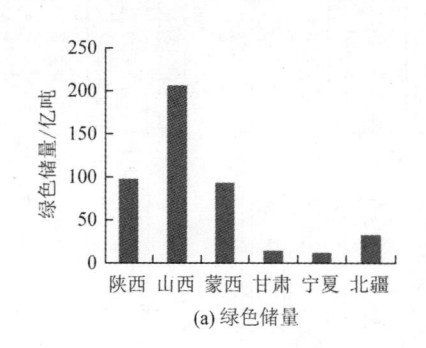

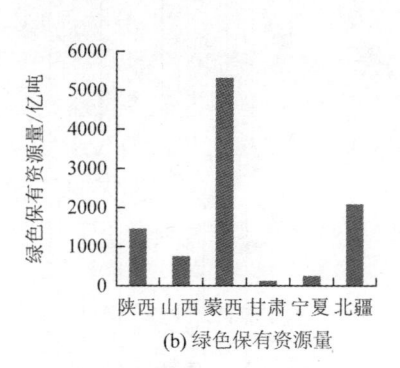

图 2.9 晋陕蒙(西)宁区绿色储量和绿色保有资源量分布

综上所述,初步估算我国绿色资源保有量 9988.92 亿吨,绿色基础储量 876.36 亿吨、绿色储量 457.53 亿吨,远景绿色资源量 7709.79 亿吨,且均集中分布于晋陕蒙(西)宁区和北疆区两个分区。

各区评价结果具体如下。

1. 东北区

东北区位于我国东北部,保有煤炭资源量 325.1 亿吨,其中黑龙江省 218.3 亿吨,吉林省 22.21 亿吨,辽宁省 84.56 亿吨。区内含煤地层主要为侏罗系、白垩系、古近系,煤类以褐煤和长焰煤为主,局部见少量中高变质烟煤和无烟煤,灰分一般为 17%~32%,品质优良,主要为中高灰煤;硫分大多数<1%,为低硫煤;局部硫分较高,可达 1.07%~4.44%。该区域煤炭探明储量埋深基本大于 1000 米,但煤层总体构造稳定,局部为复杂类型。区域内煤层厚度存在很大差异。整个东北区埋深较浅的资源已经开发殆尽,按照绿色资源量的分类标准及东北区煤炭生产现状,总体被评价为非绿色煤炭资源赋存区。

2. 黄淮海区

黄淮海区保有资源量以河南省最多,达 600 亿吨,占该区保有量的 38.4%;其次为河北省、安徽省、山东省三省,分别为 345.6 亿吨、353.77 亿吨、227.96 亿吨。该区以中变质烟煤为主,局部分布贫煤和无烟煤。山西组、石盒子组煤灰分含量为 20%~30%,为中灰煤，太原组灰分为 10%～30%，以低中灰煤为主。山西组、石盒子组硫分大多数小于 1%，为低硫煤，太原组以低中-中硫煤为主，硫分大多数为 1%～2%，局部分布中高硫煤。黄淮海区现有资源埋深小于 1000 米，但区内存在强烈挤压变形和反转引张变形的多重叠加，煤系变形相对复杂，局部相对简单，总体被评价为非绿色煤炭资源赋存区。

3. 东南区

东南区是我国煤炭资源储量较低地区，该区煤炭特点高灰分和高硫分，以中高灰煤和中高硫煤为主，煤质复杂，区域构造变形严重，煤层厚度变化较大，总体评价为非绿色煤炭资源赋存区。

4. 蒙东区

蒙东区地质结构复杂，该区煤炭资源储量丰富，保有煤炭资源量 3146.47 亿吨，煤类以褐煤为主，褐煤储量 2731.30 亿吨，占总体储量 86.8%，有少量的长焰煤，储量约 398.66 亿吨，占 12.7%，同时局部地区有少量气煤、肥煤、焦煤及贫煤。区内煤的硫分基本在 1% 以下，为特低硫煤，灰分为 10%～30%，仅少量高灰煤，需要通过人工提质，总体被评价为非绿色煤炭资源赋存区。

5. 晋陕蒙（西）宁区

晋陕蒙（西）宁区是我国煤炭资源储量极为丰富的地区之一，煤炭资源保有量 10 619.23 亿吨，已利用煤炭资源量为 2581.84 亿吨，达到 61.74%。其中蒙中地区保有量 5760 亿吨，占 54.24%；山西保有量 2688.16 亿吨，占 25.31%；陕北保有量 1794.15 亿吨，占 16.90%；宁夏较少，保有量 376.92 亿吨，占 3.55%。区域内煤类分布较广，从长焰煤至无烟煤均有分布。

晋陕蒙（西）宁区太原组与山西组灰分一般为 15%～25%，为低中灰煤，太原组硫分为 1.5%～2%，为中硫煤，山西组硫分一般小于 1%，为特低-低硫煤，瓦窑堡组灰分大多为 15%～25%，为低中灰煤，硫分大多小于 1%，为特低-低硫煤，延安组灰分一般小于 10%，为低灰煤。该区现有煤炭资源埋深较浅，埋深一般小于 1000 米，整体构造简单，局部中等复杂。该区太原组煤被评价为非绿色煤炭资源，山西组、瓦窑堡组、延安组煤被评价为绿色煤炭资源。

6. 西南区

西南区保有煤炭资源量 1115.52 亿吨，其中川东 109.38 亿吨，贵州 683.43 亿吨，滇东 282.67 亿吨。区域内煤类以焦煤、贫煤、无烟煤为主，局部地区分布褐煤；灰分一般为 20%～33.39%，为中-高灰煤；硫分一般大于 2%，为高-特高硫煤，总体评价为非绿色煤炭资源赋存区。

7. 北疆区

北疆区保有资源量达 2097.85 亿吨，煤炭资源储量丰富，煤质较好，但由于地理位置和勘查技术原因,该地区煤炭资源勘查程度较低。煤类以长焰煤、不黏煤、弱黏煤为主,有少量气煤、焦煤。硫分一般小于1%,为特低-低硫煤,灰分大多为5.24%~20%,为低中灰煤,少量中灰煤,煤层埋深一般小于1000米,总体评价为绿色煤炭资源赋存区。

8. 南疆区-甘青区-西藏区

南疆区-甘青区-西藏区保有资源量419.53亿吨,其中甘肃158.66亿吨,青海63.40亿吨,南疆197.47亿吨,西藏资源量极少,煤类以长焰煤和不黏煤为主,硫分一般低于1%,为特低硫-低硫煤,灰分为5.14%~20%,勘查程度低,构造程度复杂,总体评价为非绿色煤炭资源赋存区。

2.3.3 我国煤炭资源保障存在的问题

煤炭资源的勘查程度决定了我国煤炭资源的供给能力和保障能力。目前,我国东部煤炭勘探开发程度和强度较高,西部开发程度较弱,埋深较浅的资源量已经开发殆尽,接下来的开发重点逐渐转向深部地区,并且工作重心偏向西部地区。我国西部地区生态环境脆弱,虽然存在丰富的煤炭资源储量,但受到地形和交通及勘探技术等条件的限制,同时我国西南云贵高原地区也受到自然地理条件的约束,煤炭资源的勘探受到限制。我国煤炭资源勘探开发主要存在以下问题。

(一)可供开发利用资源不足

中国煤炭资源总量丰富,但已发现的煤炭资源占煤炭蕴藏量的比重较小,大量仍处于普查和详查阶段,不能作为煤炭资源整体规划的有力参考。我国煤炭资源勘查程度亟须提高,完善详尽的基础地质勘查,是提高煤炭资源勘查程度及合理规划开发煤炭资源的先决条件。

(二)不同地区勘探开发程度差异大

我国煤炭资源主要集中在我国西部地区,东部地区资源储量较少,但我国东部勘探开发程度远远高于西部地区,这使得东部地区煤炭开采量、环境可容纳量已经接近极限,浅部资源开发殆尽但深部开采受限。一旦我国东部地区可采煤炭资源枯竭,全国东部煤炭供应将缺乏保障,就可能威胁我国能源安全。所以,今后的勘探开发重点应该放在中西部地区(林德军,2016)。

(三)尚未开展全国可供开发的煤炭资源潜力评价工作

以往开展的全国煤炭资源潜力评价主要针对煤炭资源储量,未开展煤炭可供开发资源的调查和评价工作。受矿井回采率低，环境保护区、水源地、文物保护区等压覆煤炭资源影响，煤炭实际采出量与煤炭资源储量相差较大。同时，受近几年煤炭勘查工作减少的影响，目前全国可供开采的煤炭资源量尚不清楚，迫切需要开展相关工作。受传统观念影响，人们普遍认为我国煤炭资源十分丰富，对煤炭可供开发的资源情况认识不清，还没有系统建立煤炭开发潜力评价体系，具体评价指标和方法需要进一步研究论证。

（四）煤炭资源储量统计数据存在差异，数据更新滞后

受数据来源渠道、统计方式和标准不一致的影响，不同单位或部门统计出的煤炭资源储量存在较大差异，煤炭资源储量的家底不清，不能反映实际煤炭资源情况。

（五）缺乏煤炭资源动态管理信息系统

自全国煤炭资源潜力评价结束至今，我国煤炭勘查开发利用程度又有了较大程度变化，但数据更新严重滞后。同时，煤炭可供开发资源情况也需要建立相关的动态数据库，实现全国煤炭资源和可供开发资源的动态跟踪与系统管理。

参 考 文 献

程爱国，宁树正，袁同兴.2011.中国煤炭资源综合区划研究.中国煤炭地质，23（8）：5-8.
方圆，张万益，曹佳文，等.2018.我国能源资源现状与发展趋势.矿产保护与利用，（4）：34-42，47.
韩德馨，杨起.1984.中国煤炭地质学（下册）.北京：煤炭工业出版社：395-396.
贺佑国.2018.2018中国煤炭发展报告.北京：煤炭工业出版社.
煤炭工业技术委员会.2018.煤炭企业"十三五"发展规划精选.北京：煤炭工业出版社.
焦敬平.2019.2019年上半年煤炭行业发展简析.能源，（11）：65-68.
李霞，崔涛.2019.我国煤炭资源可持续发展的保障分析.中国煤炭，45（1）：33-37.
林德军.2016.中国煤炭资源绿色开采研究现状与展望.化工管理，（32）：309.
彭苏萍.2009.中国煤炭资源开发与环境保护.科技导报，27（17）：3.
彭苏萍.2017.煤炭资源强国战略研究.北京：科学出版社.
彭苏萍，张博，王佟，等.2014.煤炭资源与水资源.北京：科学出版社：9-10.
彭苏萍，张博，王佟.2015.我国煤炭资源"井"字形分布特征与可持续发展战略.中国工程科学，17（9）：29-35.
彭苏萍，等.2018.煤炭资源强国战略研究.北京：科学出版社：44-76.
王海珍.2016.我国煤炭消费的区域差异及影响因素研究.徐州：中国矿业大学.
王佟.2013.中国煤炭地质综合勘查理论与技术新体系.北京：科学出版社：269-270.
王佟，张博，王庆伟，等.2017.中国绿色煤炭资源概念和内涵及评价.煤田地质与勘探，45（1）：1-8，13.
袁亮，张农，阚甲广，等.2018.我国绿色煤炭资源量概念、模型及预测.中国矿业大学学报，47（1）：1-8.
赵平.2018.新时代生态地质勘查工作的基本内涵与架构.中国煤炭地质，30（10）：1-5.

3 煤炭地质勘查在国家能源安全保障中的贡献与新使命

摘要：本章从我国能源资源禀赋特点、能源需求的角度分析了我国能源消费发展趋势，认为中国能源结构将发生深刻调整，从现在的煤炭作为主体能源发展到 2050 年煤炭、油气和非化石能源三分天下。总结了中华人民共和国成立以来煤炭地质勘查工作为国家能源安全保障做出的重要贡献。阐述了新时代煤炭地质勘查工作仍需继续承担国家能源资源安全保障的新使命：加大资源勘查力度、提高主体能源保障水平，加强绿色资源勘查、保障煤炭清洁利用，推进煤系气资源勘查、提高天然气自给能力，坚持煤水资源共探、促进资源科学利用，拓展资源勘查领域、提升能源保障能力。

能源安全是关系国家经济社会发展的全局性、战略性问题，对国家繁荣发展、人民生活改善、社会长治久安至关重要。掌控能源就等于抓住国家发展和安全战略的牛鼻子。地质勘查工作作为国民经济发展的基础性和先行性工作，在能源保障中发挥着举足轻重的重要作用。一直以来，煤炭地质勘查工作为煤炭工业的发展提供了可靠的资源保障，为国家大型煤炭基地和煤化工基地的规划与建设奠定了坚实的资源基础，保障了国家能源安全。进入新时代，面对国内能源需求不断增长、国际能源供需格局巨变、生态文明建设高度重视的新形势，中国作为世界最大的能源消费国和未来全球能源需求增长的主力，要发挥煤炭地质勘查工作在国家能源安全保障和生态环境建设中的重要作用，建设清洁低碳、安全高效的能源保障体系。

3.1 我国能源现状和发展趋势

3.1.1 我国能源资源禀赋特点

《中国的能源状况与政策》（2007 年 12 月）白皮书指出，我国化石能源资源较为丰富。其中，煤炭资源列世界第三位。已探明的石油、天然气资源储量相对偏低，油页岩、煤层气等非常规化石能源储量潜力较大，拥有较为丰富的可再生能源资源，其中水力资源相当于世界水力资源量的 12%，列世界首位。

（一）煤炭

煤炭是我国的主体能源，是能源安全的基石。根据中国煤炭地质总局提供的数据，截至 2015 年年底，全国 2000 米以浅煤炭资源总量 5.90 万亿吨，累计探获资源量 2.58 万亿吨，预测资源量 3.32 万亿吨，保有资源储量为 1.96 万亿吨，已占用资源储量 0.58 万亿吨，尚未利用资源量 1.82 万亿吨。从地区分布看，储量主要集中分布在新疆、内蒙古、山西、陕西、贵州、宁夏、河南和安徽 8 省（自治区），占全国储量近 90%。

（二）石油

《中国矿产资源报告 2017》显示，截至 2017 年年底，我国石油地质预测资源量 1257 亿吨，可采资源量 301 亿吨，查明资源量仅为 35.42 亿吨，占全球的 1.5%，排名第 13 位，小于美国（2.8%）、俄罗斯（6.4%）、沙特阿拉伯（15.6%）、加拿大（10%）等国家。2017 年，我国石油新增探明地质储量 8.77 亿吨，增加量为近 10 年来的最低，较 2016 年新增探明地质储量减少 4.05%。随着高品质石油资源逐步开采消耗，目前剩余资源量地质赋存条件普通较差，油品质量总体较低，超过 70% 属于低渗、深层、深水以及稠油，开采地质条件越来越复杂，勘探开发成本不断提高。2016~2017 年，我国石油年产量连续两年低于 2 亿吨，2017 年为 1.92 亿吨，据此计算，我国石油资源的储采比（反映技术可采储量可采年限）仅为 18.2，远低于世界石油平均储采比 50.3。

（三）天然气

我国常规天然气储量不丰富，根据《中国矿产资源报告 2017》显示，截至 2016 年，天然气地质资源量 90 万亿立方米，可采资源量 50 万亿立方米，剩余技术可采储量 5.4 万亿立方米，约占全球全部储量的 2.8%，排名第 9 位，小于美国（4.7%）、俄罗斯（17.3%）、伊朗（18%），但大于伊拉克（2%）、科威特（1%）、加拿大（1.2%）。2017 年我国常规天然气产量为 1368 亿立方米，据此计算，储采比为 40 年。

我国非常规天然气资源潜力巨大，主要包括致密砂岩气、页岩气、煤层气及天然气水合物等。初步评价全国非常规天然气可采资源量为 $84\times10^{12} \sim 125\times10^{12}$ 立方米，是常规天然气资源量的 5 倍左右，具有巨大的开发潜力和经济效益（邹才能，2015）。

（四）核能

现阶段，核能利用的主要原料是铀。我国铀矿资源量较小，勘探程度较低，我国共探明大小铀矿床（田）200 多个，证实了相当数量的铀储量。铀矿资源分布不均衡，全国已有 23 个省（自治区、直辖市）发现铀矿床，主要分布在江西、广东、湖南、广西，以及新疆、辽宁、云南、河北、内蒙古、浙江、甘肃、西藏等地区。尤以江西、湖南、广东、广西资源为富，占探明工业储量的 74%。矿床以中小型为主，据公开发表数据，我国铀矿资源潜力较大，远景储量超过 200 万吨，勘探潜力巨大。据国际原子能机构（International Atomic Energy Agency，IAEA）2017 年红皮书预测，中国目前的铀可采资源量为 19.3 万吨。我国铀矿供给不足，对外依存度高，据世界核能协会

（World Nuclear Association，WNA）数据，2015 年我国铀产量仅为 1616 吨，而需求量则为 8160 吨，对外依存度达 80.2%。

（五）可再生能源

可再生能源主要包括水能、风能、地热能、太阳能等。

我国是世界上水力资源最丰富的国家，可供开发的水电总装机容量为 3.78 亿千瓦，其中可开发利用的为 7200 万千瓦，位居世界第一。可开发水力资源年电能约为 1.92 万亿千瓦时，约合 6 亿多吨标煤。其中小型可开发水力资源年电能约为 3000 亿千瓦时，约合 1 亿多吨标煤。我国水力资源在地理分布上的总格局是西多东少，南多北少，大部分集中在中西部，其中西南地区占 67.8%，中南地区占 15.5%，而华东、东北、华北总共仅占 6.8%，水力资源丰富的地区大多地形高差大、交通不便、开发难度较大。目前，我国水力资源的开发和利用程度较低，受环境、资金等各方面的制约，已开发的水能资源仅占可开发资源的 39%左右。

我国风能资源比较丰富。据国家气象局估算，全国风能密度为 100 瓦/米^2，风能资源总储量约 1.6×10^5 兆瓦，特别是东南沿海及附近岛屿、内蒙古和甘肃走廊、东北、西北、华北和青藏高原等部分地区，每年风速在 3 米/秒以上的时间有将近 4000 小时，一些地区年平均风速可达 6~7 米/秒以上，具有很大的开发利用价值。

地热能可以分为浅层地温能、水热型地热能和干热岩型地热能资源。其中，浅层地温能指 200 米以浅的地热资源，主要用于建筑物的供暖制冷；水热型地热能指 4000 米以浅、温度大于 25℃的热水和蒸汽，可以用于发电、工业利用、供暖等；干热岩型地热能指埋藏深度在 3000~10 000 米，温度高于 150℃，不含或仅含少量流体的高温岩体，尚未用于商业开采。我国地热能资源丰富，勘查程度低，开发潜力巨大。"十二五"期间，中国地质调查局组织完成全国地热能资源调查，对浅层地温能、水热型地热能和干热岩型地热能资源分别进行评价，结果显示，我国 336 个地级以上城市浅层地温能资源年可开采量 4.9 亿吨油当量；水热型地热能资源年可开采量 13.3 亿吨油当量，两项合计达全国 2016 年一次能源消费量的 50%。干热岩型地热能初步估算资源量为 599 万亿吨油当量，约占全球资源量的六分之一。按可开采量 2%的国际标准计算，折合油当量 11.98 万亿吨，以 2017 年能源消费水平，可供我国使用 300 年。我国中低温水热型地热能资源占比达 95%以上，主要分布在华北、松辽、苏北、江汉、鄂尔多斯、四川等平原（盆地），以及东南沿海、胶东半岛和辽东半岛等山地丘陵地区，高温水热型地热能资源主要分布于西藏南部、云南西部、四川西部和台湾地区。

我国太阳能资源非常丰富，总体呈"高原大于平原、西部干燥区大于东部湿润区"的分布特点，三分之二的国土面积年日照量在 2200 小时以上，年辐射总量在每年 3340~8360 兆焦/米^2，理论上的储量每年可达 17 000 亿吨标准煤，太阳能资源开发利用的潜力巨大。

3.1.2 我国能源结构分析

能源是国家经济发展重要的物质基础，是我国经济高速增长和人民生活水平不断提高的动力，国家能源安全保障是实现我国国民经济持续增长和社会进步所必需的物质保障。

经过几十年的发展，我国已形成较为完善的能源生产和供应体系，包含煤炭、石油、天然气、水电、核电、可再生能源等，但受我国富煤、贫油、少气的资源禀赋条件所限，长期以煤为主，其中煤炭在我国一次能源中占比长期维持在60%左右（图3.1），优质能源资源如石油、天然气等严重短缺，对外依存度高，人均能源占有量低，整个资源利用效率不高。其中2017年能源消费结构中煤炭占60.4%，石油占18.8%，天然气等能源占20.8%（《中国矿产资源报告2018》）。与世界主要国家相比，我国这种以煤为主的能源结构不甚合理，很难适应国家可持续发展对能源质量的要求。

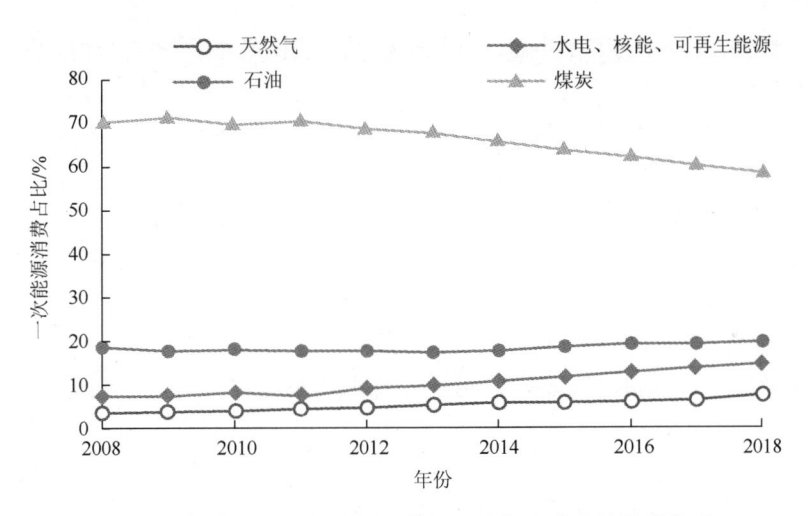

图3.1 2008~2018年我国主体能源占能源消费总量的比重

资料来源：《BP世界能源统计年鉴2018年》

煤炭作为我国主体能源，在我国一次能源消费构成的比例一直占60%左右（据《BP世界能源统计年鉴2018年》，2017年占比为60.4%），远高于全球煤炭一次能源消费占比30%左右的平均水平。近几十年，随着我国经济的发展，我国煤炭产量逐年增长，2013年达到39.74亿吨的最高值，近几年由于政策原因，有所下降，但基本稳定在35亿吨左右，2018年全国煤炭产量为36.8亿。

石油在我国一次能源消费占比长期维持在18%左右，在我国能源结构中居于第二位。我国原油产量自1994年以来保持平稳增长，2015年达到近些年的最高，全年生产原油达2.15亿吨，自2015年6月产量开始下降，连续两年产量低于2亿吨，而需求随着经济的高速发展不断增大，已成为仅次于美国的第二大石油消费国，预计到2020年，我国石油需求量将超过

5亿吨。产量与需求之间巨大的缺口导致对外依存度逐年上升，目前，我国石油进口依存度从1995年的7.6%提高到2018年的69.8%（进口量为4.4亿吨）。

目前，我国天然气在一次能源消费结构中约占6%，远低于世界能源消费结构中24%的平均水平。国家发展和改革委员会发布的数据显示：2017年，我国天然气产量1487亿立方米，比上年增长8.5%；消费量为2373亿立方米，同比增长15.3%；天然气进口量920亿立方米，同比增长27.6%。进口天然气占总消费量的38.0%，对外依存度较高。

核电属优质高效清洁能源，是当今世界各国大力发展的能源之一，相比于水电、太阳能和风电等清洁能源有着运行稳定、不受自然条件和气候的影响等优点。我国核能规模增长势头迅猛，在一次能源消费结构中占比已超过1%。中国核电装机容量在2008~2013年增速缓慢，随后2013~2017年，中国核电装机容量由约0.2亿千瓦增加至约0.35亿千瓦，增速明显。根据国家能源局统计，截至2019年1月20日，我国在运核电机组达到45台，装机容量4590万千瓦，排名世界第三；在建机组11台，装机容量1218万千瓦。据中国电力企业联合会统计，2018年我国核电发电量约2944亿千瓦时，同比增长18.6%，占全国总发电量的4.2%，相当于少消耗0.9亿吨标准煤，减少二氧化碳排放2.8亿吨。自2000年有统计数据以来，连续19年保持增长势头。我国核能开发安全性良好，截至目前，我国目前投入运行的核电机组运行安全、可靠，未发生核泄漏、辐射污染以及核安全事件，核电厂放射性排出流的排放量均远低于国家标准限值（方圆等，2018）。

可再生能源作为常规能源的有益补充，近年来在我国得到了快速发展。2017年可再生能源在一次能源消费结构中占比达到了3%，但受制于核心技术水平、安全问题、经营成本及政策机制等因素，大规模推广应用还需要时间，短期内难以较快取得质的突破，近期难以取代煤炭的主导地位。

根据BP数据，2017年我国可再生能源消费量3.68亿吨油当量，占全国一次能源消费总量的11.8%，同比增长7.5%，可再生能源消费量全球第一，占全球可再生能源消费总量的23.2%。

水电：我国水电发展起步较晚，但进步很快，装机容量从20世纪80年代的1000万千瓦左右到2018年年底达到约3.5亿千瓦、年发电量约1.2万亿千瓦时。水电在我国的建设和发展已经具备一定的规模，是我国可再生能源中的主力模式，但开发程度仅为39%，与发达国家相比仍有较大差距（瑞士、法国、意大利已超80%），还有较大提升空间。

风能：在众多可再生能源资源中，风能因其易获取、资源丰富、分布广泛和成本低等特征，世界各国均十分重视。我国经过近60年的发展，风能的开发利用取得了巨大进步，风电发电量、装机容量和风电场数量均位居世界前列。从2005年开始，中国的风电装机容量每年的增长数量均翻番，中国累计装机容量不但大幅度领先第二名的美国，而且超越整个欧盟，占全球市场份额的33.6%。根据全球风能理事会的统计数据，到2015年年底，全国风电并网装机达到1.29亿千瓦，年发电量1863亿千瓦时，占全国总发电量的3.3%，比2010年提高2.1%。风电已成为我国继煤电、水电之后的第三大电源。我国风电累计装机容量前五名的省（自治区）分别为内蒙古、新疆、甘肃、河北、山东，分别为25 669兆瓦、16 251兆瓦、12 629兆瓦、11 030兆瓦、9560兆瓦，上述地区累计装机容量占全国约51.69%。由于内蒙古、新疆、甘肃和冀北等地区经济相对落后，当地风电消纳能力相对不足，风电集中地区与我国用电负荷中心相距较远，需要跨省（自治区、直辖市）进行电力运输和调配，而电网建设和风电开发不同步，许多电场建成后未被充分利用，风电弃风限电现象一直存在，严重影响风电的大规模利用，造成严重的经济损失。随着我国"西电东送"输电通道建设完成，电网调度运行方式的进一步优化，我国风电消纳问题将得到有效缓解。

地热：中国地热能资源丰富，近年来，中国地热能勘探开发及利用技术持续创新，热能装备水平不断提高，浅层地温能利用快速发展，水热型地热能利用持续增长，干热岩型地热能资源勘查开发开始起步，地热能产业体系初步形成。随着地热钻井成井工艺技术和地热尾水回灌技术及地热资源梯级利用等技术的不断进步和成熟，地热资源的开发利用将越来越广泛。据中国地质调查局、国家能源局等发布的《中国地热能发展报告（2018）》，近年来我国浅层地温能利用快速发展，我国现已查明287个地级以上城市浅层地温能、12个主要沉积盆地地热资源、2562处温泉区隆起山地地热资源，主要分布在北京、天津、河北、辽宁、山东、湖北、江苏、上海等省（直辖市）的城区。2000年利用浅层地温能供暖（制冷）建筑面积仅为10万立方米，2004年供暖（制冷）建筑面积达767万平方米，2010年以来以年均28%的速度递增。截至2017年年底，中国地源热泵装机容量位居世界第一，年利用浅层地温能折合1900万吨标准煤，实现供暖（制冷）建筑面积超过5亿平方米，其中京津冀开发利用规模最大。水热型地热能利用也有较快增长，河北省雄县供暖建筑面积为450万平方米，满足县城95%以上的冬季供暖需求，创建了中国首个供暖"无烟城"，形成了水热型地热能规模化开发利用"雄县模式"。截至2017年年底，全国水热型地热能供暖建筑面积超过1.5亿平方米，其中山东、河北、河南增长较快。

太阳能：我国政府十分重视太阳能的开发利用，制定出台了《中华人民共和国可再生能源法》等一系列法规、政策措施，促进了太阳能利用的快速发展。目前，我国已成为世界最大的太阳能集热器制造中心，集热器推广面积累计达到9000多万平方米，占世界总量的60%，覆盖4000万家庭约1.5亿人口。2008年我国已安装光伏电站约5万千瓦，主要为边远地区居民供电（庄逸峰和贾正源，2008）。预计2020年要达到1.6亿千瓦。

3.1.3 我国能源消费发展趋势

《BP世界能源展望2019》表示世界正面临双重挑战——全球经济增长和日益繁荣需要更多的能源支持，以及更快速转型到低碳未来的需要。报告预测，在生活水平提高的推动下，到2040年，全球能源需求将增长约三分之一，世界能源格局近年来发生了若干重大转变：一是页岩气革命使美国成为世界最大的石油和天然气生产国，有望实现能源独立，带来促进经济增长、创造就业和平衡美国贸易收支等诸多积极影响；二是可再生能源渗透到全球能源系统中的速度比历史上任何燃料都要快，如太阳能光伏在许多国家正在成为成本最低的新增发电能源；三是中国治理环境污染的举措，将对世界能源市场产生重要影响；四是电气化成为未来能源发展的趋势，尤其是制冷、电动汽车和能源系统数字化等方面的电力需求。中国气候变化事务特别代表解振华强调，中国能源结构将发生深刻调整，到

2030年，非化石能源和可再生能源占一次能源的比重将达到20%左右，目前这一数字为11.4%，能源的发展向侧重于以服务为基础的更经济和更清洁的能源结构方向迈进，中国的能源前景将与过去有着天壤之别。

（一）能源需求向新常态迈进

据中国石油集团经济技术研究院2017年版《2050年世界与中国能源展望》预测，我国一次能源需求将于2040年前后达到58亿吨标煤（40.6亿吨标油）的峰值水平，而化石能源需求则将于2030年达峰。相应地，能源相关二氧化碳排放也在2030年达峰。中国能源生产、消费、技术和体制革命将稳步推进，同时以"一带一路"倡议为代表的全方位国际能源合作也将不断深化，2030年前后，风能、太阳能等可再生能源将稳步发展，对传统能源的替代会逐步显现。一次能源消费结构呈现清洁、低碳化特征。2050年煤炭、油气和非化石能源将呈三分天下的局面。

国际能源署《世界能源展望2017中国特别报告》认为，中国能源结构将逐步转换到清洁能源发电，太阳能光伏将成为中国最经济的发电方式，以水力、风能和太阳能光伏引领的低碳装机容量将迅速增长，中国日益增长的能源需求正越来越多依赖可再生能源、天然气和电力，到2040年将占总装机容量的60%。预计到2040年，电力将在中国终端能源消费中占主导地位，煤炭在总发电量中所占的比重将从2016年的67%下降到40%以下。

（二）"一带一路"合作正在改变中国能源供应现状，能源战略多元化成效明显

"一带一路"沿线国家拥有着丰富的油气资源，石油、煤炭、天然气储量极大，尤其是油气资源蕴藏极其丰富，而我国是全球最大的发展中国家，正处于工业高速发展的阶段，对能源的需求呈逐年上升势头，特别是油气对外依存度也呈逐年增加态势。积极开展国际合作实现能源战略的多元化，无论是从政治经济角度分析，还是从能源运输安全的角度分析，都具有重要意义。"一带一路"沿线的大多数国家具有丰富的能源与矿产资源，但基础建设条件相对落后，能源与矿产勘查与开发程度均较低，这对我们"走出去"相互合作提供了广阔前景。目前，沿线国家能源合作已取得一定成效，据国家能源局消息，中亚—俄罗斯、非洲、中东、美洲、亚太五大海外油气合作区初步建成，西北、东北、西南和海上引进境外资源的四大油气战略通道建设快速推进，亚洲、欧洲和美洲三大油气运营中心初具规模，油气投资业务与工程技术等服务保障业务一体化协调发展的格局已经形成，中俄北极地区亚马尔液化天然气项目已经投产，成为北方航道上"冰上丝绸之路"的重要支点。"一带一路"能源合作的相关业务进入规模发展的新阶段，随着"一带一路"能源合作的加深，中国能源供应现状将发生根本改变，能源供应安全得到充分保障（方圆等，2018）。

（三）中国特色能源结构决定了煤炭的主体地位不会动摇

受能源消费向清洁化和多样化发展的影响，我国煤炭需求将有所回落。但是，我们应

当清醒地认识到,受制于富煤、贫油、少气的资源禀赋,决定了我国能源结构的优化不可能等同于"去煤炭化",在一段时间内以煤炭为主要能源的格局难以改变。我国煤炭资源储量丰富,具有资源可获取性强、利用的经济性好、具有可清洁性、保障性强等特点,从现有资料分析,目前煤炭剩余技术可采储量约是石油储量的 50 倍,是常规天然气的 30 倍,在未来一段时间内,煤炭仍将是我国能源消费的支柱。据《能源发展"十三五"规划》,到 2020 年我国煤炭消费比重将降低为 58%,仍然接近六成。因此,在我国能源结构逐步调整的过程中,煤炭仍然将发挥重要作用。

BP 指出,中国的能源结构正持续演变,其中煤炭占比将从 2017 年的 60%下降至 2040 年的 35%,同期天然气比重将翻一番至 14%,可再生能源占比将从 2017 年的 3%增至 2040 年的 18%。

资源禀赋能够造就特色能源结构。我国地理上西高东低,造山运动强烈,构造复杂多变,因此形成了我国富煤、贫油、少气的资源禀赋。

煤炭资源仍将保持我国能源消费的支柱地位。我国煤炭储量丰富,在清洁利用和深加工技术成熟后,煤炭将作为清洁能源,重新在我国能源产业中扮演重要角色。天然气是清洁能源中不可或缺的重要组成部分。天然气能够保障能源供应的稳定可靠,也能满足重工业用能需求,因此是最现实可行的清洁能源方案。我国页岩气储量较大,探明储量连年上升,随着技术进步,天然气在我国能源消费中的比重将逐渐提高。需要特别指出,中国的"可燃冰革命"势必将引领新一轮的世界能源发展变革。目前我国天然气水合物开采技术全球领先,储量较为丰富。从发展趋势上看,天然气水合物开发必将对世界能源生产和消费产生重要而深远的影响。可再生能源将有效保障我国能源安全。我国构造运动强烈,地热资源十分可观,干热岩储量占全球的六分之一,地势西高东低,水量充沛,具有开发水电的天然优势;西部海拔高,阳光辐射量大,风力资源丰富,太阳能和风能利用具有良好资源基础,近十年来,水电、太阳能、风能等可再生能源在我国一次能源消费比例逐年增长。在技术进步和生态保护的基础上,新时代的中国能源结构将兼顾绿色发展和低碳环保,形成具有中国优势的特色能源结构,发展非化石能源与化石能源高效清洁利用将并举推进,风电、太阳能、地热能等可再生能源和核电消费比重将大幅增加。

3.2 煤炭地质勘查对国家能源安全保障的重要贡献

3.2.1 煤炭地质勘查成就辉煌

(一)三次全国煤炭资源预测和新一轮煤炭资源评价,摸清资源家底

1958～1959 年,原煤炭工业部组织开展了第一次全国煤田预测,编制了 1∶200 万的中国煤田地质图、全国煤田预测图及各省(自治区、直辖市)的煤田预测图件。预测的全国煤炭资源总量为 93 779 亿吨,按埋藏深度分,其中 0～600 米为 26 380 亿吨,600～1200 米为 31 421 亿吨,1200～1800 米为 35 978 亿吨;按可靠程度分,其中探明的资源量为 1767

亿吨，预测可靠的 40 856 亿吨，预测可能的 51 156 亿吨；按煤种分，其中无烟煤 14 129 亿吨，炼焦煤 37 720 亿吨，动力煤（长焰煤）22 824 亿吨，未定的 2806 亿吨，褐煤 15 936 亿吨，泥煤、其他煤类的 364 亿吨。按地区分布统计见表 3.1。限于当时的资料基础和客观条件，这次预测的资源量数据有待进一步查证。

表 3.1　第一次全国煤田预测煤炭资源总量表　　　（单位：亿吨）

省（自治区、直辖市）	资源量	省（自治区、直辖市）	资源量	省（自治区、直辖市）	资源量	省（自治区、直辖市）	资源量
北京	161	河南	5 456	上海	2	云南	1 214
天津	—	湖北	646	江苏	388	西藏	967
河北	5 759	湖南	443	浙江	80	陕西	4 091
山西	8 333	广东	256	安徽	3 594	甘肃	1 448
内蒙古	9 030	广西	274	福建	152	宁夏	904
辽宁	482	海南	—	江西	712	青海	1 846
吉林	718	四川	689	山东	5 059	新疆	34 655
黑龙江	3 116	贵州	3 261	台湾	63		
全国总计	93 799							

注：表中数据未统计港澳地区；重庆市数据包含在四川省数据内。

1974~1981 年，煤炭工业部组织开展了第二次全国煤田预测，深入探讨研究聚煤规律及预测依据，全面系统地编制了矿区（煤田）、省（自治区、直辖市）、大区、全国四级煤田预测各种分析图件及相应的文字说明，基本摸清了全国各省（自治区、直辖市）、各煤田的煤炭资源远景，探索、总结了成煤规律及有关经验，为我国制定煤炭工业发展方针和战略布局，编制煤田地质勘探长远规划和普查找煤提供了科学依据。预测垂深 2000 米以浅的煤炭资源量为 44 927 亿吨（其中垂深 1000 米以浅的预测资源量为 21 040 亿吨），加上到 1975 年年末已探明的煤炭资源量 5665 亿吨，全国煤炭资源总量为 5.06 万亿吨。编制完成了《中华人民共和国煤田预测说明书》、煤炭资源预测图、煤类分布图等一整套图件，成为中华人民共和国成立以来比较系统的反映我国煤田地质条件和煤炭资源状况的资料。这次预测成果对煤炭工业的发展，乃至整个国民经济规划和宏观决策都发挥了重要作用，是一项具有战略意义的研究成果。各省（自治区、直辖市）煤炭资源总量见表 3.2。

表 3.2　第二次全国煤田预测煤炭资源总量表　　　（单位：亿吨）

省（自治区、直辖市）	资源量	省（自治区、直辖市）	资源量	省（自治区、直辖市）	资源量	省（自治区、直辖市）	资源量
北京	141.08	河南	1 137.75	上海	—	云南	674.20
天津	—	湖北	11.73	江苏	103.74	西藏	15.49
河北	1 155.11	湖南	91.91	浙江	5.02	陕西	2 922.48
山西	6 829.49	广东	27.87	安徽	1 037.80	甘肃	1 905.43

续表

省（自治区、直辖市）	资源量	省（自治区、直辖市）	资源量	省（自治区、直辖市）	资源量	省（自治区、直辖市）	资源量
内蒙古	12 053.45	广西	53.01	福建	45.48	宁夏	1 990.77
辽宁	161.59	海南	—	江西	50.17	青海	195.89
吉林	68.29	四川	380.21	山东	1 004.59	新疆	16 210.10
黑龙江	449.27	贵州	1 866.04	台湾	4.23		
全国总计			50 592.19				

注：表中数据未统计港澳地区；重庆市数据包含在四川省数据内。

1992~1997 年，中国煤田地质总局组织开展了第三次全国煤田预测工作，对全国现有的煤炭资源数量进行了初步清理和统计。主要成果包括《中国煤炭资源预测和评价（第三次全国煤田预测）研究报告》（上、下册）、中国煤炭资源分布和煤田预测图、中国煤类分布图、不同成煤期古地理和聚煤规律图等系列图件；出版了《中国煤炭资源预测与评价》《中国聚煤作用系统分析》等专著。提交了省区级相应的成果，建立了全国煤炭资源数据库。第三次全国煤田预测结果是在汇总各省（自治区、直辖市）煤炭资源预测的基础上，并做了适当调整后形成的。在全国 5 个赋煤区、85 个含煤区、542 个煤田/煤产地中，共圈定 2554 个预测区，预测总面积为 39.26 万平方千米，垂深 1000 米以浅的预测资源量为 18 440.48 亿吨，垂深 2000 米以浅的预测资源量总计为 45 521.04 亿吨。第三次煤炭资源预测工作使用的资料截至 1992 年年末。当年累计已发现的煤炭资源为 10 444.59 亿吨，加上本次预测资源量 45 521.04 亿吨，1992 年年末全国煤炭资源总量为 55 965.63 亿吨，比第二次煤田预测时的资源总量增加 5373.44 亿吨（表 3.3）。

表 3.3　第二、第三次全国煤田预测煤炭资源总量比较表　　（单位：亿吨）

省（自治区、直辖市）	第三次	第二次	相差	省（自治区、直辖市）	第三次	第二次	相差
北京	119.34	141.08	−21.74	河南	1 175.22	1 137.75	+37.47
天津	54.37	—	+54.37	湖北	7.93	11.73	−3.80
河北	803.74	1 155.11	−351.37	湖南	84.42	91.91	−7.49
山西	6 438.84	6 829.49	−390.65	广东	17.12	27.87	−10.75
内蒙古	14 489.08	12 053.45	+2 435.63	广西	41.52	53.01	−11.49
辽宁	147.11	161.59	−14.48	海南	1.00	—	+1.00
吉林	59.54	68.29	−8.75	四川	448.96	380.21	+68.75
黑龙江	392.51	449.27	−56.76	贵州	2 417.25	1 866.04	+551.21
上海	—	—	—	云南	684.26	674.20	+10.06
江苏	92.87	103.74	−10.87	西藏	9.02	15.49	−6.47
浙江	2.08	5.02	−2.94	陕西	3 613.24	2 922.48	+690.76
安徽	893.94	1 037.80	−143.86	甘肃	1 524.69	1 905.43	−380.74
福建	37.50	45.48	−7.98	宁夏	2 036.31	1 990.77	+45.54

续表

省（自治区、直辖市）	第三次	第二次	相差	省（自治区、直辖市）	第三次	第二次	相差
江西	58.04	50.17	+7.87	青海	423.68	195.89	+277.79
山东	697.54	1 004.59	−307.05	新疆	19 194.51	16 210.10	+2 984.41
台湾	—	4.23	−4.23				
全国总计	55 965.63	50 592.19	+5 373.44				

注：表中数据未统计港澳地区；重庆市数据包含在四川省数据内。

2006~2013 年，中国煤炭地质总局组织开展了新一轮全国煤炭资源潜力评价，编制了矿区、省（自治区、直辖市）和全国三级煤炭资源潜力评价报告与不同比例尺煤田地质图、煤田构造图、煤炭资源潜力评价图等九类图件，按照统一的数据模型，建立了全国煤炭资源信息系统。应用多重地层划分、层序地层学、板块构造和资源经济学理论，开展了煤炭资源区划、构造区划、含煤地层多重划分、层序地层和构造样式研究，在聚煤规律和煤层赋存研究方面取得创新性成果。重新厘定全国煤炭资源总量为 5.90 万亿吨，已探获煤炭资源量为 2.02 万亿吨，预测资源量 3.88 万亿吨（表 3.4），应用煤炭资源预测成果，取得普查找煤新突破，新查明煤炭资源量 1000 多亿吨。成果为我国煤炭工业宏观决策乃至国民经济社会发展提供了重要依据。

表 3.4 新一轮全国煤炭资源总量和预测资源量分布表　　　（单位：亿吨）

资源区带	省（自治区、直辖市）	探获资源量	资源总量	预测资源量	0~600 米	600~1 000 米	1 000~1 500 米	1 500~2 000 米	1 000 米以浅
东部补给带	辽宁	104.89	158.17	53.28	1.44	8.59	36.04	7.2	10.03
	吉林	29.12	98.62	69.5	20.09	17.97	21.69	9.74	38.06
	黑龙江	247.89	449.64	201.75	101.48	40.44	28.88	30.96	141.91
	北京	27.25	109	81.75	7.97	26.75	26.57	20.45	34.72
	天津	3.83	174.59	170.76	—	0.38	17.1	153.28	0.38
	河北	374.22	841.94	467.72	9.67	17.99	137.92	302.15	27.65
	江苏	46.44	99.97	53.53	2.91	6.54	25.54	18.54	9.45
	安徽	374.08	820.27	446.19	7.2	38.96	167.2	232.83	46.17
	山东	432.65	578.49	145.84	9.58	27.31	46.17	62.79	36.88
	河南	666.81	1 377.55	710.74	10.11	57.39	297.72	345.51	67.5
	台湾	5.31	8.51	3.2	1.35	0.97	0.88	—	2.32
	浙江	0.49	0.61	0.12	—	—	0.12	—	0
	福建	14.51	40.23	25.72	9.54	9.76	6.42	—	19.31
	江西	17.21	64.04	46.83	19.77	14.27	12.79	—	34.04
	湖北	11.96	27.19	15.23	5.91	4.78	4.55	—	10.69
	湖南	40.75	102.79	62.04	20.19	22.74	19.11	—	42.92

续表

资源区带	省(自治区、直辖市)	探获资源量	资源总量	预测资源量	0~600米	600~1 000米	1 000~1 500米	1 500~2 000米	1 000米以浅
东部补给带	广东	8.27	19.41	11.14	3.4	3.21	4.53	—	6.61
	广西	36.09	57.08	20.99	14.44	3.99	2.56	—	18.43
	海南	1.67	2.74	1.07	1.07	—	—	—	1.07
	合计	2 443.44	5 030.84	2 587.40	246.12	302.04	855.79	1 183.45	548.14
中部供给带	山西	2 875.82	6 609.01	3 733.19	198.99	655.27	1 321.96	1 556.97	854.26
	内蒙古	8 962.69	16 299.48	7 336.79	1 371.96	885.79	2 775.73	2 303.31	2 257.75
	陕西	1 815.65	4 076.94	2 261.29	47.06	121.23	478.77	1 614.22	168.3
	宁夏	383.89	1 841.59	1 457.7	43.05	84.12	292.77	1 037.76	127.17
	重庆	58.3	195.82	137.52	14.67	19.66	39.08	64.12	34.33
	四川	142.79	401.99	259.2	39.07	55.47	83.48	81.17	94.54
	贵州	707.61	2 588.55	1 880.94	425.37	452.13	609.06	394.39	877.49
	云南	302.87	752.61	449.74	160.71	98.84	103.7	86.48	259.55
	合计	15 249.62	32 765.99	17 516.37	2 300.88	2 372.51	5 704.55	7 138.42	4 673.39
西部自给带	青海	70.42	414.88	344.46	79.54	112.41	97.76	54.76	191.95
	西藏	2.07	11.31	9.24	6.55	2.69	—	—	9.24
	新疆	2 311.73	18 993.58	16 681.85	4 608.59	4 193.42	4 268.41	3 611.43	8 802.01
	甘肃	167.44	1 824.25	1 656.81	10.22	143.9	826.33	676.36	154.11
	合计	2 551.66	21 244.02	18 692.36	4 704.9	4 452.42	5 192.5	4 342.55	9 157.31
总计		20 244.72	59 040.85	38 796.13	7 251.90	7 126.97	11 752.84	12 664.42	14 378.84

注：表中数据未统计港澳地区；上海市无煤。

(二) 煤炭勘探大会战，奠定煤炭工业发展格局

20世纪60年代，为了保障国民经济建设所需要的煤炭资源，按照统一协调和部署，相继对重点项目、矿区组织开展了以大会战为主要形式的大规模煤田地质勘探。产生重要影响的大型会战主要有：徐淮煤炭基地勘探会战、山西高平寻找无烟煤会战、湘赣扭转北煤南运的南方找煤会战、贵州六盘水煤田地质勘探会战、邯邢煤炭基地建设和邯邢煤田地质勘探会战、内蒙古霍林河煤田地质勘探会战、河南永夏煤田地质勘探会战、内蒙古呼伦贝尔聚煤盆地伊敏煤田地质勘探会战、陕西澄城合阳石炭二叠纪煤田地质勘探会战、黑龙江东荣煤田及外围勘探会战。相继发现了鄂尔多斯、华北、华南、吐鲁番、准噶尔、伊犁等多个5000亿吨以上级的聚煤盆地，500多个大型煤田，有效地保证了国家对煤炭资源的需求，支撑了诸如兖州、平顶山、六盘水、鄂尔多斯等一批煤炭资源型城市的发展。

（三）特殊和稀缺煤炭资源调查评价，服务煤炭工业的优化布局

2010~2013 年，中国煤炭地质总局开展了"特殊和稀缺煤炭资源调查"，梳理了特殊和稀缺煤的概念，提出了特殊和稀缺煤的划分方案，将特殊煤划分为高元素煤、特殊成因煤、特殊性质煤三大类；稀缺煤划分为稀缺炼焦用煤和稀缺优质煤两大类。摸清了我国稀缺炼焦用和稀缺优质煤分布状况，并统计了资源量。研究主要特殊煤的分布状况，估算了典型矿区特殊煤（元素）的资源量。提出并划定了特殊和稀缺煤重点资源保护区。成果对我国后续煤炭工业的布局具有指导意义（中国地质学会 2014 年度"十大地质科技进展"）。2016~2018 年，中国煤炭地质总局又组织开展了"特殊用煤资源潜力调查评价"，以煤制油气资源调查为出发点，根据煤炭自身的物质结构和工艺特性，按照煤炭清洁化利用的要求，完善了液化、气化及焦化用煤评价指标体系，促进煤炭资源清洁高效利用；基本摸清了晋陕蒙甘青宁新等煤炭资源大省（自治区）的液化用煤、气化用煤、焦化用煤等特殊用煤资源家底，为管理部门及煤化工企业特殊用煤开发利用规划提供决策依据，为国家基础能源安全战略提供保障。

（四）四次煤炭地质勘查理念创新，建立勘查技术新体系

中华人民共和国成立以来，煤炭地质勘查理论和勘查技术经历了四次飞跃，从最初的以煤炭资源勘查为主的"煤田地质勘查"逐步发展成为以煤炭、煤层气为主的"煤炭地质综合勘查"，并建立了中国煤炭资源综合勘查新体系。

近年来，在综合勘查技术的基础上，针对煤系地层共伴生矿产资源种类多、分布广的特点，逐步确立了煤炭与煤层气、煤铀兼探、煤水共探共采等多资源协同勘查的理念。协同勘查是综合勘查的进一步发展，由以单资源为主发展为多资源勘查，通过多种先进的勘查技术手段的协同运用实现对多目标的勘查。协同勘查既注重多种先进勘查技术的综合应用，更强调煤系地层中多种能源与其他共伴生矿产资源的综合勘查、一体化评价与共同开发地质研究。

进入新时代，根据国家战略需求演变下的生态地质勘查发展需求，提出了煤炭生态地质勘查，这是在协同勘查理念的基础上又一次技术理念的提升，进一步考虑了环境约束条件特别是生态环境信息的问题，同时吸收大数据、人工智能等技术理念，实现勘查工作的精准化、综合化、绿色化，以及信息的多维化。

3.2.2 煤系多资源勘查成效显著

（一）煤层气资源勘查评价

煤层气（煤矿瓦斯）是赋存在煤层及煤系地层的烃类气体，主要成分是甲烷，是一种与煤炭共伴生的非常规天然气，是优质清洁能源。加快煤层气开发利用，对增加我国清洁能源供应，优化能源结构，保障煤矿安全生产，减少温室气体排放，建设美丽中国都具有重要意义。

我国煤层气资源丰富，不同时期、不同单位进行的评价结果不尽一致（表 3.5）。最近的两次评价变化幅度不大，煤层气总资源量均超过 30 万亿立方米。2005~2006 年新一轮全国煤层气资源评价结果表明，我国埋深 2000 米以浅的煤层气地质资源储量为 36.81 万亿立方米，地质资源丰度为 0.98 亿米^3/千米^2；埋深 1500 米以浅的煤层气地质资源储量为 10.87 万亿立方米。主要分布在晋陕蒙、云贵川、新疆和冀豫皖四大地区。"十二五"期间，国土资源部组织的煤层气资源动态评价所采用的方法、参数基本一致，不同的是含气区带评价到 123 个，比新一轮煤层气资源评价多了 9 个，与此同时，资料也要比前一次丰富一些。评价结果表明，全国 2000 米以浅含煤面积约 40 万平方千米，煤层气总资源量约为 30 万亿立方米，可采资源量约为 12.50 万亿立方米，煤层气资源丰度约为 0.76 亿米^3/千米^2。

表 3.5　历次全国煤层气资源量估算值

评价机构	年份	资源量/万亿立方米	说　明
地矿部石油地质研究所	1985	17.93	无
原焦作矿业学院	1987	31.92	全国所有可采煤层
煤炭科学研究总院西安分院，原淮南矿业学院，中国矿业大学	1990	32.15	全国所有可采煤层
煤炭科学研究总院西安分院	1991	30.00~35.00	未包括褐煤、藏粤闽台地区煤层
中国统配煤矿总公司	1992	24.75	可采煤层中可回收的资源量
地质矿产部石油地质综合大队	1992	36.30	可采资源量 18.15 万亿立方米
中国煤炭地质总局	1999	14.34	含气量大于 4 米^3/吨、埋藏 2000 米以浅的可采煤层
中国石油勘探开发研究院廊坊分院	1999	25.00	未包括褐煤
中联煤层气有限责任公司	2000	31.46	未包括褐煤、藏粤闽台地区煤层
原国土资源部	2006	36.80	新一轮煤层气资源评价
原国土资源部油气资源战略研究中心	2015	30.00	煤层气资源动态评价

从 2000 年开始，在我国油气储量通报中出现了煤层气的储量。2000 年的煤层气地质储量为 671 亿立方米，技术可采储量是 293 亿立方米，采收率是 43.7%；2001~2006 年煤层气地质储量无变化，都是 1023 亿立方米，2007 年以前没有经济可采储量；2007 年以后，煤层气的地质储量快速增长，特别是 2010~2012 年，每年净增的地质储量都在 1000 亿立方米以上（图 3.2 和表 3.6）。煤层气的采收率也呈逐年上升的趋势，技术可采的采收率从 2007 年的 46.3%增长到 2012 年的 50.3%。到 2014 年，全国累计煤层气探明地质储量达 6266 亿立方米，技术可采储量 3154 亿立方米，经济可采储量 2598 亿立方米。2000~2014 年，全国年均探明煤层气地质储量 399.64 亿立方米。储量分布集中，已探明的煤层气探明地质储量主要分布在沁水盆地和鄂尔多斯盆地，分别占 73.9%、23.5%；从省份分布来看，探明的煤层气地质储量主要分布在山西省，其次为陕西，辽宁和安徽较少，分别占 90.1%、8.3%、1.0%和 0.6%。

煤层气资源的勘查突破为煤层气开发奠定了良好的资源基础，支撑了沁水盆地、鄂尔多斯盆地东缘两大煤层气产业基地和的建设，在阜康建成了年产3000万立方米的工业开发示范区，实现了低煤阶储层煤层气开发的突破。2015年，全国地面抽采煤层气量达到44.00亿立方米、利用量37.99亿立方米；煤矿瓦斯抽采量144.54亿立方米、利用量47.99亿立方米，分别占全国的41.65%和46.46%。

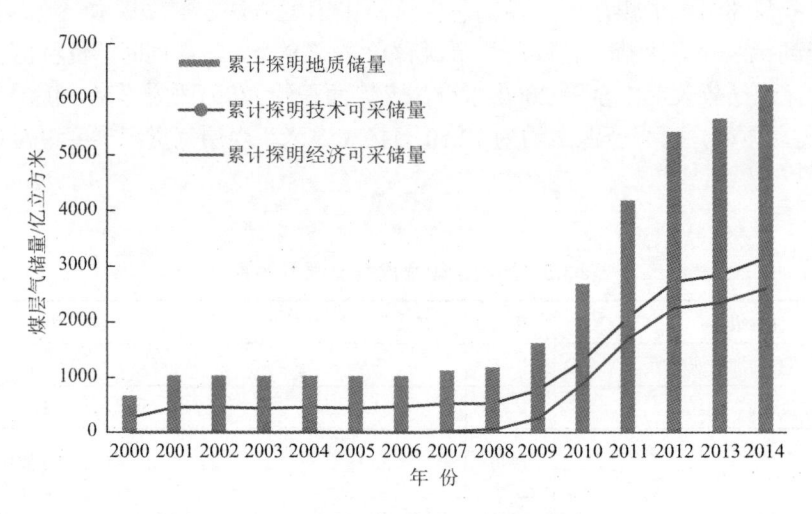

图 3.2　2000~2014 年我国煤层气储量变化图

表 3.6　全国历年煤层气储量变化表

年份	累计探明地质储量/亿立方米	累计探明技术可采储量/亿立方米	累计探明经济可采储量/亿立方米
2000	671	293	0
2001	1023	470	0
2002	1023	470	0
2003	1023	470	0
2004	1023	470	0
2005	1023	470	0
2006	1023	470	0
2007	1130	523	38
2008	1181	548	60
2009	1619	770	244
2010	2676	1299	881
2011	4176	2096	1686
2012	5429	2731	2229
2013	5664	2849	2336
2014	6266	3154	2598

(二) 陆域天然气水合物评价研究

2008年11月，我国在青海祁连山首次钻获了陆域天然气水合物实物样品（曹代勇等，2009），成为世界上第一个在中低纬度发现天然气水合物的国家，估算陆域水合物远景资源量为350亿吨油当量，随着科技的进步，将有望在未来为我国提供充足洁净的能源保障。

(三) 煤中铀资源勘查评价

含煤岩系是一套含有煤层并有成因联系的沉积岩系，除煤层自身之外，还赋存或共伴生不同相态的多种矿产资源，包括气态的煤层气、页岩气、致密砂岩气；液态形式的煤成油；固态形式的沉积型铀矿、油页岩、铝土矿，分散在煤系或煤层中的镓、锗等金属矿床，煤经历高构造-热作用形成的隐晶质石墨，以及在特定条件下存在的特殊固态形式的天然气水合物等。这些有机和无机、金属与非金属矿产同盆共存，构成一个资源丰富、类型多样、相对独立、又具有不同程度成因联系与耦合关系的成矿环境和矿产赋存单元。在以往的煤炭勘查中，铀元素主要是作为煤炭中的有害元素来测定和评价的，铀矿作为共伴生的资源未引起足够重视。近年来，我国在华北和西北地区的勘探煤炭资源过程中，在煤系中相继发现铀矿资源赋存，开辟了在煤系找铀矿资源的新路径，成果显著。具体来讲，随着可地浸砂岩型铀矿开发利用技术的日益成熟，铀矿作为煤系共伴生矿产成为重要的勘查对象。针对勘查目的不同，形成了两种不同的研究方法：煤铀兼探，即在进行煤炭资源勘查的过程中，利用煤炭钻孔进行放射性测井，对相关层位的岩心进行放射性编录，同步进行铀矿资源的评价、验证。以煤中铀为目标的勘查评价，通过原有煤炭测井资料的二次分析，优选成矿远景区，开展钻孔验证，圈定找矿靶区，评价资源量。十多年来，煤炭地质勘查单位组织实施了近三十项铀矿调查项目，在内蒙古、吉林、青海、新疆中生代含煤盆地，以及广西、广东等含煤盆地中开展铀矿找矿工作，取得了丰硕的找矿成果。在内蒙古东胜除发现510亿吨的煤炭资源量外，铀矿综合评价也获得重大的进展，发现了目前国内最具找矿前景的可地浸砂岩型铀矿——大营铀矿，新疆富蕴县喀木斯特发现大型铀矿床找矿靶区1处，潜在资源丰富；内蒙古恩格日音一带发现潜在大型铀矿矿床1处；青海冷湖-绿草山地区推断冷湖三号构造带内铀矿层赋存面积可达15平方千米，潜在铀矿孔所控制的赋矿面积已达6平方千米。这些找矿突破成果对我国立足国内铀资源供应，提高核电发展资源保障能力有重大意义。

(四) 煤矿区水资源勘查

煤炭资源开采和利用离不开水资源，没有水资源作为保障，煤炭资源就无法进行开发利用，就成了无效资源。开展煤矿区供水水文地质勘查，寻找可供开发利用的水资源，保障煤炭基地的顺利建设和使用成为煤炭地质勘查工作的一项重要任务。中华人民共和国成立以来煤炭地质勘查单位在多个矿区开展了供水水文地质勘查工作，取得了较好的勘查评价效果，解决了许多煤矿矿区的供水问题，有力地支撑了我国煤炭工业的发展。在准格尔、义马、大同、平朔、阳泉、潞安等缺水矿区找到了较丰富的地下水，缓解了这些矿区的供水问题。在内蒙古准格尔煤田，打破前人"贫水，无供水前景"的论证，建成两个水源地，为准格尔煤炭基地发展解决了关键性的难题——水的问题，使矿区提前五年建成。在山西平朔矿区，发现了 3 个优质的岩溶地下水源地，为第一个中外合资建设的露天矿提供了水资源。在山西潞安矿区施工钻井 50 多眼，建立了多个优质岩溶地下水水源地，为缺水的山西潞安矿业（集团）有限责任公司解决了用水难题。山西阳泉矿区寿阳区供水勘查，建立了中国第一个超深水位（水位大于 500 米）优质岩溶地下水水源地，并开发出优质矿泉水，填补了我国超深水位岩溶区无抽水成果的空白。在鄂尔多斯盆地查明地下水可采资源量为每年 50.23 亿立方米，圈定的 103 处远景水源地或富水地段可供开发利用，为陕北、宁东、陇东和内蒙古能源化工基地的建设提供了水源保障。在新疆大南湖矿区发现侏罗系西山窑组含水层具有 4.39 亿立方米地下水静储量；新疆柯尔碱矿区第四系松散含水层地下水天然补给量 2200 万米^3/年，地下水 D 级允许开采量 930 万米^3/年。新疆三塘湖矿区侏罗系砂岩含水层，预计开采条件下矿井正常涌水量为 455.52 万米^3/年，可通过煤水共采方式转化为水资源量。

3.2.3 煤炭开采精准地质保障

影响煤炭开采的地质因素很多，主要包括矿井小构造、瓦斯、矿井地下水、煤层顶底板等。煤炭开采精准地质保障对于煤矿安全高效生产至关重要。

我国煤炭（田）地质工作者经过几十年的研究与实践，煤矿安全高效开发地质保障技术取得重要进展，为我国煤矿安全生产水平大幅度提升做出了重大贡献。百万吨死亡率从 2004 年的 3.08，降到 2018 年的 0.093，首次降至 0.1 以下，煤矿安全生产创历史最好水平，达到世界产煤中等发达国家水平。

采区小构造高分辨率三维地震勘探技术研究和应用取得了突破性进展。在条件好的地区能查明断层断距大于 5 米乃至 3 米的小断层，褶曲幅度大于 5 米的小褶曲和直径大于 20 米的陷落柱，突破了国际上煤炭三维地震勘探精度只能查清 500 米深度断距大于 8 米断层的技术记录，为煤炭开采提供了更为精细的地质保障。

煤矿矿井水的探测与防治水技术和装备不断创新和完善。以大电流瞬变电磁技术、高分辨率槽波地震透视技术等为代表的地球物理勘探技术在井下的成功应用，实现了富水区、含水构造、老空区/采空积水区等隐蔽致灾地质因素的超前探测和精准探测。针对高承压水对煤矿开采的威胁，总结归纳了带压开采理论和方法，以指导奥陶系石灰岩岩溶地下水水害防治。研究形成了顶底板水害治理技术：顶板水害治理一般采用疏干或预疏放技术方案，底板水害治理一般采用注浆加固与改造技术，经实践证实，治水效果明显。

瓦斯抽采利用技术和装备不断完善。煤矿瓦斯灾害防治关键技术在于及时有效的瓦斯抽采。瓦斯抽采技术主要有三种：地面预抽采技术、采动区地面抽采技术、井下抽采技术。地面预抽采技术主要集中于地面高效钻完井技术、多分支定向钻进技术和高效压裂技术，但针对松软煤层压裂效果不如预期。采动区地面抽采技术逐渐成熟，形成了集采动稳定区煤层气资源评估、采动影响区地面井布井位置优选、地面抽采及安全监控等关键核心技术于一体的煤矿采动区地面抽采成套技术，基本解决了煤矿采动区地面井错断、抽采效果差的难题。井下抽采技术在井下瓦斯抽采提浓增效成套技术方面取得了突破，但整体还处于不断研究阶段。

3.3 煤炭地质勘查在国家能源资源安全保障中的新使命

党的十九大确立了习近平新时代中国特色社会主义思想，开启了全面建设社会主义现代化国家新征程。新时代对地质工作基础性先行性作用发挥的要求也更为迫切，地质工作要在保障国家能源资源安全和生态文明建设两方面发力，即要在生态保护刚性约束不断加强的情况下，不断增强对国家能源资源安全的保障能力。煤炭地质勘查系统作为国内规模最大、综合技术能力最强的地勘队伍，面对新时代新使命，在保障国家能源资源安全中必须积极担当、主动作为。

3.3.1 加大资源勘查力度，提高主体能源保障水平

（一）我国煤炭资源总量较大，但精细勘查程度仍然偏低、储采比低

我国煤炭资源丰富，根据中国煤炭地质总局提供的数据，截至 2015 年年底，全国 2000 米以浅煤炭资源总量 5.90 万亿吨，累计探获资源量 2.58 万亿吨，预测资源量 3.32 万亿吨，保有资源储量为 1.96 万亿吨，其中尚未利用资源量 1.82 万亿吨。尚未利用资源量中勘探 0.40 万亿吨，占比 21.98%；详查 0.46 万亿吨，占比 25.27%；普查 0.51 万亿吨，占比 28.02%；预查 0.45 万亿吨，占比 24.73%。详查+勘探级别资源量仅占保有尚未利用资源量的 47.25%，表明我国煤炭资源勘查程度总体仍处于较低水平，亟待提升资源勘查级别和资源精度。

据 BP 统计，我国剩余技术可采储量 0.13 万亿吨，占全球的 13.4%，排名第四位，储采比为 39 年，远低于世界 134 年的平均水平（《BP 世界能源统计年鉴 2018 年》）。如果再结合考虑我国一直较低的回采率，储采比将会更低。另外，2013~2016 年，煤炭查明资源储量增长幅度呈逐年下降的趋势，由 2013 年的 10.7%降至 2016 年的 2%，2017 年有所增长，为 4.3%，后备经济可采储量相当紧张。表明我国资源形势不容盲目乐观，煤炭资源保障程度仍需加强。

（二）煤炭资源分布与资源利用率不均衡

我国煤炭资源分布不均衡，保有资源量分布与社会经济发展水平基本成逆相关，经济

发达、能源需求量大的东南部地区，资源严重匮乏，其中浙江、福建、江西、湖北、湖南、广东、广西、海南八省（自治区）的保有煤炭资源总量仅占全国总量的 0.5%，广东、浙江、福建、天津等沿海省（直辖市）几乎无煤炭资源分布。而资源丰富的地区，多是经济相对不发达的边远省区，主要包括新疆北部、山西、陕西、内蒙古和宁夏，占全国保有资源总量的 83.7%。

资源利用率不均衡。东部利用率很高，浅部资源大多已经利用，尚未利用的主要分布在安徽、河南、黑龙江、河北、山东五省，其他省（自治区、直辖市）资源量大多分布零星，基本难以单独建井，有的仅供矿井延伸使用，深部找煤成为必然。

（三）加大煤炭资源勘查力度，保障国家能源战略的顺利实施

《煤炭工业发展"十三五"规划》提出了"压缩东部、限制中部和东北、优化西部"的全国煤炭开发总体布局，但东部、东北部煤炭开发利用率较高，浅部开采条件较好的煤炭资源所剩无几，需大力加强东部深部资源勘查，寻找可供开发的新的后备资源。加大中西部的勘查力度，特别是着力提高资源勘查级别和资源精度，为国家能源战略西移提供资源保障。

3.3.2 加强绿色资源勘查，保障煤炭清洁利用

中国工程院相关课题研究认为，煤炭引发的各种社会和环境问题并非煤炭本身的问题，而是因为没有利用好煤炭。煤炭本身是清洁能源，煤炭行业需要进行自身革命，通过开展绿色煤炭资源勘探，发现优质的煤炭资源；开展煤炭地质绿色勘查工作，提高煤炭及煤系资源的开采和生态环境保护，走清洁化高效利用之路。

加大绿色煤炭资源的勘查评价，提高我国绿色煤炭资源的保障程度。我国经济可采的绿色煤炭资源储量仅为 445.34 亿吨（王佟等，2017），按照目前我国的能源需求和煤炭资源回收状况，绿色煤炭资源可采年限不容乐观。新时代应加强煤炭地质基础理论研究，提高绿色煤炭资源的总量和勘查质量。深化中东部找煤理论和技术创新，圈定新的绿色煤炭资源预测区，加大对资源枯竭的危机矿山外围绿色资源综合找矿工作。同时加强西部聚煤盆地地质系统研究和煤炭、水、煤层气资源综合勘查评价。开展盆地绿色煤炭资源聚集和赋存的系统研究，评价煤炭、煤层气、天然气水合物等多能源矿产资源和煤系"三稀"共伴生金属矿产资源。

3.3.3 推进煤系气资源勘查，提高天然气自给能力

（一）煤系气资源勘查开发的必要性

我国煤系地层分布广、厚度大，多数煤系地层不仅赋存有大量的煤炭资源，还共伴生丰富的煤系气资源和其他有益元素。煤系气是由整个煤系中的烃源岩母质在生物化学及物

理化学煤化作用过程中演化生成的全部天然气,包括赋存在煤系泥/页岩中的页岩气、煤层中的煤层气、"煤型气源"天然气水合物和致密砂岩气(王佟等,2014)。

面对我国石油资源相对贫乏,煤炭生产存在"天花板",天然气供给不足,煤矿瓦斯事故仍时有发生的现状,充分发挥煤系气等煤系共伴生资源优势,对于降低我国天然气的对外依存度,改善我国能源结构,建设美丽中国意义重大。

煤矿瓦斯事故仍时有发生,需要进一步保障安全生产。尽管我国 2017 年的煤矿生产百万吨死亡率已从历史最高的 5.1 降至 0.106,进步巨大,但是与西方煤炭生产国的百万吨死亡率 0.01 对比,仍有十倍的差距。瓦斯是煤的共伴生矿产,在有煤炭的地方,必然存在瓦斯气体。据有关专家估算,若在采煤之前,先行开采伴生其间的煤层气(煤系气),不仅可以把煤矿瓦斯爆炸率降低 70%~85%,从根本上提高煤矿安全环境,而且可以获得一种清洁而丰富的煤系气能源,产生巨大经济价值。充分利用煤系非常规天然气资源,做好煤矿瓦斯治理及改善工作,对于减少煤矿瓦斯事故意义重大。

(二)我国煤系气资源潜力巨大,但亟须加大勘查开发力度

据中国煤炭地质总局初步估算,我国煤系气资源量约 80 万亿立方米,与常规天然气资源量(90.3 万亿立方米)相当,开发潜力巨大。

我国煤层气资源丰富,埋深 2000 米以浅的煤层气地质资源量约 30.05 万亿立方米,可采资源量约 12.5 万亿立方米。但煤层气探明率低且增长放缓。截至 2017 年年底,全国累计煤层气探明地质储量达 6932 亿立方米(图 3.3)。从 2013 年开始,新增探明地质储量增长明显放缓,煤层气开发区块面临后继乏力的窘境。因此,加强地质研究,完善煤层气储层评价理论与技术,增加煤层气地质储量,寻找更多煤层气开发优质区块,是中国煤层气产业可持续发展的必由之路。

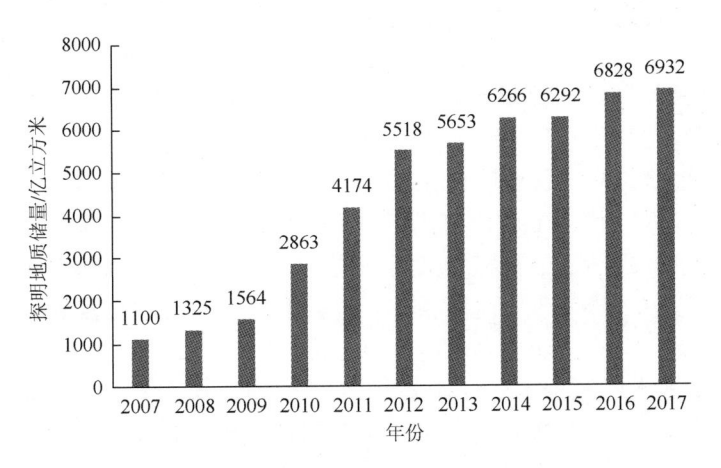

图 3.3 2007~2017 年我国煤层气探明地质储量变化图

全国页岩气资源量约为 30 万亿立方米,尽管勘查评价起步晚,但进展很快。截至 2017

年年底，全国累计探明地质储量 9168 亿立方米，远超煤层气。但增长主要集中在南方海相地层中，集中在四川盆地及周边，其他地区及陆相、海陆交互相地层尚没有取得大的突破。煤系碳质泥页岩在华北、华南地区和塔里木盆地广泛分布、有机碳含量高、有机质类型以Ⅲ型干酪根为主，热演化程度适中，处于生气阶段，部分处于生气高峰期。因此，煤系页岩气会成为中国页岩气勘探开发的重要领域。

我国致密砂岩气资源量主要分布在陆上含煤系地层的沉积盆地中，共有致密砂岩气地质资源量 17.0 万亿～23.9 万亿立方米，技术可采资源量 8.1 万亿～11.4 万亿立方米，均占全国致密砂岩气资源总量的 86% 左右（张国生等，2012）。2017 年我国致密砂岩气探明储量为 3.8 万亿立方米，探明率较高。我国致密砂岩气在多个含煤盆地获得突破，形成了鄂尔多斯上古生界、四川盆地须家河、塔里木库车大北—克深三大气区，已进入规模开发利用阶段。

煤系气（煤层气、页岩气、致密砂岩气）具有很好的"共生共存基础"。在煤系地层层序中煤岩层、泥页岩层、砂岩层重复交替出现，可形成多套"生储盖组合"，是各类气藏形成的关键。煤系地层中的烃源岩种类多，垂向上旋回性强，使得煤系地层烃源岩生气范围广，烃类气体成因多样，生气潜力大，生气量多。根据气藏合层开采经验，把煤系地层视作一个整体，综合勘探开发煤层气、页岩气、致密砂岩气不仅可以减少勘探开发成本，增大非常规天然气总储量和技术可采资源量，还可以提高气井使用效率和单井利润。煤系气共生共探与共采受到我国天然气行业的高度关注，勘探与开发试验已经取得了一定的成效。但整体而言，对煤系气资源的认识还较薄弱，资源勘探开发程度也都比较低，仅部分地区、部分地层取得突破，在其研究、勘探和开发过程中仍有许多问题需要克服，如煤系岩性分布特征、不同类型煤系气储层特征、煤系气含气性特征、煤系气成藏机理和成藏过程、煤系气共探共采理论与技术等。因此，需要进一步加大对煤系气的地质研究和勘探开发技术攻关，寻找可供工业开发的煤系气，实现煤系非常规天然气资源的有效利用。

3.3.4 坚持煤水资源共探，促进资源科学利用

我国煤炭资源特别是绿色煤炭资源的分布与水资源呈逆向分布。我国北方地区的煤炭资源占我国煤炭总体资源的 90%，但是水资源总量却仅占全国的 30%，山西、陕西、内蒙古、宁夏等地区煤炭资源量占全国的 68%，而地下水资源量仅占全国的 6.87%。我国 14 个大型煤炭基地中有 11 个分布在干旱半干旱地区，绿色煤炭资源主要集中分布于山西、陕西、内蒙古西部、宁夏和新疆北部地区，水资源成为制约煤炭资源开发的重要因素。据预测，到 2020 年，除新疆外的 13 个大型煤炭基地部分规划矿区总需水量保守估计为 608.14 万米^3/天，扣除现供水能力每天需（缺）水约为 404.14 万米^3/天（孙文洁，2012）。除云贵基地水资源丰富外，其余 12 个基地均缺水。考虑到矿区矿井水的加强利用和有的矿区洗煤厂、电厂等建设用水规划利用地表水解决，至 2020 年上述规划矿区共计需要勘查寻找新的地下水 150.48 万米^3/天。新疆大型煤炭基地作为国家第十四个大型煤炭基地，是我国煤炭生产力西移的重要承接区，由吐哈、准噶尔、伊犁、库拜四大区组成。截至 2012 年年底，基地内保有查明资源储量 3124 亿吨。新疆大型煤炭基地的

煤炭资源富集于吐哈矿区，其地表水、地下水资源较贫乏，现需求远大于供给，需进一步落实供水水源和水量。

面对大型煤炭基地水资源匮乏的现实环境，深入研究富煤少水矿区的水资源状况，加大中西部地区大型煤炭基地的供水水文地质勘查，寻找可靠的地下水资源，是新时代煤炭地质勘查工作的一项重要任务。

3.3.5 提高矿山地质精准勘查能力，支撑智能开采

2018年我国煤矿安全生产创历史最好水平，百万吨死亡率首次降至0.1以下，为0.093，达到世界产煤中等发达国家水平，但与先进产煤国家相比（美国0.03，澳大利亚仅为0.014）还存在较大的差距。随着煤炭开采规模的增大、开采强度的提高和开采深度的增加，煤炭生产对开采地质条件的查明程度提出了更高更新的要求，需要研发更高水平、更高精度、更灵敏的煤炭开采的地质安全保障理论、技术和装备。

煤炭开采带来一系列生态问题。土地资源被破坏，据测算，我国每采万吨煤，平均塌陷土地0.2公顷；地下水资源被破坏，加剧缺水地区的供水紧张及生态环境恶化；产生大量煤矸石，产出量很大，其排放量占煤矿原煤产量的15%～20%，不但占据大量土地资源，还产生大量的废水和有毒气体，污染环境。生态环境问题正在成为影响煤炭工业可持续发展的重要问题，开展煤矿区生态环境治理成为当务之急。

3.3.6 拓展资源勘查领域，提升能源保障能力

随着国家推动化石能源清洁利用、提高能源领域绿色低碳发展质量及水平的背景下，我国非化石能源发电规模逐渐扩大。非化石能源发电在技术、成本等领域还有许多问题需要解决，水电受地理、自然条件限制较大，发展空间有限；风电、光伏受技术、成本与自然因素制约；核电发展的前提依然是要解决安全及技术问题。地热能作为可提供长期基础荷载的能源，具有更加绿色、高效、安全的属性。近年来，煤炭地质系统在地热能资源勘查和开发利用方面开展了大量的工作，认为地热能是目前我国非化石能源替代化石能源中最现实可行、最具开发潜力的资源。

地热能划分为浅层地温能、水热型地热能和干热岩型地热能资源，中国是世界上地热资源储量极大的国家之一，资源总量相当于869万亿吨标准煤。目前，地热能资源开发利用正以平均每年12%的速度增长，但与丰富的地热能资源总量相比，其开发利用尚未达到规模，我国每年开发的地热能不到年可利用量的千分之五，进一步开发利用和替代燃煤的潜力巨大。

干热岩是埋藏于地下深处，温度大于150℃，不含或含少量流体的致密不渗透的高温热岩体，主要为变质岩或结晶岩类岩体。干热岩型地热能资源埋藏浅，温度在150℃以上，热能赋存于岩石中，被认为是极具战略潜力的替代性清洁能源。我国干热岩型地热能资源占总地热能资源量的99%以上，初步估算中国埋深3～10千米范围内的干热岩型地热能资源量相当于860万亿吨标准煤，按2%的可开采资源量计算，相当于中国目前能源消耗

总量的 5200 倍。可见干热岩型地热能资源潜力巨大，在我国的能源革命中干热岩型地热能资源开发利用具有的重要意义。干热岩型地热能的主要作用是发电，随着化石能源的日益紧缺，干热岩型地热能资源的开采是对我国目前能源结构的一个重要补充。干热岩型地热能发电技术可大幅降低温室效应和酸雨对环境的影响，且不受季节、气候制约，利用干热岩型地热能发电的成本仅为风力发电的一半，只有太阳能发电的十分之一，未来的应用前景十分广阔。

我国东南沿海地区、松辽平原、华北平原和青藏高原地区是将来勘查开发干热岩型地热能的有潜力地区，特别是青藏高原南部，资源量巨大且温度最高。目前，我国已在青海共和盆地钻获高温优质干热岩体，圈定出 18 处干热岩型地热能资源远景区，总面积达 3092 平方千米，相当于 6300 亿吨标准煤，开采前景十分广阔。

参 考 文 献

曹代勇，刘天绩，王丹，等.2009. 青海木里地区天然气水合物形成条件分析. 中国煤炭地质，(9)：11-14.
方圆，张万益，曹佳文，等.2018. 我国能源资源现状与发展趋势. 矿产保护与利用，(4)：34-42.
孙文洁.2012. 煤矿开发对水环境破坏机理和评价及修复治理模式. 北京：中国矿业大学.
王佟，王庆伟，傅雪海.2014. 煤系非常规天然气的系统研究及其意义. 煤田地质与勘探，42（1）：24-27.
王佟，张博，王庆伟，等.2017. 中国绿色煤炭资源概念和内涵及评价. 煤田地质与勘探，45（1）：1-8.
张国生，赵文智，杨涛，等.2012. 我国致密砂岩气资源潜力、分布与未来发展地位. 中国工程科学，14（6）：87-93.
庄逸峰，贾正源.2008. 我国太阳能开发利用现状及建议. 科技和产业，(9)：7-8.
邹才能，杨智，朱如凯，等.2015. 中国非常规油气勘探开发与理论技术进展. 地质学报，89（6）：3-31.

4 煤炭地质勘查在推进"绿水青山"发展理念中的新担当

摘要：本章以"绿水青山"发展理念为背景，研究了新发展理念下煤炭地质勘查工作的时代要求。总结了新发展理念下煤炭地质"绿色勘查、精准勘查、数据勘查、智慧勘查"的勘查定位，提出了煤炭地质勘查需服务于矿井"全生命周期"勘查思维方式，煤炭地质勘查成果能够保障与支撑煤炭开发"近零损害"生态环境保护目标，勘查成果精度能够满足建立"透明矿井"技术要求，以及煤炭地质勘查应发展成为"绿色煤炭"资源勘查、煤系共伴生资源综合勘查评价。详细叙述了煤炭开采过程中矿井瓦斯排放、矿井水污染、采煤沉陷、煤矸石堆放、煤炭自燃等生态环境问题，系统梳理了煤矿瓦斯（煤层气）抽采、矿井水治理与资源化利用、采煤沉陷治理、矸石减排与综合利用、煤火探测与防治等解决煤矿环境生态问题的技术方法与手段。

生态环境是人类生存和发展的根基，生态环境变化直接影响文明兴衰演替。"绿水青山"发展理念的核心是生态环境问题，"美丽中国"作为我国建设生态文明的宏伟目标，建设离不开洁净能源。我国是一个以煤炭为主体能源和重要工业原料的发展中国家，我国煤炭在一次能源结构中将长期占主导地位，未来相当长时间内煤炭资源依旧是安全性最好、保障程度最高、供应最稳定的能源。但是，煤炭的粗放式开发、低能效利用等问题未得到根本解决，"黑色煤炭"向着"绿色煤炭"的转化问题仍然是近期迫切需要解决的难题。

4.1 新发展理念对煤炭地质勘查工作要求

"绿水青山"发展理念下煤炭地质勘查的"绿色"需求推动着勘查技术手段与勘查理念革新，将"绿色"的勘查理念与先进的勘查技术手段结合起来，统筹解决煤系、煤盆地内矿产协同的勘查与开发，以及在煤矿区地质灾害防治、矿山环境恢复等问题，做到煤炭资源绿色勘查、绿色开发、绿色利用、恢复绿色（潘树仁等，2018）。

4.1.1 新发展理念下煤炭地质勘查定位

新发展理念下需大力推进煤炭清洁高效利用，坚持绿色开发与清洁利用相结合，推动绿色发展，形成集约、安全、高效、绿色的现代煤炭工业体系。煤炭地质勘查作为贯穿整个煤炭产业开发全过程的基础性与重要性地质工作，实现煤炭地质勘查向"绿色勘查、精准勘查、数据勘查、智慧勘查"过渡，成为"绿水青山"发展理念下煤炭地质勘查基本诉求，也是煤炭地质勘查工作新定位。

（一）绿色勘查

据统计，2012年中国地质勘查投入510.1亿元，2012年后地质勘查进入调整下行阶段，到2017年降至198.36亿元，年均下降17%。2018年上半年全国地质勘查投入资金74.79亿元。其中，煤炭勘查投入从2007年的68.19亿元增加到2012年的121.91亿元。2013年开始，勘查投入减少，到2017年，煤炭勘查投入降至16.21亿元。煤炭钻探工作量的峰值为2011年煤炭钻探进尺987.76万米，2007年为588.6万米，后期逐步下降至2017年的96万米。总体上看，自2006年以来，平均每年约100亿地质勘查投入，约20亿元为煤炭勘查投入，每年煤炭勘查钻探平均100万米以上（中国地质调查局，2017）。大量地质勘查工作开展过程中槽探、钻探、坑探等勘查工程对环境产生不同程度破坏与扰动，其中钻探每百米产生岩屑约2.5吨，如鄂尔多斯市范围，每年中石油、中石化施工约2000口钻孔，其中单个钻孔进尺约3000米，每孔产生岩屑约800立方米，岩粉液约为1000立方米；同时，施工过程中泥浆、示踪剂、油污等化学物质及人类活动产生生活垃圾对环境的污染，成为制约煤炭地质勘查的主要问题。"绿色勘查"理念在国外已经深入人心，在澳大利亚等矿业发达的国家对地质勘查加设环境行政许可，其目的是提高环境的准入门槛，约束地质勘查过程中的环境行为（马骋，2019）。1998年昆士兰州出台的《环境保护法规》将地质勘查认定为对环境危害风险较高的活动，并专门设定了标准地质勘查项目评价标准。然而，地质勘查引发的环境问题在国内刚刚引起足够关注，我国煤炭地质"绿色勘查"亟待开展，绿色勘查标准体系亟待建立。

新时代的煤炭地质勘查需以"绿水青山就是金山银山""创新、协调、绿色、开放、共享"的绿色发展理念为指导，综合考虑勘查区生态特征、环境承载，勘查成本、勘查强度，合理选择当下节约、成熟、高效的勘查技术，开展煤系多矿种协同勘查、评价。评价勘查区环境承载力，充分考虑勘查对环境的影响，最大限度降低勘查工作对勘查区生态环境的扰动，最大程度地降低勘查工作成本投入及勘查人员劳动强度，以最少的成本取得预期的勘查目标与成果。推进煤炭资源绿色勘查包含煤炭资源勘查、开发过程中开展的补充性勘查与评价，以及对未知煤炭资源进行高效、科学、节约找矿工作。在绿色、高效、节约中最大程度保障勘查成果。

在勘查过程中，协同布置各项勘查工程，勘查技术互补，保证投入最少的工程，取得最多的成果。注重勘查区区域成矿背景分析与研究，通过对地层、构造、沉积特征及聚煤规律研究，做到有目的地选择工作手段，保证勘查技术经济合理。勘查过程中环境扰动与环境修复同时推进，保障绿色勘查对环境近零污染与可控扰动。在满足环保要求、技术经济合理的条件下，最大限度降低环境扰动，最大限度修复环境。

当下，我国国家层面的绿色勘查标准规范体系尚未完善。绿色勘查理念的引入导致勘查直接成本增加，并且存在缺少系统的绿色勘查技术创新、新技术装备研发不足、先进理念总结推广不够等问题，中国煤炭地质总局将担当使命，奋勇开拓。

（二）精准勘查

我国煤炭地质勘查通过 60 多年的勘查实践，已建立了一整套针对不同地形、地物条件的地质填图、山地工程、遥感、物探、钻探、化验测试等勘查技术体系；具有科学布置各项勘探工程，综合分析研究各类地质信息，编制数字化煤炭地质勘查报告的先进的煤炭地质综合勘查技术体系；总结出了一整套针对与我国特殊煤炭地质条件的煤炭地质综合勘探理论和方法；并且建立了以《煤、泥炭地质勘查规范》（DZ/T 0215—2002）为核心，以地质填图、遥感、地震、电法、钻探、测井、水文地质、煤质评价等其他专业规范为补充的煤炭地质勘查标准化体系。

煤炭地质勘查工作方面，以中国煤炭地质总局为代表的地质勘查队伍，逐步建立了服务于煤矿"全生命周期"的地质条件探测与灾害防治技术体系。例如，地-井-巷联合精细探查技术广泛应用于探查小断层、多层含水层的富水性，在潞安集团司马煤矿导水断层精细探测工程中，探查了断距 5 米的安城断层的共伴生断层。老空区积水精细探测综合技术应用于山西大同塔山煤矿三盘区风井疏放侏罗系采空区积水钻探工程，圈出 8301 工作面，施工探放水钻孔，查明老窑积水范围及积水量。倾斜多煤层水平开采综合勘探技术应用于黑龙江鹤岗矿区水文地质补充勘探工程，探测导水裂缝带高度与顶板突水危险性预测，以及应用于潞安集团孟家窑煤层顶板危险性评价。瞬变电磁超前探测技术应用于内蒙古鄂尔多斯白云乌素煤矿，探明了 1806 工作面内顶底板 4 个富水异常区域的水文地质情况。预防顶板松散层突水溃沙固沙技术应用于陕西石圪台煤矿 22303 工作面松散层注浆，对基岩厚度小于 41.3 米的富水区进行注浆加固，达到顶板加固、防止溃水、溃沙，工作面安全回采的目的。

当下，煤炭地质勘查依旧存在诸多问题，需不断进行技术攻关。例如，覆盖区地质综合填图、砾岩冲击层区三维物探及快速钻探、落差小于 2 米的断层等微小断层探测等技术还不完善，极大限制煤矿地质灾害的防治。

新时代煤炭勘查应从提高地质条件探测精度方面深入研究，以高精度的地质条件为基础，结合先进的灾害防治理论与方法，保障煤炭矿井"全生命周期"的开采安全。通过提升勘查技术手段、研发与运用高新勘查设备，集合新的成矿理论、资源评价方法，保障勘查成果满足矿井设计、建设、开采需求，为"透明矿井"建设提供有效支撑。精准勘查诉求主要表现在以下几个方面：一是精准勘查技术手段的选择与提升。依据勘查区条件快速精准决策，综合选择合理的工作手段，以最少的工程、最低的成本、最可控的环境扰动获得最优的勘查效果。充分利用高新技术手段、减少对地层扰动的勘探工作量。二是精准施工过程相关技术的研发，新的控制技术能够自动化、可视化控制勘查过程，做到精确操作、精准控制各类施工过程。三是地质条件的精准分析技术与理论的提升。利用地质数据信息化手段，快速获得勘查数据，自动化、多角度分析论证，形成地质条件精准分析结果，提高信息收取效率。四是煤炭资源精准评价技术与方法研究。在资源储量精确评价基础上，对当下开采技术条件下煤炭资源开采成本、经济性进行精准评价，同时结合当下煤炭利用方式及手段，对煤质、煤中共伴生矿物进行精准评价，提出最优开采与利用方式。

（三）数据勘查

煤炭地质勘查的过程是获取地质信息、提取加工地质规律并获得新的地质信息的过程。以往的煤炭地质勘查工作注重成果电子化服务，关注成果的传递与保存。经过60多年的积累，形成大量如PDF、JPG等格式的非结构化成果数据。从20世纪70年代开始，信息化开始被应用于煤炭资源勘查，早期的数学地质方法引入量化地质概念，PC-1500可编程袖珍计算机的应用形成了可数据化存储与加工的成果、地震勘探与资料处理系统引进催生了数据的解译，用AutoCAD制作柱状图、剖面图、平面图等形成了直观丰富的地质图件。后期随着信息化手段的投入，已经形成了海量勘查成果及数据资料。据统计，目前全国地质资料馆馆藏地质资料电子数据，涉及地质、煤炭、冶金、环境等多个行业和部门，地质资料电子数据的内容包括区域调查、矿产勘查、物化遥勘查和地质类技术方法研究等专业数据。资料的形成时间为1894年至今，涵盖了近3个世纪的地质成果。目前全国地质资料馆已完成102 429档2 747 363件老旧馆藏地质资料数字化（孔昭煜等，2019；高学正等，2019）。截至2018年4月，馆藏地质成果资料数据为149 000档4 503 039件。这些成果资料数据单套占用存储空间为210.4TB（孔昭煜等，2019）。中国煤炭地质总局承担大量国家煤炭地质勘查任务，完成并馆藏了全国4次全国煤炭资源潜力评价成果，以及近60多年的全国煤炭地质勘查与研究资料约200万件（套），大量的基础资料亟待数据化整合与应用。

随着大数据技术与地质勘查信息服务结合，以互联网为载体的地质信息服务业兴起，使得地质需求方式、产品形式转变，成果共享、信息透明被推向新的高度（王翔，2015；赵鹏大，2018）。地质成果应用将同样向着透明化、数据化方向拓展。海量的地质数据将为煤炭地质勘查提供必要的支撑。

大数据技术的快速发展将给煤炭地质勘查的信息化工作带来新的变革与内涵，"互联网+"背景下，煤炭地质勘查信息化工作方式、内容及性质将发生根本性的变革。煤炭地质勘查成果由PDF、JPG等非结构化数据转变为可用二维表结构来逻辑表达结构化数据，将使得地勘行业成果数据量呈几何级数增长。提供结构化数据服务及针对结构化数据挖掘、集成、创新形成新的成果，将成为地质信息化工作主要方式与内容。利用结构化数据成果进行深层次挖掘与集成，创造出新的地质勘查成果，将成为煤炭地质勘查信息化工作的重点。在绿色、集约的勘查理念下，以及勘查成果共享、透明、数据化的支持下，通过大数据、云计算等分析手段结合沉积学、矿床学等理论，煤炭地质成果的集成与创新将大幅提升地质勘查效率，实现数据勘查替代原始的实物工作量投入，最终传统的勘查手段仅作为对数据勘查成果的验证与补充。

（四）智慧勘查

20世纪80、90年代开始出现煤炭资源勘查专家系统。近年来，随着人工智能的算法逐步成熟，人工智能技术被应用到各行各业中，帮助人们解决实际问题。在大数据、云计算、三维地质建模、人工智能等新兴技术支持下，煤炭地质勘查工作效率获得极大提高，如煤岩层对比、构造分析、沉积环境分析、开采条件评价、开采环境影响评价等自动化分析系统逐步显现出雏形。

"互联网+"背景下，煤炭地质勘查方式、思维将发生转变，煤炭地质勘查理念的革新将引发煤炭地质勘查信息集成创新，在大数据、云计算、人工智能的驱动与影响下，煤炭地质勘查行业蕴藏着巨大的创新空间和创新需求。地勘数据共享需求与透明程度将随着"互联网+"思维的引入得到很大提升，"互联网+"服务平台对地质勘查数据结构化深度加工、挖掘、融合，将简单、零散的非结构化数据成果汇集成数据流、决策流，最终创造出新的、更大的地质成果（潘海洋等，2018）。"互联网+地质"平台中"1+1>2"将得到体现，煤炭地质勘查数据成果共享也将成为煤炭地质勘查企业重要的效益增长点。传统煤炭地质勘查针对地质信息的采集、汇总、解释、评价，将随着信息化提升变革为基于原始煤炭地质勘查数据的集成、挖掘、创新和验证的智慧勘探。大数据、人工智能、神经网络分析等技术借助互联网、云计算，将地球动力学系统、成矿系统、勘查系统和专家智能分析系统充分运用到地质勘查工作中，通过"互联网+地质"平台共享零散的煤炭地质勘查数据，并集成、融合形成新的地勘成果信息，引导煤炭地质勘查向着智慧勘查转变。

4.1.2 新发展理念下煤炭地质勘查的变革

我国煤炭资源勘查开发理论研究、煤炭资源开采技术领先于世界，但粗放型勘查开发利用付出的环境代价高，开采中的瓦斯、水、应力灾害防治支出高，开采后灾害治理、环境恢复成本高的现状无法契合"绿水青山"发展理念要求。区域性煤炭资源过剩与区域性煤炭资源短缺共存，产能总体过剩与优质产能不足共存，煤炭资源生产总量过剩与优质、特殊、稀缺煤炭资源短缺共存，国内产能富余与煤炭持续大量进口共存等煤炭产业问题加快推动煤炭勘查理念、勘查技术与手段，以及煤炭资源评价方法的变革。

（一）"全生命周期"煤炭地质勘查思维方式

1978~2018年，全国煤炭年产量由6.18亿吨增至近36亿吨，净增长4.8倍，煤矿数量由1998年的8万多处减至2018年的5800处以下，减少92.6%以上，煤矿事故死亡人数由最多时7000人左右降至333人，下降95%左右；重特大事故由1997年的95起降至2018的2起，下降98%；百万吨死亡率由9.71降至0.093，下降99%（国家煤炭安全监察局，2017）。在此过程中煤炭地质勘查工作为保障国家能源安全供应和国民经济健康发展做出了重要贡献。

"绿水青山"发展理念引发了煤炭地质勘查思维方式从寻找煤炭资源向着勘查绿色煤炭资源、防治煤矿地质灾害、保障煤矿高效安全的"全生命周期"服务转变。将传统的以煤炭资源勘查为核心的"煤田地质勘探"发展为以煤为主，包括煤层气和与之有一定共伴生关系的洁净能源及共伴生矿产的煤炭资源调查、勘查、矿井建设、安全生产、环境保护勘查，资源勘查与评价的"煤炭资源综合勘查"。在"绿水青山"发展理念下，煤炭地质勘查将致力于为绿色煤炭资源开发、绿色矿山建设和关闭矿山绿色恢复等提供技术保障。而原有的煤炭地质勘查服务工作周期将向着煤矿"全生命周期"转变。煤炭勘查以"绿水青山"发展理念为基础，树立绿色煤炭勘查理念，服务煤矿优化设计、科学建井、绿色开采、恢复绿色的全周期工作，将成为煤炭地质勘查工作主导思维方式。

（二）服务于煤炭开发"近零损害"

我国煤炭资源勘查开发理论与开采技术国际领先，但煤炭的"不科学"开采对环境的影响制约了煤炭产业发展，粗放型勘查开发利用付出了很大的环境与经济代价。据统计，我国煤炭开采每年引起 220.8 亿～257.6 亿立方米瓦斯排放，约 50 亿吨的矿井水排放，约 600 平方千米采煤沉陷区，6 亿～7 亿吨的煤矸石，长期自燃矸石山近 400 座，每年因煤矸石自燃排放的有害气体超过 20 万吨，造成了开采中的瓦斯、水、应力灾害防治支出高，开采后灾害治理、环境恢复成本高。因此，推进煤炭勘查、开发对环境"近零损害"是解决煤炭产业环境约束的最终要求。新时代背景下，"绿水青山"发展理念引领煤炭地质勘查工作方法由粗放型勘查施工向着"零扰动""可恢复"的方向发展。传统煤炭地质勘查对地表生态、土地、水资源的扰动与破坏严重，"绿水青山"发展理念下对环境友好型煤炭勘查需求迫切。同时为保障煤炭资源高产、高效、绿色开采，对煤炭资源勘查精度提出更高要求。通过勘查技术的革新推动煤炭地质勘查向着绿色勘查方向转变，在原本狭义的运用高新技术提高勘查效率的基础上，运用先进、成熟、经济、合理的勘查技术，保证煤炭地质勘查工作对环境近零损坏，扰动可控。

（三）"透明矿井"煤炭地质勘查技术要求

我国煤炭安全开采面临严峻形势，煤矿瓦斯、顶板、水害等事故时有发生，重特大事故频发，给人民生命和国家财产造成重大损害。2018 年全国煤矿共发生事故 224 起、死亡 333 人。其中，较大事故 17 起、死亡 69 人；重大事故 2 起、死亡 34 人；煤矿百万吨死亡率 0.093，尽管逐年下降，但仍远高于美国等发达国家水平（图 4.1 和图 4.2）。

新时代煤炭地质勘查应推动改善煤矿严峻的安全形势，建立安全高效的"透明矿井"，大幅降低煤矿安全生产事故；实现对生态"近零损害"、污染物"近零排放"，有效减少碳排放，建成绿色、安全、高效的煤炭开发利用体系，符合"绿水青山"发展理念的根本要求。

因地制宜地选择勘探技术手段，以最少的投入获得最佳的地质勘查效果，综合分析各种勘查手段获得的信息，对煤炭资源进行综合勘查与评价。推动煤炭矿井向着"智能化""无人化""透明化"开采转变。综合利用遥感、钻探、测井、物探等勘查技术，并结合大数据、云计算、人工智能等先进技术手段，综合布置勘查工程，利用高精度三维动态地质模型构建"透明矿井"，实现精准掌握煤层赋存条件，实现地质构造、陷落柱、瓦斯等致灾因素的高清透视；创建面向煤炭精准开采及灾害预警监测数据的共用快速分析模型与算法，研究煤矿灾害致灾机理及灾变理论模型，实现对煤矿灾害的自适应、超前、准确预警。

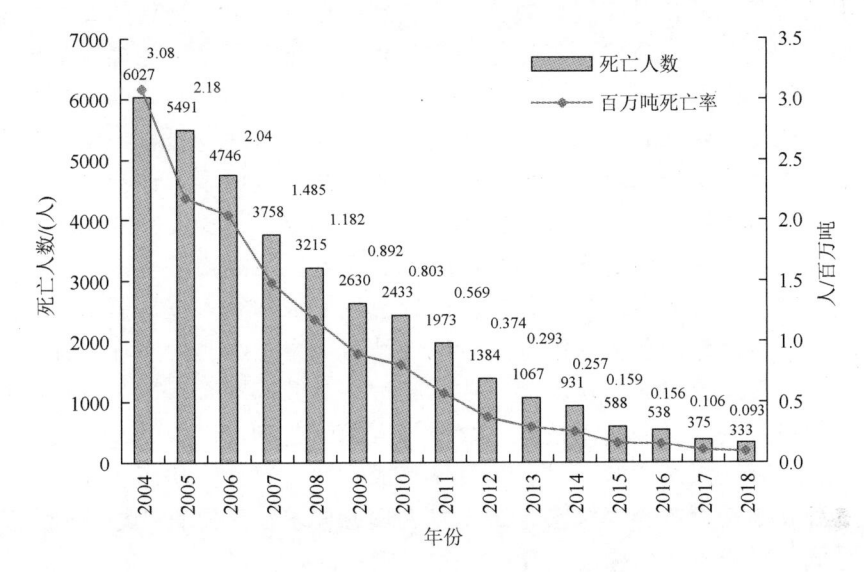

图 4.1 历年我国煤炭死亡人数和百万吨死亡率（据国家煤矿安全监察局公开数据）

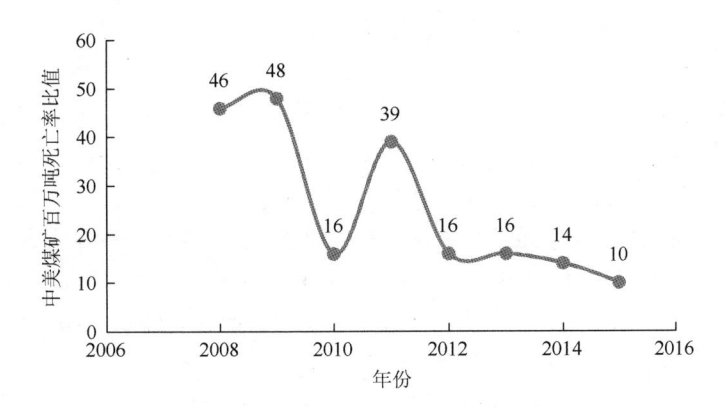

图 4.2 中美煤矿百万吨死亡率比值走势图（王师节，2018）

（四）"绿色煤炭"资源勘探评价

我国煤炭资源总量丰富，绿色煤炭资源储量低、绿色资源总体勘查程度较低，可供规划建设的基础储量不足，亟待提升经济可采绿色储量规模。我国绿色煤炭资源暂未有准确预测，部分学者初步预测绿色煤炭资源基础储量约为 8764 亿吨，经济可采的绿色储量更低，仅为 4575 亿吨（张博等，2019）。亟待提升绿色煤炭资源的勘查程度，尤其是绿色煤炭资源的勘探和详查。60 多年来，我国煤炭资源勘查开发评价基础体系已成熟，但绿色煤炭资源评价技术体系缺失。中国煤炭地质总局作为煤炭地质勘查先行军、引领者，承担着为国家寻找绿色资源，实现煤炭资源绿色勘查，并为绿色开采提供可靠的地质保障的历史使命，需尽快建立绿色煤炭资源勘查与评价技术体系，促进绿色煤炭资源勘查与评价、绿色矿山建设，实现煤炭资源绿色高效开发。

绿色煤炭资源勘查对煤炭地质工作提出新的要求，也带来新的发展机遇。通过分析绿色煤炭勘查各阶段对地质工作的需求特点，初步建立了绿色煤炭基础地质工作框架（潘树仁等，2018），提出了各阶段基础地质工作的主要内容。新时代煤炭资源勘查工作应充分注重成本与效益，注重煤炭资源勘查开发与评价过程中由资源勘查成本、开采成本、清洁利用成本、绿色恢复成本等构成的"全成本"评价工作。其中资源勘查成本应充分考虑绿色勘查要求的投入成本；开采成本为煤矿井绿色、高产、高效条件下开采成本；清洁利用成本包括不同煤质、不同区域煤炭资源在转化、利用过程中清洁投入与节能减排成本；将关闭矿山的绿色恢复成本纳入煤炭资源"全生命周期"中考虑，勘查设计施工前应系统地进行区域地质成果总结与生态环境评价工作，依据勘查目的，合理选择对环境扰动小、成本合理、高效的勘查手段，进行勘查工作。以勘查获得的煤炭资源开采技术条件、煤质等方面为基础，以当下开采技术与环境治理技术为参考，开展煤炭资源开采、绿色恢复成本效益评价，从而在煤炭勘查阶段评判出煤炭资源开采是否符合"绿水青山"发展理念要求，以便有计划地开发煤炭资源，杜绝开采低开采成本、高绿色恢复成本的煤炭资源。

（五）共伴生矿产资源综合勘查与评价

我国含煤地层分布广、建造厚度大，成煤时代完整，煤田沉积、构造条件复杂多样，赋存巨大的煤炭资源储量，同时，在煤田和围岩中还有丰富的共伴生矿产资源。煤系矿产资源包括能源矿产、金属矿产、非金属矿产。具有开发利用价值的主要有高岭岩（土）、各类耐火黏土、石墨、油母页岩、煤层气、褐煤蜡、腐殖酸、辉绿岩、大理岩、钒、钼、银、铀、锗、镍、钕等（孙升林等，2014）。2014年中国煤炭地质总局开展了全国煤系矿产资源综合调查与评价，调研了华北、东北、华南、西北富煤区，以及鄂尔多斯盆地、青藏高原的煤系矿产资源，资源潜力巨大。

据统计，我国30%以上的非常规天然气，包括煤层气、页岩气、油页岩和致密砂岩气，赋存于煤系地层或与煤系地层相关。煤系地层共伴生大型的金属矿床。例如，位于准格尔煤田的黑岱沟露天煤矿发现了超大型镓矿床，其保有资源量可达6.34万吨，平均含量44.8微克/克；宁武煤田安家岭煤矿的9号煤层煤灰中氧化锂（Li_2O）二次富集浓度可达0.35%，已超过工业品位；乌兰图嘎煤田的锗矿层平均厚度9.88米，储量占我国锗矿储量的1/3，达1600吨；新疆维吾尔自治区伊犁盆地的南缘ZK0161井中12号煤层靠近顶板部位铀浓度高达767微克/克。此外，煤系地层含有大型非金属矿产。我国煤系高岭土探明储量16.7亿吨，居世界首位，占我国高岭土储量一半以上；耐火黏土的分布与高岭土基本一致，主要位于煤系地层，资源总量约49.2亿吨；我国煤系膨润土探明储量达到8.88亿吨，占总探明储量的80%；我国煤系硅藻土的探明储量1.9亿吨，占总探明储量的71%；煤系石墨的探明储量0.11亿吨，资源储量0.60亿吨（崔艳，2018）。

"绿水青山"发展理念下煤炭共伴生矿产资源协同勘查是煤炭地质勘查工作的重要革

新。同沉积条件、同地层的多种矿产协同勘查，固、液、气矿产一次性协同勘查、共同开发。多矿种之间协同勘查能在获得最佳找矿效果的同时，保证勘查成本投入最少，经济效益最大化。通过协同使用各种勘查技术手段、方法，优化勘查管理，实现勘查技术与方法优势互补，协调勘查工程实施过程的关系，保证煤系多矿种同步勘查与评价；协同不同矿种勘查的经济评价的理论与方法，周密地进行经济效益评价，选择最佳的勘查、开发方案。

4.2 煤炭开采引发的生态环境问题

煤炭作为我国主体能源，煤炭引发的生态环境问题与煤炭作为主体能源需稳定供给之间的矛盾长期存在。2018年中国原煤产量为36.8亿吨，同比增长超过4.5%，全国煤矿井数量减少至5800个左右（千万吨级煤矿42处）（中国煤炭工业协会，2019），其中90%煤矿为井工开采，煤炭井工开采面临的大气污染、水资源破坏、土地沉陷、矸石堆放等环境问题，依旧是煤炭产业"绿水青山"发展理念践行过程中的瓶颈问题。

4.2.1 矿井瓦斯排放

矿井瓦斯排放会导致温室效应的问题日益受到重视，煤炭开采增加是导致甲烷排放量增加和温室效应增强的重要因素之一（Miller et al.，2019）。甲烷作为六种主要温室气体之一，其温室效应是二氧化碳的21倍。据统计，"十二五"期间，我国甲烷排放量年均增长110万吨左右，煤炭行业甲烷排放量占我国人为甲烷排放量的33%。我国矿井排放大量瓦斯的原因涉及地质、开采技术等多个方面。

我国煤炭产量基数大，高瓦斯矿井多。"十二五"以来，我国煤炭产量维持在34亿吨以上，2018年中国原煤产量为36.8亿吨，同比增长超过4.5%。中国煤炭开采的平均甲烷排放量为6~7方/吨（Miller et al.，2019）。根据煤炭开采量估算的中国2018年的瓦斯排放量为220.8亿~257.6亿方。同时，我国煤与瓦斯突出矿井和高瓦斯矿井数量多，相当部分的煤层埋深大、变质程度高、渗透率低、构造复杂，因此容易形成瓦斯积聚，且我国煤炭开采深度以10~25米/年的速度快速增加（袁亮，2016），这也导致瓦斯抽采难度增加。

井下抽采瓦斯利用率低。2010~2016年，我国井下抽采瓦斯利用率从29%增加至34%，但仍处于非常低的水平。2016年煤矿瓦斯抽采量123亿方，利用量仅42亿方，直接排入大气的井下抽采瓦斯量为81亿方，产生的温室效应相当于596亿方二氧化碳。

乏风瓦斯浓度低，排放量大，难以利用。矿井通风是防止煤矿瓦斯安全事故的重要措施。一个百万吨高瓦斯矿井排风量为5000~10000方/分钟，排出甲烷量为25~50方/分钟。我国煤矿乏风瓦斯排放总量为100亿~150亿方/年（龙伍见，2010）。由于乏风瓦斯浓度低，介于0.10%和0.75%之间，利用难度大，几乎所有乏风瓦斯未经利用或处置被直接排入大气。

废弃矿井数量大，采动影响导致瓦斯易于集聚，持续释放。我国煤矿产业结构不断升级，煤矿数量从20世纪80年代的8万多处，减少到2018年的5800多处（中国煤炭工业协会，2019）。关闭了大量资源枯竭的大矿和产能落后的小矿，我国煤矿平均综合回采率仅 30%，关闭煤矿井下残煤多，残余瓦斯量大。以贵州六枝矿区凉水井矿为例，该矿井于 1958 年建井，累计探明地质储量 1048 万吨，2001 年闭坑时估算的煤层气可采资源量为 1680.54 万方（孙宏达，2014），关闭矿井时瓦斯利用刚刚起步，当下存在大量关闭矿井瓦斯不断释放到大气中。

4.2.2 矿井水污染

我国煤矿以地下开采为主，为确保井下安全生产，须排出大量的矿井水。矿井开采过程中产生的地下涌水，受到粉尘和岩尘的污染，水质成分复杂，是具有煤矿行业特点的工业污水。同时，基于矿井安全抽排的地下水是一种宝贵的水资源，大量矿井水的流失，造成水资源的极大浪费，经矿井污染后排至地表对矿区周围农田及地表水系产生巨大的污染隐患。

据测算，每生产 1 吨原煤将从地下抽排出 1～2 吨的地下水，即矿井水。结合 2018 年全国 36.8 亿吨的煤炭开采量，每年煤炭矿井排出水量达 55 亿吨，利用率远低于国家规定的 70%（中国煤炭工业协会，2018），部分矿井甚至不足 40%，造成了很大的浪费。

从矿井水资源化的角度分类，根据其物理化学性质，可划分为洁净矿井水、含悬浮物矿井水、高矿化度矿井水等。洁净矿井水多为奥灰水、砂岩裂隙水、第四纪冲积层水及老窑积水等，其水质好、pH 为中性、不含有毒有害离子或者其含量低于生活饮用水标准值，浊度低、部分含有多种有益微量元素，该类矿井水主要分布在我国的东北、华北等地。含悬浮物矿井水是我国多数矿井排水的类型，开采时煤尘和岩粉带入地下水致使悬浮物含量高，除悬浮物和细菌以外，该类水物理化学指标都符合我国生活饮用水的卫生标准。高矿化度矿井水是溶解性总固体高于 1000 毫克/升的矿井水，该类型矿井水见于西北煤炭产区，鄂尔多斯中煤能源母杜柴登煤矿的矿井水总矿化度达 7292.30 毫克/升，Ca^{2+}和HCO_3^-浓度分别达 34.98 毫克/升和 633.24 毫克/升，是治理难度极大的一类矿井水。酸性矿井水是指 pH 小于 6.0 的矿井水，酸性矿井水其矿化度与硬度也因酸的作用而增高。大同煤矿集团四台煤矿矿井水 pH 达 2.5～4.9，高酸性矿井水对煤矿设施和周围生态环境造成很大负面影响。

矿井水主要污染物包括悬浮物、pH、化学需氧量、石油类和部分金属、非金属元素。矿井水地表排放，对地表、地下水资源、生态环境影响较大。例如，高矿化度矿井水会导致地表水离子含量上升、浅层地下水受到污染、土壤次生盐碱化、不耐盐碱类林木长势削弱、农作物减产等。煤矿开采造成的水污染来源于排出的矿井水，矸石山在雨水淋滤作用下形成大量酸性水等，其中，矸石淋滤液中含有有毒元素和重金属元素，对周围生态环境造成严重破坏。煤矿开采破坏自然状态下地下水系统，采空区上方的冒落带和裂隙带形成导水通道，破坏隔水层，导致相邻的含水层水进入井下，引起矿区及其周围地下水位下降、泉水消失、地表河水断流；同时引起水岩环境和水岩作用类型的变化。

4.2.3 采煤沉陷

地下煤炭资源采出后，采空区周围岩体的原始应力状态受到破坏，应力重新分布，在此过程中，采空区周围岩层产生连续的移动、变形和非连续的开裂、冒落等破坏，致使地表出现连续的下沉和非连续塌陷下沉、变形，形成采煤沉陷区。截至 2017 年年底，我国采煤沉陷土地面积约 21 000 平方千米（部分省份见表 4.1），在重点煤矿，平均采空塌陷面积约占矿区含煤面积的十分之一。据统计，我国煤炭资源井工开采过程中每万吨煤的地表塌陷为 0.07~0.33 公顷，平均约为 0.2 公顷，每年预计新增采煤沉陷区达 600 平方千米（李凤明，2011）。

煤矿采空造成地面塌陷的机理主要有三类：一是因采空区安全顶板的厚度不够，采空引发顶板坍塌冒顶后地面塌陷；二是地下采空导致地下水位下降造成上覆土体失去顶托后发生的地面下沉；三是地下煤炭开采形成大面积采空后，矿层上部覆岩失去支撑，岩体自上而下产生移动变形，最终在地表形成下沉变形的移动盆地。采煤沉陷区地表移动变形是一个长期、活跃的过程，经非稳沉、基本稳沉、稳沉三个阶段，具体见表 4.2。动态、长期的过程致使大量土地资源被破坏，且治理难度大。

表 4.1 我国部分省份土地沉陷情况统计表

省（自治区、直辖市）	沉陷区面积统计截止年份	沉陷区面积/平方千米	沉陷分布的主要市、县（区）
山东省	2018	909.30	济宁、泰安、枣庄、菏泽
内蒙古	2015	225.76	鄂尔多斯、准格尔
山西	2018	5000.00	遍布全省
安徽	2017	452.69	淮南、淮北、宿州、阜阳、亳州、蚌埠
河南	2018	378.92	鹤壁、焦作、平顶山、义马、郑州、永城
河北	2017	450.00	邯郸、邢台、唐山
陕西	2017	365.87	渭南、榆林、铜川
黑龙江	2016	727.00	鹤岗、鸡西、双鸭山
辽宁	2016	378.00	阜新、铁法、抚顺、沈阳
江苏	2017	252.20	徐州
新疆	2017	130.00	乌鲁木齐

注：依据各地方国土资源部门公开的 2018 年的报告统计。

表 4.2 依据地表变形特征划分沉陷区

稳定状态	评价因子				备注
	下沉速率 V_w	倾斜 Δi/（毫米/米）	曲率 ΔK/（$\times 10^{-3}$/m）	水平变形 $\Delta \varepsilon$/（毫米/米）	
稳沉	<1.0 毫米/天，且连续 6 个月累计下沉<30 毫米	<3	<0.2	<2	同时具备
基本稳沉	<1.0 毫米/天，但连续 6 个月累计下沉≥30 毫米	3~10	0.2~0.6	2~6	具备其一
非稳沉	≥1.0 毫米/天	>10	>0.6	>6	具备其一

采煤沉陷造成地面建筑物、道路损毁，良田无法耕种，生态环境遭到严重破坏。同时，采煤沉陷后地表生态环境退变为水生生态环境，大面积的采煤沉陷区在地表形成积水移动盆地。我国黄淮海地区地势平坦，潜水位高，如淮北、淮南、徐州、枣庄等矿区，开采沉陷使地表标高接近或是低于潜水位，导致采煤沉陷地常年积水或季节性积水。例如，徐州矿区塌陷地达5000公顷，常年积水面积约占25%；淮南矿区开采塌陷面积约为1417公顷，最大下沉深度已达19米之多，积水区占总面积约12.6%；淮北矿区的塌陷面积达7000公顷，其中常年积水面积约占总面积的33.3%。我国中、西部地区因煤矿开采疏干含水层，导致地下水水位急剧下降。例如，太原、运城、大同等地区因采煤沉陷导致地下水水位大幅下降。

采煤沉陷致使煤矿区水资源、生态环境受到污染和破坏，大片耕地荒废，农民失地待业，采煤沉陷区大范围积水，严重制约煤矿区经济、生态和社会的发展，采煤沉陷已经成为制约煤矿区经济、生态和社会可持续发展的关键问题。

4.2.4 煤矸石堆放

煤矸石是在成煤过程中与煤炭共同沉积、有机化合物和无机化合物混杂而成的岩石，通常呈薄层产出于煤层中部或顶底板。按主要矿物含量分类，煤矸石分为黏土岩类、砂石岩类、碳酸盐类、铝质岩类。煤矿开拓掘进、工作面采煤和煤炭洗选均产生矸石，煤矸石产出数量与煤层条件、开采条件和洗选工艺有关，总体上与原煤产量呈正比关系，采掘矸石占原煤产量的比例为5%~10%，洗选矸石占入选原煤产量的比例为12%~18%。据统计，2017年度矸石排放量7.74亿吨，其中采掘矸石3.3亿吨、洗选矸石4.44亿吨，产出量占煤炭产量比例（产出率）为22%，其他部分年份煤矸石产出及利用情况见表4.3。据统计，我国煤矸石存量约50亿吨，且以每年2亿~3亿吨的速率增加。预计2020年全国煤矸石堆存量较2015年增加6.75亿吨。

表4.3 2006~2014年煤矸石产出及利用情况表

年份	煤炭产量/亿吨	煤矸石产出量/亿吨	煤矸石产出率/%	煤矸石利用量/亿吨	煤矸石利用率/%
2006	23.73	3.78	15.9	2.05	53.0
2007	25.36	4.78	18.8	2.53	53.0
2008	27.88	5.00	17.9	3.00	60.0
2009	29.80	5.60	18.8	3.50	62.5
2010	32.40	5.94	18.3	3.65	61.4
2011	35.20	6.59	18.7	4.10	62.2
2012	36.50	7.18	19.7	4.48	62.4
2013	36.80	7.52	20.4	4.82	64.1
2014	38.70	7.60	19.6	4.92	64.8

煤矸石影响矿区生态环境的途径是多方面的，其中主要为矸石山自燃、降雨淋溶污染、

风蚀扬尘等。As、Cr、Hg、Cd 等 22 种有害微量元素由于矸石堆自燃、淋滤、风化等作用而逸出，污染周边土壤和水环境，影响生态环境。煤矸石自燃矿区周边区域往往树木枯萎，农作物严重减产甚至绝收。

煤矸石影响大气环境。煤矸石在提升、运输、堆放过程中，会形成一种粉尘颗粒，这种粉尘中含有很多对人体有害的元素，如 Hg、Cd、Cr 等。小于 5 微米的颗粒也会影响空气质量，形成雾霾污染。煤矸石地表堆积自燃对空气污染严重。

煤矸石地表堆积污染土地与自然水体。在堆放过程中，经雨水淋滤的部分物质随雨水进入土壤、地表水体或地下水，造成污染。被污染的地下水所含的重金属等有害物质严重危害人体健康，甚至危及生命。

煤矸石堆积占用土地资源。中国煤矸石综合利用率较低，随着煤矸石地表持续堆放，每年持续新增占地 400 公顷以上。据统计，仅晋城 2001 年矸石堆存地达 280 处，总量约 2650.2 万吨，占地约 108.8 公顷。矸石山占地对人均土地占有率低的中国而言危机严重。

矸石堆积易于引发崩塌、滑坡等地质灾害。矿区矸石山由大量粒径、形状不同的矸石颗粒以无序的排列方式堆积而成，结构疏松，属于不连续松散体。同时，由于矸石中碳组分自燃、有机质灰化及硫分的离解挥发等作用，煤矸石山普遍稳定性较差，极易发生崩塌和滑坡。

4.2.5 煤炭自燃

煤炭发生自燃后逐步发展到一定规模，并对周围环境形成危害的现象被称为煤火。煤炭自燃释放大量温室气体，破坏土地资源、水资源，进一步影响动植物（包括人类）的健康。

煤火是破坏煤炭资源、恶化自然环境的重大灾害之一。各产煤国均不同程度地存在着煤层燃烧现象，中国、印度和印度尼西亚的形势最为严峻。中国西北地区煤层厚、埋藏浅、处于干旱和特干旱的环境，煤层极易氧化自燃，进一步形成大面积煤田火区。中国煤田累计燃烧面积达 720 平方千米。平均每年直接燃烧掉的煤炭资源量为 2000 万吨，破坏煤炭资源储量 2 亿吨（管海晏等，1998）。目前已查明的正在燃烧的煤田火区有 56 处，分布在新疆、宁夏、内蒙古、甘肃、青海、陕西和山西 7 个省（自治区）。当下煤田火区以新疆较为严重，其次为宁夏的汝箕沟煤田和内蒙古的乌达矿区，且随着煤炭资源的持续规模开发，煤层被大面积揭露，新的煤火也在不断形成。煤火主要发生于侏罗系和石炭—二叠系煤层，二者分别占比 69.10%和 23.64%。针对不同煤阶而言，煤化程度越低，自燃倾向性越高，即褐煤和长焰煤的自燃发火可能性最大。此外，煤炭自燃也受到气候条件、地形地貌条件和煤层赋存状态的影响。

煤火释放温室气体和有毒气体。中国煤火燃烧释放的二氧化碳量为 5400 万吨/年，约占全球化石燃料燃烧释放的二氧化碳的 0.22%，加剧了全球温室效应（van Dijk et al.，2011）。此外，中国煤田火区每年向大气排放一氧化碳 19.02 万吨、二氧化硫 51.47 万吨、一氧化二氮 30.00 万吨和粉尘 11.20 万吨，占中国有害气体排放总量的 10%。这些有害气体和粉尘增加了人类患呼吸道疾病、肺结核、肺癌和皮肤病的风险（Stracher and Taylor，2004）。同时，煤火释放的二氧化硫是导致中国北方酸雨的重要因素。

煤火导致有毒元素灰化污染环境。中国煤炭中常含有多种有毒元素，如砷、氟、汞、硒及重金属元素，煤炭自燃导致这些有毒元素灰化、富集。例如，前人测试表明自燃煤体的裂隙内的气体汞浓度是背景值的 533.33 倍，火区近地表的气体汞浓度是背景值的 33.68 倍（Liang et al., 2018）。灰化后的有毒物质可以直接被动植物吸附、吸收，并在生物体内积聚，影响生物健康。此外，流经火区的大气降水会携带这些有毒物质流入或渗入地表及地下水系，造成水资源的污染，间接影响生物健康。

煤火破坏土地资源。煤火分为地下煤火和露头火。露头火与土壤距离近，煤炭燃烧的高温使土壤脱水、矿物颗粒玻化和熔融，使土壤致密坚硬，并导致其结构和矿物组分变化。烧变土壤易破碎，肥力严重下降。例如，汝箕沟煤田存在 22 个火区，造成全区 50%的地表荒漠化（曹代勇等，2007）；地下煤火燃烧导致地表沉陷，同时上覆地层生成大量裂隙，威胁和破坏道路、地面设施和建筑。生成的裂隙为地下煤层接触空气提供通道，加速地下煤火燃烧。

4.3　煤炭生态环境治理和修复技术

"绿水青山"发展理念对我国煤矿灾害监测与防治提出了新的要求：煤炭地质勘查面临新的任务，在确保煤矿井安全生产的基础之上，最大限度减小（或消除）煤矿开采引发的环境负面效应，推进煤炭开采对环境"近零损害"。对煤炭开采中瓦斯、矿井水、采煤沉陷、矸石、地下煤火等进行勘查、监测与防治是推进煤炭产业绿色发展的根本任务。

4.3.1　煤矿瓦斯（煤层气）抽采与利用

煤矿瓦斯抽采、利用是解决矿井瓦斯安全、降低瓦斯直接排放的主要手段，尤其是对于煤与瓦斯突出矿井和高瓦斯矿井。2005 年国家八部委联合颁布了《煤矿瓦斯治理与利用实施意见》，提出了"可保尽保、应抽尽抽、先抽后采、煤气共采"的原则。当前，瓦斯（煤层气）抽采方式主要包括地面煤层气地面开发与井下瓦斯抽采和利用两个方面。

1. 煤层气地面开发

煤层气地面开发井型主要包括垂直井和水平井两种形式。在此基础上，又研发演化出多分支水平井、丛式井、U 形井、V 形井等新型钻井技术。当前，垂直井的钻井技术成熟、成本低但控气面积小，需大量钻井，总成本高；U 形井与多分支水平井的单井造价高，而单井控气面积大，适用于煤层厚度大、煤体结构完整、煤层稳定，构造和水文地质条件简单的地区；丛式井多用于地形复杂、交通不便地区，有利于节约钻井成本。因我国煤储层物性差，煤层气地面开发需配套应用增产改造技术。例如，活性水携砂压裂增产改造技术，重复压裂、分段压裂技术，氮气泡沫压裂技术，CO_2 辅助水力压裂技术和冲击波增渗技术（叶建平和陆小霞，2016）。

煤层气地面开发规模不断增大。"十二五"期间，全国新钻煤层气井11 300余口。2016年地面煤层气产量达45亿立方米，井下瓦斯利用率84%，相当于减排甲烷38亿立方米。我国煤层气单井产量低，仍有很大的上升空间。国家发展和改革委员会与国家能源局也确定2020年煤层气产业的目标：垂直井平均产能达到2500方/天，水平井产能达到15 000方/天，地面煤层气产量100亿立方米，利用率90%以上。未来煤层气产业将产生更大的资源和环境效益。

2. 井下瓦斯抽采和利用

井下瓦斯抽采和利用，降低瓦斯直接排放。矿井瓦斯抽采主要包括地面钻井采前抽采瓦斯、被保护层采前抽采瓦斯、井下煤层采前抽采瓦斯、井上与井下采中抽采瓦斯、采后抽采瓦斯、竖井揭煤前抽采瓦斯、石门揭煤前抽采瓦斯和煤矿瓦斯综合抽采方法（程远平等，2009）。煤与瓦斯突出矿井和高瓦斯矿井是瓦斯抽采的重中之重。对于突出煤层，必须采用区域性采前瓦斯抽采方法，使瓦斯含量和瓦斯压力达到《煤矿瓦斯抽采基本指标》的规定，应由安全区域向不安全区域施工瓦斯治理工程，逐步消除突出危险性。对于高瓦斯矿井，可使用地面钻井或井下顺层钻孔，降低开采瓦斯含量到规定指标。由于煤层瓦斯含量较少，采用井下顺层钻孔的抽采方式更为普遍、高效。

加大低浓度瓦斯的利用，减少乏风瓦斯排放。浓度大于30%的瓦斯可以用于燃气轮机和高浓度内燃机发电，而煤炭生产区的井下抽采的瓦斯浓度普遍小于30%，属于低浓度瓦斯，利用难度较大。近年来低浓度瓦斯利用技术快速发展，为提高煤矿瓦斯利用率提供了保障。低浓度瓦斯利用主要有以下三个技术：低浓度瓦斯发电技术、低浓度瓦斯浓缩技术和乏风瓦斯利用技术。瓦斯发电是低浓度瓦斯利用的最佳途径。低浓度瓦斯发电技术可利用浓度高于6%的低浓度瓦斯直接发电，且一次性投入低、建站周期短适合大、中、小型煤矿。低浓度瓦斯浓缩技术发展迅速，在真空变压吸附技术和低温液化分离技术领域均已取得突破。小于1%的乏风瓦斯则可以通过与低浓度瓦斯混合，利用催化氧化汽轮机进行发电（龙伍见，2010；韩甲业和应中宝，2013）。矿区瓦斯浓度变化大，多级分布式能源利用系统能有效提高能源综合利用效率。例如，2009年陕西彬长矿区大佛寺煤矿投建了总装机容量13 000千瓦的低浓度瓦斯发电集群和10台6万米^3/小时的风排瓦斯氧化发电系统，能量利用效率约为70%。设备运行五年，累计发电量2.0亿千瓦时，累计减排当量二氧化碳63万吨，取得了良好的社会及环保经济效益（林柏泉等，2014）。

"十二五"期间，煤层瓦斯（煤层气）抽采和利用取得显著成效。截至2015年，全国大中型高瓦斯矿井和煤与瓦斯突出矿井均按要求建立了瓦斯抽采系统，建成了30个年抽采量达亿立方米级的煤矿瓦斯抽采矿区，分区域建设了80个煤矿瓦斯治理示范矿井，山西、贵州、安徽、河南、重庆五省（直辖市）煤矿瓦斯年抽采量超过5亿立方米。2016年，煤矿瓦斯抽采量123亿立方米，瓦斯利用率34%，相当于减排甲烷42亿立方米。矿井乏风瓦斯的利用目前仍在推广阶段，尚未实现规模性利用。井下瓦斯抽采和利用仍需加强，"十三五"规划设定2020年的井下瓦斯抽采量为140亿方，瓦斯利用率需达到50%。

4.3.2 矿井水治理及资源化利用

我国水资源总量丰富，但区域短缺、人均占有量贫乏，而我国煤炭资源与水资源呈现逆向分布，特别是北方地区富煤贫水的格局，造成了矿区能源开发与水资源紧张的矛盾尤为突出。为了解决煤炭产业发展与水资源短缺的矛盾，必须解决煤矿井水污水处理与资源化问题。对煤矿井污染水进行治理并加以重复利用，降低水资源污染与浪费，可有效缓解煤矿区供水不足的问题，改善煤矿区的生态环境，促进绿色矿山建设，保障煤炭产业"绿水青山"建设工作，具有显著的环境、经济效益。

矿井水的利用，应采取"优质水优用，差质水差用"的原则，不同类型矿井水分别采取适当措施进行处理，然后根据水质分别进行分配利用，对于部分含水层中高矿化度矿井水可采取底板深部回灌、同层矿井水转移等进行矿井水转移（图4.3）。

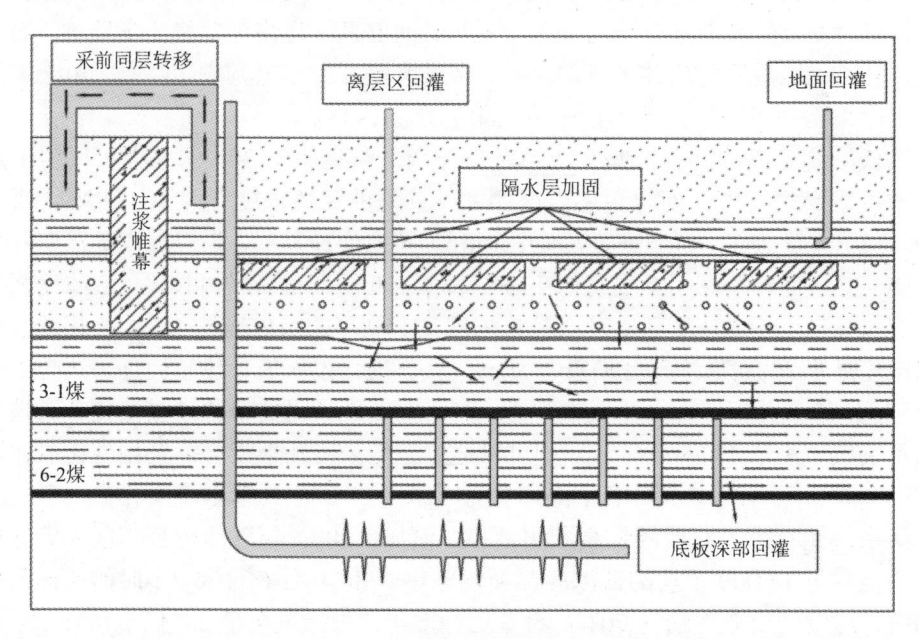

图 4.3　矿区水资源保护与地下回灌

分布在我国的东北、华北等地的洁净矿井水，水质较好，只需进行简单的消毒处理后，即可作为生活饮用水。例如，河南超化煤矿的矿井水经简单处理即可达到饮用标准，供矿井工人使用，取得了一定的经济、社会效益。

含悬浮物矿井水主要是地下水受开采影响而带入的煤尘和岩粉，除悬浮物、细菌外，其他物理与化学指标均符合生活饮用水的卫生标准。此类矿井水经井下初次沉淀后，抽排至地面，运用常规水的处理工艺，即可达到生活和生产用水标准。

高矿化度矿井水一般含有较多的 Ca^{2+}、Mg^{2+}、CO_3^{2-}、HCO_3^-、SO_4^{2-} 等成分，一般采用蒸馏法、电渗析法和反渗透法三种处理工艺。蒸馏法耗能大，为了节约成本一般采用煤矸石燃烧，或是与煤电厂联营，使用电厂废热。以煤矸石作为沸腾炉燃料生产蒸汽来淡化高矿化度水，淡化水与原水按照一定比例混合后成为符合国家标准的生活饮用水。以热电厂废热为能源的电-淡水联产工艺加热高矿化度水，产水成本较低。电渗析设备淡化含盐矿井水在国内应用较广，陕西煤业化工集团韩城矿业公司桑树坪煤矿、徐矿集团有限公司张集煤矿采用电渗析法处理矿井污水以制取生活、生产用水，取得了一定的经济效益。电渗析对 Ca^{2+}、Mg^{2+}、Cl^- 等可溶性无机盐类去除率可达 75%~93%，可以满足普通高矿化度水淡化的需求。电渗析法对 SO_4^{2-} 去除率较低，也不能去除水中的有机物和细菌，设备运行能耗大，使其在高矿化度水淡化工程中的应用受到限制。反渗透法工艺较为成熟，卤素盐的脱盐能力高于 99%，硅酸盐、硫酸盐去除率为 96%~100%，氟化物去除率达 96%，反渗透膜对水中悬浮有机物、微生物、细菌等去除率为 93%，可满足生活用水的需求，反渗透法能耗少、成本低、无污染，出水水质、脱盐效率、占地面积、自动化程度都较为优越，是实现"绿色地球"的重要水处理工艺方法。神东煤炭集团大柳塔煤矿是反渗透法处理矿井水的示范典型。大柳塔矿井下总用水量约 11000 方/天，井下循环利用 3000 方/天，排至地面待处理污水约 7000 方/天，除少量经过滤清排放外，绝大部分流入煤矿污水深度处理厂，利用反渗透法处置后，作为生活用水使用。

酸性矿井水是危害程度最大的矿井水种类，必须进行处理才能排放或使用，其处理方法有中和法，即投加碱性药剂或以石灰石、白云石为滤料，利用中和反应池、中和滚筒和升流式膨胀中和塔等进行过滤中和（高亮，2007），此外还可以采用生物化学处理法，如使用氧化亚铁硫杆菌将 Fe^{2+} 氧化为 Fe^{3+}，以达到去除酸性矿井水中铁元素的目的（赵记微和卢国斌，2008）。

含微量元素或放射性元素矿井水属于含特殊污染物的矿井水，一般产量较少；此外，含放射性物质的煤矿开采受严格限制，其矿井排水受严格控制。

由于矿山所处的区域不同，水资源的丰富程度不一，可对破坏的水系统资源进行合理化利用。无利用条件的，可通过技术手段进行保护和修复，如建设地下水库等（顾大钊，2015）。

4.3.3 采煤沉陷治理

鉴于我国煤炭沉陷区对土地破坏越来越严重，2001 年起，我国国土资源部、财政部等启动了煤矿山地质环境治理工作，通过在上缴中央财政的探矿权、采矿权的使用费和价款中安排专项治理资金，开展矿山地质环境治理。截至 2013 年，我国中央财政投入煤矿山地质环境治理资金 72.551 亿元，安排煤炭矿山地质环境治理项目共计 545 个，项目治理中多数涉及采煤沉陷区治理，共完成采煤沉陷和地裂缝治理 4445 处，治理沉陷面积约 16 万公顷。

采煤沉陷区科学修复治理是保障矿区可持续发展的重要组成部分，目前我国的修复治理技术主要分为改造治理技术和复垦治理技术两大类。改造治理技术主要包括抛矸充填、原生矸石综采架后充填、膏体充填、高水速凝固结材料（简称高水材料）充填和覆岩离层注浆减沉技术等；复垦治理技术是当前我国主要推行的治理技术手段，主要有生态农业复垦、生物复垦、建筑复垦、景观生态复垦技术等（图 4.4）。

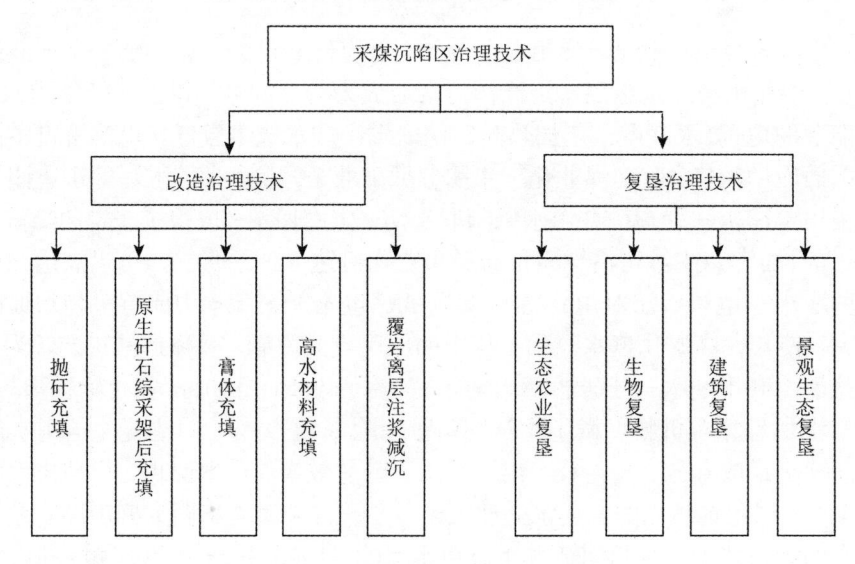

```
                    采煤沉陷区治理技术
                   ┌──────┴──────┐
              改造治理技术        复垦治理技术
         ┌──┬──┬──┬──┐      ┌──┬──┬──┐
        抛 原 膏 高 覆       生 生 建 景
        矸 生 体 水 岩       态 物 筑 观
        充 矸 充 材 离       农 复 复 生
        填 石 填 料 层       业 垦 垦 态
           综    充 注       复          复
           采    填 浆       垦          垦
           支       减
           架       沉
           后
           充
           填
```

图 4.4 采煤沉陷区治理技术分类

（一）土地复垦治理

采煤沉陷区生态景观修复是将景观生态学、恢复生态学等基本理论引入采煤沉陷区治理中，改变以往简单恢复采矿受损土地的土地复垦理念，更加注重矿区景观生态协调和社会环境的可持续发展，我国东部"华北型"煤田集中的山东、江苏等地，利用沉陷水面及其周围地区进行统一规划，进行地面景观再造；积水区水面养鱼、种植莲藕，周围栽树，将整个沉陷区整理成可供人类观光、娱乐、休闲、垂钓的场所。河南永城市通过实施采煤沉陷区综合治理、河湖连通、水生态修复、水环境整治工程，形成了沱河日月湖生态水利风景区，常年积水面积约 3.15 平方千米。河北唐山采煤沉陷区被打造为城市新景观生态公园，提升区域形象。

受到采煤沉陷的损害耕地，生产力降低甚至无法耕种。通过平地、整理和修建梯田复垦、挖深垫浅法和积水区综合利用建设生态、观光农业。我国淮南、淮北、徐州、兖州等高潜水位矿区，对采煤沉陷区，坚持"宜农则农、宜林则林、宜建则建、宜水则水"的原则，开发了集种植业、渔业、家禽养殖业为一体的采煤沉陷区综合治理模式，实现了矿区经济、生态和社会的可持续发展。

随着我国城镇化进程的加快，工程建设用地日趋紧张，我国沉陷区面积广，制约城镇发展，将沉陷区开发为建设用地是缓解我国城镇建设用地"瓶颈"的有效途径。利用林地与建设用地相结合的原则，开展采煤沉陷区废弃土地整合、治理为建设用地，河流、沟渠、道路两侧，规划林地作为护岸；部分复垦后土壤肥力较差沉陷区发展林业种植。稳沉沉陷区通过煤矸石充填复垦为建筑用地。例如，开滦矿区在 50 年以上老采空区建设大型工业厂房、30 年左右老采空区地面建设 2~3 层楼房、酒店、会议中心等建筑物。

(二) 采煤沉陷改造治理

改造治理技术主要从控制岩层的移动与地表沉陷，提高"三下"（建筑物下、铁路下和水体下）煤资源回收率，减少矸石产率与地面堆积，减少地层沉降，降低煤矿瓦斯和矿井水积聚，保护水资源，减缓煤层及顶底板动力现象。当下主要的地面沉陷改造治理技术有抛矸充填、原生矸石综采架后充填、膏体充填、高水材料充填、覆岩离层注浆减沉技术。

抛矸充填既是将掘进过程中产生的矸石运到废弃巷道，支撑采后巷道顶板，从而起到缓解地面沉降的作用。该技术在我国邢台、新汶、兖州、枣庄等煤矿区先后得到了推广应用，在龙东煤矿自制 DGP 型高速皮带井下抛矸机，在煤矿矸石充填方面取得了良好的使用效果，累计充填巷道 3400 余米，充填量达 45276 立方米，矿井掘进效率提高 20%以上，累计创效 1500 余万元。

原生矸石综采架后充填技术需在支架掩护下进行，充填之前顶板提前下沉量较大，无专用的压实机构，充填效果较差且充填体的密实度较低，一般用于采空区矸石处理与地表保护等级低的地区。原生矸石综采架后充填技术起源于山东新汶矿业集团责任有限公司翟镇煤矿，其矸石充填率由抛矸填充的 50%左右提高到 87%以上，在该矿取得了良好的应用效果。

煤矿山的膏体充填料浆流动性好、密实度高、充填体强度高，能对岩层移动与地表沉陷具有有效控制，但专门膏体充填系统，初期的投资较大，充填成本约 100 元/吨以上。山东恒驰矿业装备科技有限公司在山东新汶、淄博、济宁和河北邯郸、邢台等矿区应用膏体充填取得了良好的减沉效果。

煤矿采空区高水材料充填是两种材料分别通过管道运输至充填采煤工作面，注入采空区内实现凝固充填。该技术充填系统简单、初期投资较少，但高水材料充填成本较高，凝固形成的充填体抗风氧化及高温性能较差，其长期稳定性有待研究。邯郸矿业集团有限公司陶一煤矿利用超高水材料处理、充填采空区，取得了良好的减沉效果。

覆岩离层注浆减沉是通过地面钻孔向离层中注入粉煤灰、矸石等充填材料，控制覆岩下沉的方式来实现控制地表沉陷。该技术可使地表下沉系数控制在 0.2～0.3，而且吨煤成本增加有限。山东新汶矿业集团华丰煤矿是较早采用覆岩离层注浆技术控制采煤沉陷的矿井之一，获得了注浆减沉效率 44.6%、多回收煤炭资源 9.4 万吨的巨大经济效益。中国煤炭地质总局勘查研究总院开展的夏店煤矿采动覆岩离层区注浆控制地面沉陷工程，取得了良好的减沉效果。

4.3.4 矸石减排与综合利用

根据当前国家政策要求，必须实现以煤矸石为代表的大宗固体废弃物的增量、存量双负增长，希望通过鼓励和支持发展低热值煤发电和煤矸石制建材项目建设，至"十三五"期末，煤矸石综合利用率达到 80%以上，使废弃物排放总量得到有效控制。

煤矸石的资源化利用的方式主要包括发电、生产建材、分级分质利用（制作化工产品及生产肥料、聚合物及复合材料、净水材料等），无害化处置方式主要是采空区回填（充填）、筑基填路、复垦造田。

（一）煤矸石资源化利用

煤矸石发电是煤矸石处置的常见方式之一，主要利用洗中煤和煤矸石混烧发电，占煤矸石总利用量的30%以上。经过长期发展，我国的煤矸石发电已有一定规模，装机容量已经达到约 $5.0×10^6$ 千瓦，每年发电煤矸石量达到 $4.6×10^6$ 吨以上，具体见表4.4。内蒙古鄂尔多斯市在煤矸石发电领域处于全国领先地位，煤矸石电厂总装机容量2000兆瓦以上，其中最具有代表性的为国电电力上海庙煤矸石热电厂（装机容量2×330兆瓦）和内蒙古投资有限公司能源杭锦电厂（装机容量2×330兆瓦），其创造巨大经济效益的同时消耗了大量煤矸石，保护了生态环境，是"绿色地球"理念的重要实践。

表4.4 用于发电的煤矸石占比情况

年份	发电煤矸石量/亿吨	煤矸石总利用量/亿吨	发电煤矸石量占比/%
2012	1.40	4.48	31.20
2013	1.47	4.82	30.50
2014	1.50	4.92	30.40
2015	1.57	5.01	31.33
2016	1.71	5.34	32.02

用煤矸石来生产相应的建筑材料具有很好的效果，该技术也比较成熟，煤矸石所生产的建材还具有诸多优点。一般煤矸石可制成砖瓦、水泥、加气混凝土及混凝土空心砌块等。内蒙古鄂尔多斯准格尔经济开发区，以煤炭分级提质利用为核心，打造工业固废产业链条，加大煤矸石煅烧高岭土制高档陶瓷技术研发力度，形成了内蒙古伊东煤炭集团有限责任公司、内蒙古天之骄高岭土有限责任公司等固废综合利用示范企业。

煤矸石中含有Si、Fe、Al、Ca等元素，部分煤矸石含有Ti、Ga等稀有金属，可生产出不同的化工产品。煤矸石中有机质含量为15%～25%，可生产有机复合肥料和微生物肥料。云南宣威市凤凰山工业园区打造煤矸石-生物有机肥建设基地，在解决发展问题的同时保护当地生态环境，实现可持续发展。

煤矸石生产聚合物及复合材料，利用煤矸石中大量类炭黑物质能够在聚合物内稳定、均匀地分散，也能够为其表面的改性提供更多作用。鄂尔多斯准格尔开发区的国礼陶瓷有限公司利用煤提炼矸石合成高频吸声性能优越的多孔陶瓷制复合吸声材料，孔隙率可达81.6%，具有优秀的吸声、隔音性能，同时成本较低；并以煤矸石为原料，制成一种新型高效的净水剂。河南郑州的巩义市美源净水材料有限公司利用煤矸石制取聚合氯化铝净水膜，年产值两千余万元，消耗煤矸石两万余吨，带动经济发展的同时促进了可持续发展。

（二）煤矸石无害化处置

煤矸石采空区回填是目前正在大力推广的煤矸石处置方式，西北部地区地表的煤矸石堆放影响生态环境，可用来充填采煤塌陷区及露天矿坑，同时还可充当复垦造地填充材料。矿井采空区充填可使煤矸石不出井，减少工作量。常采用直接抛矸充填和粉碎后注浆充填等方法，在减少煤矸石地面堆积的同时，也可以减少采空区沉降，具有非常好的经济、社会效益。

煤矸石用于复垦造田难度比较大，投资也比较大，矸石复垦土地可作建筑用地，复垦土地具有良好的承载能力和稳定性。利用煤矸石充填采煤沉陷，在我国华北主要煤炭产区如徐州、济宁、邯郸、邢台等地均有采用，回填后的沉陷区开发了集种植业、渔业、家禽养殖业为一体的综合治理模式，实现了资源型城市的可持续发展。

4.3.5 煤火探测与防治

煤火探测主要从勘查区的热异常、地表沉陷和区域空气异常三个方面进行。煤火具有风化与氧化阶段、自燃发火阶段、燃烧扩展阶段和火区熄灭阶段，不同的煤火发展阶段适用不同的探测方法（张建民等，2004）

我国已经形成了独有的航天、航空、地面、地下同步煤火探测体系。航天遥感具有周期短、覆盖面积广和效率高的特点，但由于其分辨率较低，目前只用于煤火普查阶段的区域性煤火探测，主要包括星载多光谱遥感方法、星载热红外遥感方法、星载成像光谱（高光谱）遥感方法和雷达遥感方法。航空平台具有分辨率高、效果显著的特点，用于煤田火区详查阶段（图4.5），主要包括遥感方法（热红外扫描、彩色红外扫描）和航空地球物理方法（电磁法测定磁场强度和视电阻率）等。地面探测主要利用热红外扫描、磁探测、电法、电磁成像、氡气及其他敏感气体探测的手段。地下探测方法包括温度探测法、气体探测法和矿井地球物理探测等。

图4.5 宁夏汝箕沟煤田火区高光谱遥感影像图（张建民等，2004）

煤火灭火通过隔绝氧气和降低温度的方法，主要有直接剥离法、控制漏风技术、火区惰化技术、吸热降温及煤体阻化技术。直接剥离法通过剥掉高温火源的方法防止火灾扩散，主要用于露头火区和小范围的地下煤火。控制漏风技术通过封堵或均压的方法，减少或杜绝松散煤体的氧气供给，从而阻止煤的氧化反应。火区惰化技术是将含氧量很低的惰性气体通过管路注入火区，从而降低火区样品浓度，从而熄灭煤火的技术。吸热降温及煤体阻化技术通过向火区喷洒或灌注温度较低且比热容较大或相变吸热量较大的材料，吸收火区热量、降低温度，进而熄灭高温火源。实际煤火治理通常使用多种灭火技术。例如，新疆地区防治煤火首先剥离地表火源，然后通过钻孔注水降温至100℃以下，再通过钻孔泵入泥浆，最后用土进行地面封盖。

从20世纪50年代开始，我国一直进行煤田火区的治理与矿井防灭火工作，目前已经治理的火区占我国煤田火区的20%。新疆煤田火区是我国煤火严重的煤田火区之一，每年煤田火灾损失煤炭资源约442万吨，排放二氧化碳约1320万吨、一氧化碳约10.3万吨、二氧化硫约4.41万吨、总烃约2.05万吨、烟尘约1.05万吨。1958年新疆煤田灭火工程处成立。2008年改为新疆煤田灭火工程局，60年多来，累计治理煤田火区52处，治理火区面积1300万平方米，保护煤炭资源320多亿吨，减排温室气体4亿多吨。总体上，我国仍有大量煤火仍处于燃烧状态，部分煤火尚未被发现，同时又有新的煤火不断生成，我国煤田火区治理仍然任重道远。

参 考 文 献

曹代勇，时孝磊，樊新杰，等. 2007. 煤田火区环境效应分析. 中国矿业, 7（16）：40-42.
程远平，付建华，俞启香. 2009. 中国煤矿瓦斯抽采技术的发展. 采矿与安全工程学报, 26（2）：127-139.
崔艳. 2018. 我国煤系共伴生矿产资源分布与开发现状. 洁净煤技术, 24（S1）：27-32.
高亮. 2007. 我国煤矿矿井水处理技术现状及其发展趋势. 煤炭科学技术, （9）：1-5.
高学正，齐钒宇，贾丽琼，等. 2019. 地质资料目录现状与发展趋势研究：以全国地质资料馆为例. 中国矿业, （6）：55-59.
顾大钊. 2015. 煤矿地下水库理论框架和技术体系. 煤炭学报, 40（2）：239-246.
管海晏，冯·亨特伦，谭永杰，等. 1998. 中国北方煤田自然环境调查与研究. 北京：煤炭工业出版社.
国家煤炭安全监察局. 2017. 煤矿安全生产"十三五"规划.
韩甲业，应中宝. 2013. 我国低浓度煤矿瓦斯利用技术研究. 中国煤层气, （6）：39-41.
孔昭煜，郭磊，李海龙，等. 2019. 大数据背景下地质资料电子数据长期保存技术探究. 中国矿业, （6）：69-72.
李凤明. 2011. 我国采煤沉陷区治理技术现状及发展趋势. 煤矿开采, 16（3）：8-10.
林柏泉，李庆钊，原德胜，等. 2014. 矿区瓦斯近零排放分布式能源系统的构建与实践. 煤炭科学技术, 42（6）：45-48.
龙伍见. 2010. 我国煤矿低浓度瓦斯利用技术研究现状及前景展望. 矿业安全与环保, 4（37）：74-77.
马骋. 2019. 我国亟待出台绿色勘查行业标准. 中国自然资源报, 2019-06-20（005）.
潘海洋，马俪，孙升林. 2018. 展望"互联网+"对地勘工作的变革. 中国矿业, 26（S2）：27~29, 37.
潘树仁，潘海洋，谢志清，等. 2018. 新时代背景下煤炭绿色勘查技术体系研究. 中国煤炭地质, 30（6）：10-13.
孙宏达. 2014. 煤炭资源枯竭矿井煤层气（瓦斯）资源分布规律及资源评价方法研究. 徐州：中国矿业大学.
孙升林，吴国强，曹代勇，等. 2014. 煤系矿产资源及其发展趋势. 中国煤炭地质, 26（11）：1-11.
王师节. 2018. 我国煤炭安全形势与国外发达国家的差距分析. 中国煤炭工业, 5：68-70.
王翔. 2015. 论煤炭行业的信息化工业化融合. 中国新技术新产品, （19）：95.
叶建平，陆小霞. 2016. 我国煤层气产业发展现状和技术进展. 煤炭科学技术, 44（1）：24-28.
袁亮. 2016. 我国深部煤与瓦斯共采战略思考. 煤炭学报, 41（1）：1-6.

张博, 彭苏萍, 王佟, 等. 2019. 构建煤炭资源强国的战略路径与对策研究. 中国工程科学, 21 (1): 88-96.
张建民, 管海晏, Rose ma A. 2004. 煤田火区遥感四层空间探测方法. 国土资源遥感, 4: 50-53, 62.
赵鹏大. 2019. 地质大数据特点及其合理开发利用. 地学前缘, 26 (4): 1-5.
赵记微, 卢国斌. 2008. 煤矿矿井水的处理与综合利用. 煤炭技术, (2): 145-147.
中国地质调查局. 2017. 2016 年全国地质勘查成果通报.
中国煤炭工业协会. 2018. 2017 煤炭行业发展年度报告.
中国煤炭工业协会. 2019. 2018 煤炭行业发展年度报告.
Liang M, Liang Y, Liang H, et al. 2018. Polycyclic aromatic hydrocarbons in soil of the backfilled region in the Wuda coal fire area, Inner Mongolia, China. Ecotoxicology and Environmental Safety, 165: 434-439.
Miller S M, Michalak A M, Detmers R G, et al. 2019. China's coal mine methane regulations have not curbed growing emissions. Nat Commun, 10 (1): 303.
Stracher G B, Taylor T P. 2004. Coal fires burning out of control around the world: Thermodynamic recipe for environmental catastrophe. International Journal of Coal Geology, 59 (1-2): 7-17.
van Dijk P, Zhang J, Jun W, et al. 2011. Assessment of the contribution of in-situ combustion of coal to greenhouse gas emission: Based on a comparison of Chinese mining information to previous remote sensing estimates. International Journal of Coal Geology, 86 (1): 108-119.

5 煤炭地质勘查在"一带一路"倡议中的新作用

摘要：本章首先概述了"一带一路"倡议框架下有关政策沟通、设施联通、贸易畅通、资金融通和民心相通等方面的总体推进现状，以及中国与"一带一路"沿线国家的合作情况，进而深入分析了"一带一路"地区化石能源、矿产资源和水资源的基础条件与发展需求，最后提出了煤炭地质勘查工作在"一带一路"建设中深度参与能源与矿产资源勘查开发、大型基础设施建设地质安全保障、构建生态地质勘查新产业、共建地质勘查与矿业领域国际合作平台等方面发挥新作用的战略方向。

共建"一带一路"倡议源自中国，更属于世界；根植于历史，更面向未来；重点面向亚欧非大陆，更向所有国际伙伴开放。自2013年9月"一带一路"倡议提出以来，越来越多的国家和国际组织积极响应，对共建"一带一路"的认同感和参与度不断增强，以和平合作、开放包容、互学互鉴、互利共赢的丝绸之路精神为指引，从基础设施到经贸合作，从金融互通到人文交流，一大批标志性的"一带一路"建设成果不断显现，众多重大项目相继落地实施、造福民众。"一带一路"倡议的全面推进为煤炭地质勘查工作的转型发展和产业拓展提供了历史机遇。地质勘查工作作为跨地域、跨文化、跨国家的基础性、先行性、公益性工作，能够更好促进不同国家地域、不同发展阶段、不同历史传统、不同文化宗教的深度合作和经济发展，是"一带一路"倡议全面推进的融合剂和助推器。面对当今世界百年未有之大变局，和平、发展、合作仍是主旋律，以资源地质勘查工作为先导，全面加强国际产能合作，能够有效促进经济快速发展、民生全面改善。同时，地质与生态建设工作与应对全球气候变化、治理环境污染、改善生态环境等人类发展面临的共同问题密切相关，携手共建"美丽地球"将不断彰显出强大的创造力和能动力，成为构建人类命运共同体的重要实践平台。

5.1 "一带一路"倡议框架下的国际合作情况

"一带一路"倡议以政策沟通、设施联通、贸易畅通、资金融通和民心相通为主要合作内容，推动沿线国家经济社会共同发展。"一带一路"倡议致力于建设和平之路、繁荣之路、开放之路、绿色之路、创新之路、文明之路、廉洁之路，推动经济全球化朝着更加开放、包容、普惠、平衡、共赢的方向发展。

5.1.1 "一带一路"倡议的总体推进情况

"一带一路"倡议提出以来，已经从理念转化为行动，从愿景转化为现实，从倡议转化为惠及广大沿线国家的公共产品，参与各国得到了实实在在的好处，"一带一路"建设已经从谋篇布局的"大写意"转入精耕细作的"工笔画"。

（一）政府间合作文件签署和专业领域对接有序推进

"一带一路"倡议提出以来，各参与国和国际组织本着求同存异原则，就经济发展规划和政策进行充分沟通，协商制定经济合作规划和措施。六年多来，"一带一路"倡议与欧盟"容克投资计划"、俄罗斯"欧亚经济联盟"、蒙古国"发展之路"、哈萨克斯坦"光明之路"、波兰"琥珀之路"、越南"两廊一圈"、土耳其"中间走廊"等众多发展战略实现精准对接。与此同时，越来越多的国家加入到"一带一路"倡议的大家庭中，截至2019年4月底，中国政府已与125个国家和29个国际组织签署173份合作文件，共建国家已由亚欧延伸到非洲、拉丁美洲、南太平洋等区域。

共建"一带一路"专业领域对接合作持续推进。中国与亚洲、欧洲和非洲的多个国家共同发起《"一带一路"数字经济国际合作倡议》，与16个国家签署加强数字丝绸之路建设合作文件；中国发布《标准联通共建"一带一路"行动计划（2018—2020年）》，与49个国家和地区签署85份标准化合作协议。中国还发布了关于知识产权务实合作、税收合作、能源合作、法治合作、农业合作、海上合作等多个领域对接规划，共建"一带一路"倡议及其核心理念已写入联合国、二十国集团、亚太经合组织以及其他区域组织等有关文件中，取得了广泛的国际合作共识。

（二）以"六廊六路"为重点的基础设施建设不断加快步伐

在共建"一带一路"的合作重点和空间布局中，新亚欧大陆桥、中蒙俄、中国-中亚-西亚、中国-中南半岛、中巴和孟中印缅六大经济走廊是设施联通建设的重点，它们将亚洲经济圈与欧洲经济圈联系在一起，为构建高效畅通的亚欧大市场奠定良好基础。六年多来，六大经济走廊区域合作日益深入，中国-中东欧、中蒙俄、中国-东盟（"10+1"）合作机制、大湄公河次区域经济合作等合作机制不断完善，在能源合作、经贸与产能合作、跨境经济合作区建设、产业园区合作、国际金融开放合作、人文交流与民生合作等方面规划推动了一批重点项目，经济走廊的带动作用越来越明显。

在基础设施互联互通合作的关键领域方面，以铁路、公路、航运、航空、管道、空间信息网络为代表的"六路"建设顺利推进。截至2018年年底，中欧班列已联通亚欧大陆16个国家的108个城市，累计开行13 000列。巴基斯坦瓜达尔港、希腊比雷埃夫斯港等已建成中转枢纽，中国宁波航运交易所发布"海上丝绸之路航运指数"。中俄原油管道、中国中亚天然气管道稳定运行，中俄天然气东线管道和中缅油气管道进展顺利。

（三）新型国际投融资模式和多边金融合作机制日趋完善

中国积极探索新型投融资模式支持"一带一路"建设。中国出资400亿美元成立丝路基金，2017 年获得增资 1000 亿元人民币，已签约 19 个项目。丝路基金与欧洲投资基金设立的中欧共同投资基金于 2018 年 5 月开始运作，首期投资规模 5 亿欧元。亚洲基础设施投资银行成员国已达 93 个，其中来自"一带一路"国家达到 60%以上。2017 年 11 月，中国-中东欧银联体成立；2018 年 7 月和 9 月，中国-阿拉伯国家银行联合体、中非金融合作银行联合体成立，多边金融合作水平不断提升。

在共建"一带一路"倡议中，政策性出口信用保险覆盖面广，在支持基础设施、基础产业建设上发挥了独特作用。截至 2018 年年底，中国出口信用保险公司累计支持对沿线国家的出口和投资超过 6000 亿美元。银行间债券市场对外开放程度不断提高，截至 2018 年年底，中国进出口银行面向全球发行 20 亿元人民币绿色金融债券，金砖国家新开发银行发行首单 30 亿元人民币绿色金融债，为"一带一路"建设提供了强有力的支撑。

5.1.2 "一带一路"沿线国家合作情况

共建"一带一路"倡议总体上确定了五大方向："丝绸之路经济带"有三大走向，一是从中国的东北、西北经中亚、俄罗斯至欧洲及波罗的海；二是从中国西北地区经中亚、西亚到波斯湾、地中海；三是从中国西南地区经中南半岛至印度洋。"21 世纪海上丝绸之路"有两大走向，一是从中国沿海港口经过南海及马六甲海峡到达印度洋，进一步延伸至欧洲；二是从中国沿海港口经过南海向南太平洋区域延伸。

"丝绸之路经济带"涵盖东北亚经济整合、东南亚经济整合，并最终融合在一起通向中亚和欧洲，形成欧亚大陆经济整合发展的大趋势。"21 世纪海上丝绸之路"从海上联通亚洲、非洲和欧洲大陆，辐射到太平洋地区，与"丝绸之路经济带"形成一个海上和陆地的闭环。

（一）"一带一路"沿线国家总体情况

"一带一路"沿线包括 65 个国家（表 5.1），44 亿人口，涉及人口占全世界的 63%，GDP 总量 21 万亿美元，占全球 29%，人均 GDP 仅为世界人均水平的一半。"一带一路"地区经济发展不平衡，呈现两边高、中间低的洼地型经济地理特征，东端是相对活跃的亚太经济圈，西端为相对发达的欧洲经济圈，中间是中亚以及周边一带经济较弱的地区，这是全球经济发展最具潜力的地区。

表 5.1 "一带一路"沿线国家列表

区域	主要国别
中国	中国
蒙俄	蒙古国、俄罗斯
独联体其他 6 国	乌克兰、白俄罗斯、格鲁吉亚、阿塞拜疆、亚美尼亚、摩尔多瓦
中亚 5 国	哈萨克斯坦、吉尔吉斯斯坦、塔吉克斯坦、乌兹别克斯坦、土库曼斯坦

续表

区域	主要国别
东南亚11国	越南、老挝、柬埔寨、泰国、马来西亚、新加坡、印度尼西亚、文莱、菲律宾、缅甸、东帝汶
南亚8国	印度、巴基斯坦、孟加拉国、阿富汗、尼泊尔、不丹、斯里兰卡、马尔代夫
中东欧16国	波兰、捷克、斯洛伐克、匈牙利、斯洛文尼亚、克罗地亚、罗马尼亚、保加利亚、塞尔维亚、黑山、马其顿、波黑、阿尔巴尼亚、爱沙尼亚、立陶宛、拉脱维亚
西亚、中东、北非16国	土耳其、伊朗、叙利亚、伊拉克、阿联酋、沙特阿拉伯、卡塔尔、巴林、科威特、黎巴嫩、阿曼、也门、约旦、以色列、巴勒斯坦、埃及

据世界银行标准,"一带一路"沿线65个国家中,18个为高收入经济体,20个为上中等收入经济体,25个为下中等收入经济体,2个低收入经济体。

18个高收入经济体中,可归类为"能源型"和"非能源型",其中,"能源型"主要包括卡塔尔、阿联酋、沙特阿拉伯等石油产出国;"非能源型"则主要分布在中东欧地区如爱沙尼亚、斯洛伐克等国家和新加坡。

20个中等收入经济体在"一带一路"各大区域内均有分布。从产业结构观察,马来西亚、白俄罗斯、阿塞拜疆等国家以制造业为主,占GDP比重在20%以上;从经济发展的对外开放程度看,马尔代夫、马来西亚及泰国等国家外向型经济发展水平高于其他区域国家;而俄罗斯、哈萨克斯坦、土耳其及土库曼斯坦等国家的经济发展外向水平较低。

25个下中等收入经济体则集中分布在南亚、东南亚及中亚地区,这类经济体农业占比高,农业、制造业占比均维持在10%~20%的水平;经济发展的对外开放程度上,越南、柬埔寨及乌克兰较高,巴基斯坦、埃及、孟加拉国、印度及乌兹别克斯坦对外开放程度较低。

(二)中国与"一带一路"沿线国家合作情况

"一带一路"倡议提出的六年多以来,中国与沿线国家的经贸、产能、文化等方面的合作日益紧密,朋友圈持续扩大。目前,我国已累计同125个国家和29个国际组织签订了173份合作文件,其中欧亚非的国家数量最多,非洲37个,亚洲36个,欧洲26个,大洋洲9个,北美洲10个,南美洲7个。仅2018年,与中国签署共建"一带一路"合作文件的国家就超过60个。

根据国家信息中心报告《"一带一路"大数据报告(2018)》显示,我国与"一带一路"国家之间的合作水平逐年攀升,2018年合作度指数较2017年和2016年分别提升2.01和3.57,达到47.12。与我国合作紧密程度前十名国家分别是俄罗斯、哈萨克斯坦、巴基斯坦、韩国、越南、泰国、马来西亚、新加坡、印度尼西亚、柬埔寨,俄罗斯连续三年蝉联榜首。部分发达国家与我国在"一带一路"框架下的第三方市场合作也迈出了积极步伐。

例如,中国与比利时签署了《中华人民共和国商务部与比利时王国联邦外交、外贸与发展合作部关于在第三方市场发展伙伴关系与合作的谅解备忘录》,与法国签署了中法第三方市场合作新一轮示范项目清单。习近平主席2018年的出访足迹遍布全球的13个国家,参加了金砖国家领导人会晤、APEC领导人非正式会议以及G20峰会等多场国际会议，参加了近 200 场外交活动，每次活动几乎都将共建"一带一路"倡议作为主题之一。2018年首访阿联酋、塞内加尔、卢旺达、南非和毛里求斯这五个亚非国家，均促成了两国正式签署"一带一路"合作文件。出访葡萄牙，促成中国与葡萄牙签署共建"一带一路"谅解备忘录，葡萄牙成为第一个签署该协议的西欧国家。

此外，《中巴经济走廊远景规划》、《中俄在俄罗斯远东地区合作发展规划（2018—2024年）》颁布实施；"一带一路"与蒙古国的"发展之路"、越南的"两廊一圈"战略对接并积极推进；中国发布了《标准联通共建"一带一路"行动计划（2018—2020年）》，与49个国家和地区签署了85份标准化合作框架文件，推动出台了《"一带一路"融资指导原则》，推动成立了国际商事法庭和"一站式"国际商事纠纷多元化解决机制；在数字经济、农业、税收、能源、知识产权等专业领域开展的规则对接与沟通逐步进入常态化轨道。

我国对"一带一路"沿线国家投资合作在积极推进，特别是以重大项目和重点工程为引领，着力强化交通、能源、信息等领域合作，不断提高基础设施网络联通水平。在基础设施"硬联通"的同时，深化政策、规则、标准等"软联通"，共同推进国际运输、贸易便利化水平，共同维护国际运输通道安全，降低贸易风险。在第二届"一带一路"国际合作高峰论坛上，与会各方在交通、能源、电信等领域签署35项双边和多边谅解备忘录、合作意向书、投资协议、合作项目。"一带一路"倡议正在成为区域和全球经济发展的新引擎，为中国企业走出去提供了包容性平台和制度性保障。

5.2 "一带一路"地区资源基础与发展需求

"一带一路"地区是全球各类资源最为丰富的地区，又是世界范围内经济社会发展最不平衡的地区。因此，资源领域的高水平开发、区域性优化、互补性市场等方面的合作具有十分重要的现实意义。限于篇幅，本节重点选择与煤炭地质勘查工作相关的化石能源、矿产资源、水资源三个方面进行论述。

5.2.1 "一带一路"地区化石能源基础与发展需求

根据国际能源署（IEA）、美国能源信息署（EIA）和BP公司等多个权威机构预测，到2040年，化石能源仍然占世界一次能源构成的75%左右，其中以煤炭、石油、天然气为主的化石能源以大致三分天下的格局将继续成为21世纪中叶之前能源生产和消费的主体（国际能源署，2019）。对于化石能源特别丰富的"一带一路"地区来说，化石能源领域的深度合作具有重要意义。

（一）"一带一路"地区化石能源基本条件

"一带一路"地区在全球能源市场非常重要，这里是全世界最大的化石能源生产中心。据统计，2018年世界化石能源生产117.4亿吨油当量（BP世界能源统计年鉴2018，2019），"一带一路"沿线国家生产的贡献超过60%（刘清杰，2017）。

据统计，"一带一路"沿线国家为世界提供了57%的石油产量，53%的天然气产量，70%的煤炭产量（刘清杰，2017）。

在"一带一路"沿线65个国家中，石油输出国组织（OPEC）主要集中在"一带一路"的中东地区，中东地区为全球生产贡献了33%的石油，俄罗斯、阿塞拜疆和中亚国家贡献了15.6%，东亚和东南亚国家贡献了7.4%。

天然气在"一带一路"地区呈现出更加多元化供给分布，中东地区贡献了世界上17.4%的天然气，俄罗斯贡献了16.1%。俄罗斯、阿塞拜疆、哈萨克斯坦、土库曼斯坦、伊朗既是石油输出国也是天然气资源的重要输出国。俄罗斯、伊朗和卡塔尔分别是第二、三、四天然气生产国。中国、东南亚和印度总计贡献12.2%，阿塞拜疆和中亚国家也是重要的生产者。

世界上多数煤炭产量都产自于"一带一路"沿线国家，中国和印度分别是全球第一和第三煤炭资源生产国。2018年世界煤炭产量突破80亿吨，中国36.83亿吨，占46%，印度产量7.65亿吨。其他较大煤炭产量的国家还有印度尼西亚和俄罗斯等，"一带一路"沿线国家贡献了世界煤炭生产量的70%，无疑是煤炭生产的中心。

据统计，"一带一路"沿线国家在全球化石能源生产量的占比从1985年的不足50%上升到目前的60%以上，而经济合作与发展组织（以下简称经合组织）（OECD）和欧盟的化石能源生产占比呈逐年下降趋势。与此同时，世界能源的消费中心也快速向"一带一路"地区转移。发达国家经济发展进入后工业化时期，经济向低能耗、高产出的产业结构发展，并且发达国家高度重视节能与提高能源利用效率，高能耗的制造业逐步转向发展中国家。而"一带一路"沿线国家和亚太地区正在进入工业化时期，并且伴随着人口的快速增长，对化石能源的需求快速增长。根据预测（BP世界能源展望2019，2019），到2040年，全球80%的经济增长和能源消费由新兴经济体驱动，其中国和印度占比达50%。这种现状一方面反映出"一带一路"地区化石能源的资源基础在全球处于优势地位，另一方面也展示出强大的区域发展需求和消费潜力。可以预见的是，"一带一路"沿线国家还将长期维持在全球化石能源生产的核心位置，并将继续保持增长态势。

（二）"一带一路"地区煤炭资源特点与合作潜力

据统计（BP世界能源统计年鉴2018，2019），截至2018年年底，世界煤炭资源探明储量为10547.8亿吨，其中三分之二的煤炭资源集中在美国（24%）、俄罗斯（15%）、澳大利亚（14%）和中国（13%）四个国家中。2018年世界煤炭表观消费量为37.72亿吨油当量，占世界能源消费总量的27%以上，其中，中国（50.5%）、印度（12%）、美国（8.4%）、日本（3.1%）和俄罗斯（2.3%）为前五名消费大国，占世界消费总量的四分之三。煤炭生产方面，2018年世界生产煤炭总量为39.17亿吨油当量，其中国（46.7%）、美国（9.3%）、印度（7.9%）、澳大利亚（7.7%）、俄罗斯（5.6%）为前五名煤炭生产大国，占世界煤炭生产总量的77.2%。

"一带一路"沿线国家的煤炭探明储量约为5900亿吨，占世界煤炭总储量的56%，主要分布于俄罗斯、中国、印度、印度尼西亚、乌克兰、波兰、哈萨克斯坦、土耳其、塞尔维亚等国家,捷克、蒙古国、保加利亚、巴基斯坦、塔吉克斯坦、越南等国亦有重要煤矿分布。

俄罗斯煤炭资源丰富,探明煤炭储量1604亿吨,居世界第2位,在"一带一路"煤炭资源分布中占有重要地位,主要分布在远东、西伯利亚、乌拉尔、伏尔加等地区。印度煤炭资源集中分布于印度半岛东南部,探明储量1014亿吨。其他几个煤炭资源比较丰富的国家包括印度尼西亚(370亿吨)、乌克兰(344亿吨)、波兰(265亿吨)、哈萨克斯坦(256亿吨)、土耳其(115亿吨)等。

"一带一路"沿线各国中,印度尼西亚、印度、俄罗斯、哈萨克斯坦、蒙古国、波兰等是世界原煤生产大国,目前煤炭市场已经形成了俄罗斯、印度尼西亚两个区域原煤出口大国,中国和印度两个区域进口大国的基本格局,这种供需格局短时间内基本不会改变。

近年来,我国从印度尼西亚、越南、俄罗斯、蒙古国等国家进口的煤炭量不断增长,煤炭勘查、开采加工、设备和产能投资等领域合作潜力较大。

在"一带一路"煤炭资源开发利用领域,印度尼西亚、越南等国家勘探开发程度较低,开发需求较大,煤炭产业基础设施与技术装备水平相对落后,本国资金短缺且对外开放程度较高,可以通过风险勘探、投资开采、技改扩大产能等方式加强煤炭资源领域合作。哈萨克斯坦、印度等国家煤炭开发需求大,煤炭产业转型升级和煤电整合快速发展,煤炭采掘装备、煤电工程技术等合作需求较大。

在"一带一路"煤炭贸易及消费领域,应重点关注以印度、巴基斯坦、孟加拉国等为代表的潜在煤炭需求增长国,作为国际煤炭贸易的主要目标市场。同时,要深度参与全球煤炭市场贸易的分工体系,不断提高话语权,将澳大利亚等国家的优质煤炭资源作为国内进口需求的主要来源地。

在"一带一路"煤炭矿业资本运营领域,通过矿业股权投资获取煤炭资源的同时,还能够参与煤炭探矿权、采矿权的二级市场运营,学习国外先进的矿权运作理念和产融结合方式,进而优化国内煤炭资源的国际化资本布局和全球化经营水平。

(三)"一带一路"地区化石能源发展需求

"一带一路"地区国家经济增长和人民生活水平不断提高,对于能源消费需求仍然是拉动世界化石能源消费的主要因素。"一带一路"沿线国家人均能源消费量为1.30吨/人,低于世界人均化石能源消费水平(1.54吨/人),更大大低于经合组织(3.50吨/人)和欧盟(2.40吨/人)的量值(刘清杰,2017)。从世界范围来看,经济水平越高的地区人均化石能源消费越高,而"一带一路"沿线国家的数据分析表明,多数国家集中表现为低经济水平和低人均化石能源消费水平的特征。人均能源消费最低的地区是孟加拉国、菲律宾、巴基斯坦、印度和越南等(刘清杰,2017)。

"一带一路"沿线国家能源生产与能源消费之间存在的地域空间分布差异使其成为世界能源贸易的核心地带。中东、中亚-俄罗斯地区是世界上最大的能源输出地,亚太地区是最大的石油输入地,因此产生了"一带一路"沿线国家生产与消费存在空间分离的问题，能源在"一带一路"沿线国家之间的互补性非常强。中国、印度、土耳其、日本、新加坡等均是消费大国，而俄罗斯、沙特阿拉伯、哈萨克斯坦等国家是能源生产大国。对于世界化石能源最大的消费国——中国来说，"21世纪海上丝绸之路"是最主要的石油贸易通道，而"丝绸之路经济带"则是天然气的主要供给通道。可以预见，未来在"一带一路"倡议下的化石能源贸易合作具有极大潜力。

"一带一路"沿线国家化石能源的消费结构长期以煤炭为主，导致能耗高、能源利用率低、能源浪费及污染问题相对突出。"一带一路"地区除了油气资源丰富的部分中东国家和少数高收入国家外，多数国家消费结构长期以煤炭消费为主并有增长势头。世界化石能源平均消费结构为煤炭32.1%、石油39.7%、天然气28.2%。而在"一带一路"沿线国家和亚太地区的相应数据为46.6%、29.1%、24.3%；中国2018年化石能源消费结构则为煤炭68.3%、石油23.0%、天然气8.7%。

特别需要注意的是，当欧洲、北美洲和非洲整体上从1985年开始煤炭消费占比逐渐下降的时候，"一带一路"沿线国家的煤炭消费占比正在逐渐上升。这种现象的产生主要是因为超过三分之二的"一带一路"沿线国家正处于工业化进程中，中国、印度等人口大国也进入能源密集型发展阶段，这些国家的能源需求在不断增加，且以成本较低的煤炭消费为主要能源类型。煤炭燃烧产生的二氧化碳比其他燃料更高，这使得本地区面临的碳减排压力和环境污染问题更加严峻。据统计，经合组织1992年时CO_2的全球排放比重达到51%以上，超过世界其他地区，而目前这个比重已降到30%左右。与此变化方向相反的是"一带一路"沿线国家在1992年时CO_2的排放比重为41%，而目前这个数字约为55%（国际能源署，2019）。

煤炭在"一带一路"地区作为主导化石能源的地位短期不会变化，但是，不断优化能源消费结构、提高煤炭资源绿色利用能力、加大实施节能降耗措施等方面的主动权则在"一带一路"各沿线国家的手中，加大能源开发利用、提高能源效能方面的全面合作将是区域能源合作的长期重点方向。

5.2.2 "一带一路"地区矿产资源条件与发展需求

"一带一路"沿线地区处于欧亚大陆中心地带，地跨乌拉尔-蒙古造山带、昆仑-祁连-秦岭造山带、特提斯-喜马拉雅造山带和环太平洋构造活动带等多条巨型陆内及大陆边缘构造系统，复杂的成矿条件和良好的成矿背景使得该区域矿产资源富集。据统计，区内矿产资源近200种，价值超过250万亿美元，储量占全球60%以上（国土资源部，2015）。印度和俄罗斯是重要的钻石产区，乌兹别克斯坦被称为"黄金之国"，南亚地区铁、铅、铜、钛等资源丰富，东南亚地区锡、镍、铝土在世界上占有重要地位，俄罗斯库尔斯克是世界上最大的铁矿石富集地。随着"一带一路"建设的不断深入，沿线国家矿产资源领域将成为重要的国际产能合作和产业投资方向。

(一) "一带一路"地区矿产资源基本条件

"一带一路"地区地处环太平洋成矿域、特提斯-喜马拉雅成矿域、中亚-蒙古成矿域三大成矿域和西伯利亚地台成矿区、印度地台成矿区、阿拉伯地台成矿区、塔里木-中朝地台成矿区和扬子地台成矿区等重要成矿区，区内矿产资源丰富，勘查开发潜力巨大（五矿经济研究院，2017）。

环太平洋成矿域环绕太平洋周缘展布，地跨亚洲、大洋洲、北美洲和南美洲四大洲，其西南段位于亚洲境内的"一带一路"区域中，盛产铜、钼、金、银、镍、钨、锡、铅和锌等资源；特提斯-喜马拉雅成矿域位于欧亚大陆与冈瓦纳大陆的结合部位，矿产资源广泛赋存于多期特提斯造山带中，矿种以锡、钾盐、铅、锌、铜、钼、铝土矿等为主；中亚-蒙古成矿域分布在亚洲大陆中部，发育黑色岩系型矿床、斑岩铜钼矿床、块状硫化物矿床、花岗伟晶岩型稀有金属矿床、陆相火山岩型金银矿床和火山沉积型铁矿等；西伯利亚地台成矿区主要产出铜、镍、金、银、钨等矿产，矿床类型有铜镍硫化物型矿床、黑色岩系型矿床、砂页岩型铜矿床、金伯利岩型金刚石矿产和火山岩型铀矿；印度地台成矿区主要成矿类型有沉积变质型铁锰矿、热液型铜矿、绿岩型金矿、斑岩型铜矿和红土型铝土矿；阿拉伯地台成矿区主要发育沉积变质型铁矿、沉积型铝土矿、火山岩型铜锌矿、密西西比河谷型铅锌矿等；塔里木-中朝地台成矿区位于中国境内，主要产出铁、钼、镍、铅、锌、金、铝、铜、稀有和稀土矿产，成矿类型有沉积变质型铁矿和铜矿、岩浆型铜镍矿、斑岩型钼矿、沉积变质型铅锌矿、沉积型铝土矿、热液型矿床、夕卡岩型矿床等。扬子地台成矿区北接秦岭大别山造山带，西邻松潘-甘孜造山带、南靠华南右江造山带，该区矿产丰富、类型齐全，以寒武纪、古生代、中生代矿床为主，主要矿种有铜、铅锌、金银、钨、锡等。重要矿床类型有岩浆型钒钛矿、火山侵入岩性铁矿、斑岩型矿床等。

东南亚地区因地处欧亚板块、印度-澳大利亚板块和太平洋板块三大板块的交会地带，伴随着多次洋盆开合、多期俯冲碰撞和多个板块的拼接碰撞，成为全球构造运动活跃、地质条件复杂的地区之一，也是全球重要的成矿区带之一。东南亚地区的主要成矿类型有多种类型的金矿，包括沉积岩型金矿、造山带型金矿、与侵入岩有关的金矿、与斑岩有关的铜金矿、热液型金银铜矿床等。还有潜力巨大的斑岩型铜-金-钼矿床、铁氧化物铜金型矿床、火山岩型块状硫化物型矿床、锡钨矿、稀土矿和宝玉石矿等，盛产铜、铬、镍、铝土矿、钾盐、锡等优势矿产资源，且具有区域性集中分布的特点，如铜矿和镍矿主要分布在菲律宾、印度尼西亚、缅甸和老挝等国，铬矿主要分布在菲律宾、缅甸和越南，钾盐主要分布在泰国和老挝，锡矿主要分布在印度尼西亚和马来西亚，有延伸达2500千米的锡成矿带等。

（二）"一带一路"地区主要矿产资源国家情况

俄罗斯作为世界上面积最大的国家，成矿地质条件非常好，不仅赋存石油、天然气等化石能源，各类金属矿产资源也很丰富，许多矿种的储量规模居世界领先地位。其中，铁矿石储量位居世界前列，一半以上的铁矿石储量集中在若干个相对集中的大型铁矿床，特别是库尔斯克地区，每个铁矿床的储量都超过10亿吨。铬矿石储量丰富，主要集中在4个已探明的铬矿床，其中卡累利阿地区的阿加诺泽尔是俄罗斯最大的铬矿床。俄罗斯铜矿大部分集中在诺里尔斯克矿区以及乌拉尔和后贝加尔地区，以硫化物型矿床为主。锌矿储量丰富，约占世界总储量的 15%，近一半的锌储量集中在布里亚特共和国，其中 8 个大型矿床就集中了俄罗斯三分之二的探明储量。俄罗斯的镍、钴储量均位居世界前列，大部分镍、钴资源集中在诺里尔斯克、摩尔曼斯克州和乌拉尔地区；其中，诺里尔斯克地区的两个矿床蕴藏了俄罗斯约 70% 的镍储量，且具有较高的成矿品位。

蒙古国地处中亚东西向巨型铜金多金属成矿带中东段，矿产资源丰富。据统计，蒙古国已发现和评价了 800 多个矿床、4500 多个矿点。目前，铜、金、铀是蒙古国最有勘查开发远景的矿种。蒙古国的铜钼矿产丰富且潜力大，集中分布于三条近东西向的铜钼矿带，分别称为北蒙古带、中蒙古带和南蒙古带。现已发现金矿产地 300 多处，探明储量 140 吨，已经开采和正准备开采的有 50 处。铁矿产地有 30 多处，主要为含铁石英岩型和夕卡岩型。其中，托木尔台铁矿矿石储量 1.37 亿吨，平均品位 50% 以上；巴彦洪戈尔铁矿矿石量 1.1 亿吨，平均品位 52%；托木尔-托洛戈依铁矿矿石量 2000 万吨，平均品位 52%～57%。

印度多种矿产的储量和产量居世界前列，如印度铬铁矿的储量为 4400 万吨，占全球铬铁矿总储量的 12%，其储量和产量均居世界第三位；铁矿石产量居全球前五位，全球 12% 的钛矿和 60% 的云母由印度生产。但与经济发展需求相比，印度的矿产资源总体上属于较为匮乏的状况，如铜储量为 438 万吨，仅占全球铜储量的 0.7%，属于极度紧缺的矿产，铅和锌资源也很贫乏。

巴基斯坦地质构造比较复杂，成矿条件特殊，各类矿产资源丰富，已探明的矿产地有 1000 处以上。巴基斯坦铜矿储量约 5 亿吨，主要集中在俾路支省西部查盖地区的山达克、雷克迪克和西部斑岩杂岩体，其中山达克铜矿探明储量约为 4 亿吨以上，铜的平均品位为 0.45%，此外还共伴生有大量的金、银资源；铅锌矿矿石资源量在 5000 万吨以上，主要分布在杜达、苏迈、贡嘎、顿格等地区，其中以俾路支省南部的杜达铅锌矿最为著名，资源量约 5000 万吨，开采价值很高。金矿资源潜力较大，主要分布在俾路支省西部查盖地区和北部山区，在俾路支省有与铜矿共伴生的大量的金矿资源，如山达克铜金矿和雷克迪克铜金矿，后者的金矿资源量估计在 600 吨以上。

印度尼西亚是东盟最大的国家，矿产资源丰富，主要矿产资源有镍矿、铁矿沙、铝土矿、铜、锡、金、银等。其中，镍矿资源储量约 13 亿吨，探明储量 6 亿吨，主要分布在马鲁古群岛、南苏拉威西省、东加里曼丹省和巴布亚岛；铁矿主要分布在爪哇岛南部沿海，西苏门答腊、南加里曼丹和南苏拉威西岛，总储量为 21 亿吨，目前开发程度不高；铝土矿资源储量为 19 亿吨，探明储量为 2400 万吨，主要分布在邦加岛和勿里洞岛、西加里曼丹省和廖内省；铜矿主要分布在新几内亚岛、北苏拉威西岛，资源储量约 6600 万吨，探明储量为 4100 万吨；锡矿主要分布在西部的邦加、勿里洞以及苏门答腊岛的东海岸地区，资源储量 146 万吨，已探明储量约 46 万吨；印度尼西亚金矿资源储量约 191 万吨，探明储量 3200 吨，主要分布在苏门答腊岛、苏拉威西、加里曼丹和新几内亚岛。

土耳其横跨亚洲和欧洲，矿产资源的储备种类比较多，特别是西部的金矿、铜矿和中部的铜金矿、铀矿等，目前有 90 种矿产资源得以开发，地热能的潜能在欧洲排名第一，在世界排名第七。目前土耳其每年的钻探工作量已经达到了 450 万米，其中包括了矿产资源、地热能、石油、天然气以及水资源等，与此同时还在生产钻探设备方面处于世界领先地位。

中亚地区五国地理上处于欧亚大陆的中部,是贯穿两个大陆的交通枢纽,在成矿地质条件上,中亚地区主体上属古亚洲构造域,南部边缘为特提斯构造域,复杂而漫长的地质演化历史,造就了其成为矿产资源潜力巨大的区域之一。中亚地区是世界上重要的以铜、金为代表的多金属成矿区之一,目前已查明了阿尔泰地区的铜、多金属、金矿带,中天山南缘的金、铜、钼、钨矿带,蒙古国南部的铜矿带,哈萨克斯坦北部的金、铀矿带,中哈萨克斯坦的铁-锰、铜、多金属和稀有金属成矿区等。金矿在中亚地区分布广泛且成群带分布,探明金矿储量达4333吨,占全球总量的8.5%,其中乌兹别克斯坦的探明储量最大,其次是哈萨克斯坦和塔吉克斯坦,距中国边境约60千米的吉尔吉斯斯坦库姆托尔金矿是世界上著名的超大型黑色岩系型金矿之一。黑色金属矿产中,铬铁矿是极具优势的矿产之一,探明商品级矿石储量超过1.8亿吨,特别是哈萨克斯坦西北部的晚古生代蛇绿岩套中的铬铁矿床,其矿石品位达40%~55%。另外,锰和铁等矿产也非常丰富,集中分布在哈萨克斯坦等国家。有色金属方面,中亚地区的钨、钼、锌、锑等矿产的资源储量在世界上占有突出地位,斑岩型和火山岩型铜锌多金属矿储量品位较好。

(三)"一带一路"地区矿产资源合作开发需求

"一带一路"沿线国家与我国具有良好的矿产资源合作基础,前期已经有相当多的矿业企业"走出去",在矿产资源领域开展了广泛的国际合作(表5.2)。

表 5.2 "一带一路"沿线国家目前重点投资矿种及国家列表

矿种	国家	矿种	国家
金矿	蒙古国、印度尼西亚、吉尔吉斯斯坦、塔吉克斯坦、俄罗斯、斯洛伐克、老挝、马来西亚	铜矿	缅甸、吉尔吉斯斯坦、阿尔巴尼亚、阿富汗、老挝、巴基斯坦、越南
铝土矿	老挝、沙特阿拉伯	铀矿	哈萨克斯坦
铁矿	蒙古国、俄罗斯、菲律宾、柬埔寨、马来西亚、印度尼西亚、越南	铅锌矿	塔吉克斯坦、蒙古国、俄罗斯、巴基斯坦、越南
镍矿	印度尼西亚、缅甸、菲律宾	锡矿	吉尔吉斯斯坦

"一带一路"地区大多数国家为发展中国家和新兴市场国家,经济发展所需的矿产资源不断增加,区域内的矿产资源领域的互补性很强,与我国也具有经济互助、资源互补的合作基础。相对优势的合作方向包括中东、中亚国家的油气,印度尼西亚、菲律宾的镍、铁,越南的铝土矿、铁矿,泰国、老挝的钾盐等,这些都是我国急需进口的大宗矿产品(刘伯恩,2015)。我国具有世界上最丰富的煤炭、稀土和钼等矿产资源,目前的市场占有率较高,可为"一带一路"地区国家发展提供支持。与此同时,改革开放40多年来我国经济社会的快速发展也为广大发展中国家提供了可借鉴的发展模式,对于"一带一路"沿线的大多数发展中国家来说,中国在科学技术、经营管理和融资能力等方面的优势较为明显,能源及矿产资源的区域合作和有效开发利用是加强"一带一路"合作、构建紧密的利益共同体、促进共同发展的良好渠道。

随着"一带一路"地区的经济社会持续发展，沿线各国对矿产资源领域绿色发展的要求也越来越高，绿色勘查、绿色矿山等概念已为业界普遍认可。印度尼西亚近年来不断提高矿产资源开发过程中的环境要求，制定实施了国土空间规划，并将是否符合国家空间规划作为矿产资源开发的前置条件之一。新几内亚岛实行闭坑计划，要求矿业企业对矿产资源开发过程中的社会影响和环境影响进行评估。柬埔寨也制定了《小规模及手工采矿管理办法》，与联合国开发计划署共同监管小型开采项目以强化矿产企业的环境意识和社会责任。

从全球矿产资源合作机制来看，全球矿产资源开发标准和产业规则多是由西方国家制定的，我国参与国际矿业领域治理体系长期不足，在国际矿业资源合作规则的制定方面缺乏主动权。境外矿产资源投资项目不仅仅是技术问题，还与政治、金融、社会等问题密切关联，其全球技术产业链和需求供给关系与更加复杂的历史关系和经济纽带相关联。国内矿业企业在参加国际化矿产资源勘查开发过程中，不能仅仅从矿产资源开发的技术经济体系本身考虑问题，还要全面考察项目所在地区的法律体系源头、宗教信仰、原住民问题以及环境保护、社会发展要求等多方面因素，特别是所在国矿业法律、规则的历史脉络及其经济关联关系，深度认识当地经济社会发展需求和矿产资源开发面临的挑战，最大限度地规避非技术和管理领域的系统性风险。

随着中国经济发展进入了"新常态"，前些年的快速无序扩张导致我国矿产开发领域产生的相关问题也必须得到解决。调整矿业产业结构，加速国际化进程，越来越成为中国矿业企业的当务之急。一方面，矿业产能的快速发展带来了极大的能源消耗和严峻的生态环境负担，而这和新时期生态文明建设目标的矛盾是不可调和的；另一方面，国内大宗矿产资源紧缺的局面依然没有改善，对外依存度始终居高不下，以及自有矿山资源储备严重不足，国内进口矿产品每年都付出了很大的代价且国际定价话语权不足，这些种种已经成为中国矿业企业在国际上增强竞争力的巨大障碍。

"一带一路"倡议的全面推进将极大地促进沿线国家的矿产资源开发利用水平，为中国矿业企业走出去提供了良好的机遇。中国矿业企业应抓住未来全球矿业深度调整期的契机，加快海外产业布局，特别是加强和优化"一带一路"地区的矿产资源投资，谋划企业发展空间，并应积极推进矿产资源合作、基础设施建设与金融服务业的一揽子海外投资战略，由单纯的获取海外矿产资源向全方位合作转变，从传统的国内矿业企业向国际化矿产资源经营者转变，从矿产资源的"打工者"向全球化经略的"矿产商"转变。

5.2.3 "一带一路"沿线国家水资源基础及合作潜力

水资源缺乏正在成为威胁人类生存的关键性问题，水资源在"一带一路"沿线国家尤其短缺，"一带一路"65个国家中70%的国家为中等收入国家，这些国家正处于工业化、城市化发展中，对工业用水的需求急剧增加，而人口的增加和生活水平的提高也对生活用水的需求增加，再加上"一带一路"沿线国家相比于世界平均水平水资源更加短缺，因此用水矛盾也将更加突出。根据联合国粮食及农业组织（以下简称粮农组织）2014年的统计数据，世界共有可再生内陆淡水资源42.81万亿立方米，"一带一路"沿线国家的可再生内陆淡水资源为15.23万亿立方米，占比仅为35.6%，而

"一带一路"沿线国家的人口占世界的63%，水资源缺乏程度非常突出（李明亮等，2017）。世界人均水资源为0.593万立方米，"一带一路"沿线国家人均水资源为0.337万立方米，可以看出，"一带一路"沿线国家人均水资源远远低于世界平均值，而"一带一路"中的西亚、北非地区的水资源短缺问题更为突出。

（一）"一带一路"地区水资源分布特点与开发现状

"一带一路"沿线国家年降水量大体呈东南多、西北少的规律，西伯利亚-中亚-西亚-北非一线降水最为稀少。基于粮农组织最新统计数据分析，沿线国家平均降水量为654毫米，与中国平均降水量相当。沿线国家人均自产水资源量为3314米^3/人，是中国的1.7倍。从人均自产水资源量分析，俄罗斯及中亚、东南亚地区人均自产水资源量最为丰富，分别是中国的10.6倍和3.9倍，南亚、西亚、北非地区人均水资源量最少，仅为中国的一半左右。沿线国家入境水量占总水资源量的比例平均为31.5%，其中，土库曼斯坦、孟加拉国、科威特、巴林、埃及、匈牙利等国的入境水量占总资源量的比例高达90%以上，跨界水资源问题在这些邻近区域较为突出。

由于气候特征各异，沿线国家水资源变化的差异性较大。从年度水资源变化程度分析来看，中国、蒙古国、俄罗斯及中亚、西亚、北非等地区受大陆性气候影响，不同年度水资源变化较为明显，其中西亚、北非地区变化最为剧烈。从季节变异程度分析，受季风气候及冰川径流变异性等因素影响，中国、蒙古国、俄罗斯及中亚、东南亚、南亚的水资源季节变化较为剧烈，中东欧地区各国水资源的年度和季节变化均较为稳定。

"一带一路"沿线国家耕地资源相对丰富，因而各国均重视水资源的合理利用和配置，特别是东南亚、南亚、中东欧地区对耕地用水资源的需求更为突出。基于粮农组织统计数据分析，沿线国家2013年总用水量15 881亿立方米，人均用水量669.8亿米^3/人，农业、工业、生活用水比例分别占64.3%、19.3%、16.5%，自产水资源开发利用率（总用水量/自产水资源总量）为30.25%（表5.3）（联合国，2019）。

表5.3 "一带一路"地区水资源利用情况表

国家/地区	总用水量/亿立方米	人均用水量/（米^3/人）	农业用水比例/%	工业用水比例/%	生活用水比例/%	自产水资源开发利用率/%
中国	6 078	432	64.5	23.1	12.4	21.6
蒙俄及中亚	1 861	938	71.1	20.9	8.0	4.1
东南亚	3 858	672	74.1	12.7	13.2	7.7
南亚	10 234	618	81.3	2.3	16.4	51.6
西亚、北非	3 345	969	74.3	4.8	20.9	81.2
中东欧	739	390	20.4	51.8	27.8	15.3
合计/平均	15 881	669.8	64.3	19.3	16.5	30.25

注：数据来源于粮农组织数据库，各国用水量数据存在系统性误差，故在数据缺失时采用最近可用年份数据，并进行了数值校正。

根据不同地区的用水量比较，南亚地区总用水量最多，中东欧人均用水量最低。从自产水资源开发利用率分析，西亚、北非地区和南亚地区均超过50%，相应地对水资源优化配置的需求较高。东南亚地区水资源开发利用率不到10%，有进一步加大开发利用的空间。蒙俄及中亚地区水资源开发利用率只有4.1%，但各国之间差异悬殊。其中，蒙古国、俄罗斯的水资源开发利用率分别只有1.6%和1.4%，乌兹别克斯坦、土库曼斯坦的总用水量则达到自产水资源总量的3.4倍和19.9倍（李明亮等，2017）。

除中东欧地区外，多数"一带一路"地区农业用水比例均在70%以上，表明农业用水对农业节水灌溉技术均有较高的需求。全球水资源浪费严重，很多国家由于管理不善，管道陈旧及沟渠泄漏等，大概每年有30%的水资源被浪费（王春晓，2014）。"一带一路"多数国家水资源可用量已经达不到灌溉的需求，快速增长的人口和用水的低效性使这一问题更加突出。"一带一路"沿线国家农业用水多采用传统的重力漫灌法，目前大部分灌溉系统耗用了远远超过需要的水量，由于蒸发和泄漏，农业灌溉用水通常要损失一半，造成土地盐碱化和土质退化，产量下降，农业用水效率亟待提高。

"一带一路"沿线国家中一些人口密度较高、大型城市人口相对集中的地区，随着城市人口的不断增长，供水和饮水安全问题进一步凸显，对水资源综合开发利用的需求越来越高。例如，印度恒河三角洲地区的加尔各答市人口在近30年间增长了54%，都市圈总人口达1411万，成为印度人口极为稠密的地区之一。城市人口快速增长带来了严重的水危机，包括地表水体消失、河流污染、地下水位下降、民用供水安全等问题更加突出。"一带一路"沿线国家农村人口饮水安全问题更加突出，根据粮农组织的统计数据分析，蒙俄及中亚板块、南亚板块和东南亚板块2015年的农村人口饮水不安全比例均在10%以上。其中，土库曼斯坦、也门、阿富汗、蒙古国、东帝汶、塔吉克斯坦、柬埔寨、老挝八国的农村人口饮水不安全比例在30%以上。

与此同时，还要特别关注水资源环境问题。根据亚洲开发银行的《亚洲水务发展展望2016》报告分析，"一带一路"沿线南亚地区的水生态环境安全指标最低，主要表现在河流健康指数低（主要受气候变化、人口增长、经济发展、农业灌溉和农田生产力提升等多方面影响）、径流扰动剧烈、环境管理效率不高，而相比之下，发达经济体（如澳大利亚、日本、韩国、新西兰、新加坡等国）虽然也受到人口增长和经济发展的压力，但河流健康指数较高、径流扰动较轻微，且环境管理效率更高，因而水生态环境安全指标更高。中国、蒙古国和中亚地区、高加索地区三国也存在减少径流扰动、提高环境管理效率，做好水生态环境保护和修复的迫切需求（李明亮等，2017）。

（二）水资源领域国际合作展望

随着"一带一路"倡议的全面实施，水资源领域的国际合作也将迎来了广阔的发展机遇。在2019年4月召开的第二届"一带一路"国际合作高峰论坛上，中国政府与马来西亚政府、中国水利部与波兰环境部分别签署了水资源领域合作谅解备忘录，展示了良好的水资源领域合作前景。

（1）联合开展多层次的水资源规划和科研领域合作研究，围绕水资源综合管理、水旱灾害防御、气候变化等共同议题，开展多层次对话，交流和分享包括技术、信息和应用在内的成功经验，以共享共建机制联合提出应对措施。

（2）加强水资源风险评估和管理、矿山水害防治、中小河流治理、水资源管理与调度、水土保持与生态环境建设、高效农业节水技术等方面的产业合作，提高水资源利用率，造福"一带一路"沿线国家人民。

（3）参与沿线国家水资源合作开发相关基础设施建设，带动水资源利用相关产业的技术、设备、产能合作，加强跨境水资源共同开发利用，促进沿线国家水资源利用的深度合作。

在水资源国际合作中要特别注重防范风险，"走出去"的企业应紧紧围绕"一带一路"倡议的总体框架，着眼于打造水资源合作命运共同体，统筹规划重大水资源合作领域和重点方向，协调平衡所在国家政府部门、当地利益相关方和社会力量以及水流域跨境相关方的合作与竞争关系，按照不同地区政治、经济、社会、文化等方面的实际情况制订适宜的合作发展方案，建立风险应对机制，以真诚合作、互利共赢的理念促进民心相通，使水资源领域合作成果能够真正惠及"一带一路"沿线国家。

5.3 "一带一路"倡议下煤炭地质勘查工作的合作机遇与展望

"一带一路"倡议的愿景与目标为地质勘查工作提供了全方位的合作机遇。地质勘查工作能够有效带动所在国家矿产资源、能源领域和水资源利用的全面合作，进而推动经济与社会和谐发展；地质勘查工作可为"一带一路"建设的大型基础设施和重大工程项目提供质量和安全保障，在铸造精品工程、打造中国品牌中发挥特色优势；生态地质勘查以绿色发展理念和生态文明建设为出发点，与"一带一路"倡议的绿色之路和文明之路理念相通，共建"美丽地球"必将成为构建人类命运共同体的重要载体。

（一）做好"一带一路"矿产资源地质勘查与开发的主力军

"一带一路"沿线国家具有丰富的能源和矿产资源，是全球能源和矿产资源产出和供应的重要地区。俄罗斯是世界天然气最为丰富的国家，其铁矿、金刚石、锡矿、锑矿的探明储量居世界第一，铝土矿居世界第二；蒙古国已探明煤、铜、钨等80多种矿产，多数矿产资源勘探开发程度较低，潜力巨大；东南亚特定的岩浆组合和地球化学特征造就了特殊的成矿地质环境，是世界级锡、镍、钾盐和石油、天然气的富集带；南亚地区则以铁、锰、煤等矿产资源丰富为特点。"一带一路"沿线国家已发现石油、天然气、煤炭、铀、铁、铜、铝、稀土、钾盐、石墨等近200种能源及矿产资源，待开发潜力巨大，其中包括石油310亿吨，天然气90万亿立方米，煤炭至少13万亿吨，铁矿2940亿吨，铝土矿174亿吨，钾盐约800亿吨等。

"一带一路"沿线国家经济社会发展和人口增长需求使其成为全球能源和矿产资源最大的消费区域。据统计，"一带一路"地区国家消费了全球71%的煤炭、69%的钢、65%

的铝、62%的铜、45%的天然气和 38%的石油（国土资源部，2015），其中，中国、印度和东盟十国是最主要的能源和矿产资源消费国。全球经济增长最主要的驱动力是人均国民生产总值（GNP）的提高，占全球经济增长的 80%，而发展中国家快速扩大的中产阶级是推动全球经济和资源发展的关键力量（BP 世界能源展望 2019，2019）。在新兴经济体驱动全球经济增长的预测中，中国和印度两个国家的占比就达到了 50%。

煤炭地质勘查单位作为国家能源和资源保障的核心业务企业，要抓住中国作为"一带一路"倡议者的主动权，积极对接沿线国家相关发展规划，充分发挥商业地质勘查领军企业的品牌优势、技术优势和装备优势，与中国地质调查局等公益地勘单位密切合作，在全面掌握区域性综合地质资料的基础上，重点针对能源和新兴矿产资源问题，加强与沿线国家的地质科技合作攻关，开展重要成矿构造带（特提斯构造带、古亚洲构造域、东非裂谷带等）的地质演化与成矿规律研究，深度研究和探索化石能源与新能源、传统大宗矿产与新兴矿产资源的综合开发利用途径，合力推进"一带一路"地区能源和矿产资源的详细调查、有序开发和高效应用，为"一带一路"沿线国家的经济社会发展和人民生活水平提高提供能源和资源保障。

（二）担当"一带一路"工程地质调查与大型基础设施建设的护卫舰

"一带一路"将打造六大经济走廊，即中巴经济走廊、中蒙俄经济走廊、中国-中南半岛经济走廊、中国-中亚-西亚经济走廊、孟中印缅经济走廊和新亚欧大陆桥。这些经济走廊所处的构造背景和工程地质条件非常复杂，如中巴经济走廊穿越天山、帕米尔高原、塔里木盆地和印度河平原，岩石类型、构造条件、工程岩组复杂多变；中国-中亚-西亚经济走廊沿天山山脉、帕米尔高原北部进入欧亚板块与非洲-阿拉伯板块的碰撞带，是新构造运动强烈的区域之一，工程地质条件复杂多变；新亚欧大陆桥经济走廊横亘欧亚大陆，东部（位于中国境内）以平原和盆地的松散岩组为主，中部为西伯利亚较坚硬岩组，西部（位于中东欧地区）以平原区的松散岩组为主（刘大文，2015）。

六大经济走廊是"一带一路"建设中开展铁路、公路、油气管道等基础设施建设，以及大型原材料生产加工基础、装备制造、清洁能源、产能合作等国际合作项目的重要领域，而上述复杂多变的基础地质、工程地质条件则给大型工程施工带来了严峻的挑战。对这些将在人类历史上留下里程碑印记的"一带一路"工程，必须按照百年大计的质量要求，把基础地质、工程地质和环境地质调查工作做实，必须全面、系统查明地壳的区域稳定性、断裂活动性和岩石工程力学性质等各种因素，因地制宜，因地施策，防患于未然。

煤炭地质勘查企业在长期的发展过程中利用地质评价、近地表探测、工程地质、环境地质、水文地质等专业优势，逐步探索和开拓了地下基础工程、城市地质、地下综合管廊、管道探测与病害防治、城市塌陷评估与治理、市政工程地面与地下综合建设等多项"地质+"产业体系，成为大型基础设施和重大工程建设不可或缺的地质保障工程承包合作商，可通过与这些基础设施和国际重点工程承建商深入合作，"组成舰队、联合出海"，共同为"一带一路"建设的工程质量保障和可持续发展提供全方位的解决方案。

（三）争做"美丽地球"建设中生态地质勘查的领航员

"一带一路"倡议要走绿色之路、文明之路，就是要以生态文明和绿色发展理念为引领，充分尊重沿线国家农业技术发展需求，推动达成生态环境保护共识、共同参与生态环保合作，促进经济建设与生态建设共同发展，将生态环保融入"一带一路"的各方面和全过程，共建"美丽地球"。

地质勘查工作是推进绿色"一带一路"建设的重要保障。首先，开展相关生态和环境地质勘查工作能够更好地为区域生态环境承载能力评价提供支撑，识别生态环境敏感区和脆弱区，加强生态环境应急能力预警，为大型产能建设项目合理布局和规划提供科学依据。其次，通过联合制定相关的生态环保标准和规范，推动沿线区域大气、水、土壤、生物多样性等领域的生态环境保护，提升绿色化、低碳化建设水平，推动绿色交通、绿色建筑、清洁能源等行业的节能环保产业发展与实践，共同面对气候变化、生态保护与污染治理等当今世界面临的重大生态环保问题。最后，加大生态环境地质勘查相关信息的共享和智能应用，建设生态地质大数据体系，加强环境信息共享，推动生态环保政策制定与实施的经验交流与分享，提升对生态环境风险评估与防范的咨询服务，为绿色"一带一路"建设提供生态环境信息支持与保障。

煤炭地质勘查工作近年来一直以绿色地质勘查和绿色矿山建设为创新发展的新目标，并主动探索和倡导统筹"山水林田湖草"等生态资源要素的生态地质勘查工作新内涵，提出以"地球科学系统"为核心，通过协同勘查与评价，查明多个主体赋存状态、分布规律、耦合效应等，主动减少采矿等人类活动对生态地质环境的影响（赵平，2018）。这些新理念、新目标与"一带一路"绿色发展要求相一致，与人类社会可持续发展目标相融合，能够为"美丽地球"建设提供更全面的理论基础和实践借鉴。

（四）当好"一带一路"地质勘查与矿业领域国际合作平台建设的探路者

"一带一路"涉及众多国家，要开展长期、有效的合作，必须推进多边合作平台建设。地质勘查行业与矿产资源开发领域的国际合作由来已久，通行的国际规则由西方国家所主导。在"一带一路"倡议新型框架下，需要更加有针对性、有时效性、有区域特色的国际合作机制，为新要求、新目标提供新型合作平台。

国家是有边界的，而地球上定格于千百万年前的复杂地质系统则是绵延不断、相互交织的，跨区域的地质和矿业合作是推动跨国家、跨区域经济技术交流的良好媒介，要充分利用国际地质大会、中国国际矿业大会、中国-东盟矿业合作论坛等重要地质矿业项目国际交流平台，推动地质跨区域合作与技术交流，建立区域矿产品交易中心和技术咨询服务中心，加快国内外企业矿业投资与经贸合作的对接与互动，促进可落地项目的合作实施。随着地质勘查与矿业"走出去"不断加深，中国企业需要积极融入能源和资源领域全球治理体系建设中去。与此同时，中国颁布实施的《中华人民共和国外商投资法》将极大促进外来政府、企业或个人投资参加国内能源和矿产资源开发，客观上需要地质勘查和矿产开发行业对标国际标准，完善产业规则，促进交易水平。地质勘查与矿业开发行业的相关企业应积极参与联合国、亚洲太平洋经济合作组织、上海合作组织等重要国际组织在矿业领域合作倡议和规则制定工作，包括矿业资源可持续发展规划、矿产品贸易与投资便利化、矿产资源评估准则等，努力在国际化进程中尽快从"规则接受者"向"规则制定者"转变。

能源和矿产资源丰富的"一带一路"沿线国家也是国际合作风险较大的地区，企业在"走出去"过程中应加强合作风险监测和评价，对接不同国家矿业开发合作政策和法律体系，动态监测和分析全球能源、矿产资源政策与市场变动情况，共同应对矿业领域国际投资与合作面临的系统性风险。煤炭地质勘查队伍长期以来积极参与国际化业务，重视"一带一路"沿线国家地勘市场开拓，各类海外工程项目和矿业权投资项目遍及全球80多个国家和地区，在资源勘探、空间测绘、煤层气评价、地理信息系统服务、"数字地球"建设等领域拥有丰富的合作成果和国际化经验，在共同推动能源与矿产资源领域海外合作、参与相关行业国际化平台建设中将发挥更大的作用，全方位服务于"一带一路"建设。

参 考 文 献

BP 世界能源统计年鉴 2018.2019. https://www.bp.com/en/global/corporate/search-results.html?q=world%20energy%20statistics%202019&hPP=10&idx=bp.com&p=0&fR%5BbaseUrl%5D%5B0%5D=%2F[2019-12-21].

BP 世界能源展望 2019.2019. https://www.bp.com/en/global/corporate/search-results.html?q=world%20energy%20statistics%202019&hPP=10&idx=bp.com&p=0&fR%5BbaseUrl%5D%5B0%5D=%2F[2019-10-21].

国际能源署. 2019. 世界能源展望 2019. https://www.iea.org/weo2019/[2019-09-12].

国土资源部. 2015. "一带一路"能源和其他重要矿产资源图集. http://www.drc.cgs.gov.cn/cgkx/201603/t20160309_267001.html [2019-11-25].

李明亮, 李原园, 侯杰, 等. 2017. "一带一路"国家水资源特点分析及合作展望. 水利规划与设计，(1)：34-38.

联合国. 2019. 2018 年世界水资源开发报告. https://www.doc88.com/p-0723885559150.html[2019-11-13].

刘伯恩. 2015. 对"一带一路"矿产资源合作的思考与建议. https://www.cnmn.com.cn/ShowNews1.aspx?id=321080[2019-12-20].

刘大文. 2015. "一带一路"地质调查工作刍议. 中国地质, 42（4）：819-827.

刘清杰. 2017. "一带一路"沿线国家资源分析. 经济研究参考，(15)：70-104.

王春晓. 2014. 全球水危机及水资源的生态利用. 生态经济, 30（3）：4-7.

五矿经济研究院. 2017. "一带一路"主要矿产资源储量及产能概况.http://www.gyn0931.com/htm/20178/10_798.htm [2019-11-20].

赵平. 2018. 新时代生态地质勘查工作的基本内涵与架构. 中国煤炭地质, 30（10）：1-5.

6 煤炭地质勘查科技创新的新方向

摘要： 本章论述了新时代煤炭地质勘查单位科技创新工作的新方向。探讨如何建立以煤炭地勘单位为创新主体的科技工作新体系和协同创新共同体，分析了煤炭地质勘查单位高质量发展的科技攻关重点方向，梳理了科技创新平台和人才团队建设的现状与发展方向，提出了建立领军科技领军人才培养机制，阐述了煤炭地质勘查领域科技创新成果的快速转化应用措施。

通过构建以企业为创新主体的科技工作新体系，规划布局支撑企业快速高质量发展的科技攻关技术领域，不断加大企业领军人才和企业工匠的培养，建设以生态保护和资源合理开发利用为导向的科技创新平台与人才团队，完成科技新成果的高效快速转化与推广，实现科技引领创新驱动，是新时代煤炭地质勘查工作的新方向，也是保障地质勘查产业绿色发展，实现经济效益、社会效益、生态效益统一，打造地质与生态文明建设国家队与主力军的有效途径和方法（赵平，2018）。

6.1 建立以企业为创新主体的科技工作新体系

6.1.1 定义与内涵

科技创新是指创造和应用新知识和新技术、新工艺，采用新的生产方式和经营管理模式，开发新产品，提高产品质量，提供新服务的过程（李勇，2015）。目前学术界没有明确的"企业为主体的科技创新"的定义，但不同学者的观点较为一致。从资源配置角度分析，技术创新主体是指研究开发主体、技术创新决策与投资主体、技术创新利益分配主体以及技术创新风险承担主体；从哲学角度分析，创造出新工艺、新产品、新用途，并实现技术价值转化的个人或集体就是技术创新主体。技术创新作为人类的一项高级生产活动，是由一系列生产技术问题提出、技术研发、技术研发成果中试、技术研发成果首次商业化及产业化的业务链条组成的。作为技术创新主体的企业，应是该链条上各业务的组织者、参与者和投资方，是全链条的驾驭者、主导者，是技术创新成果的使用者（崔翠霞和王海军，2014）。

企业的创新能力和效益是评估国家科技创新的目标和方向，若一个国家没有强调以企业为主体的创新，单纯依靠科研部门的创新，那么生产的产品就无竞争力（孙玉涛和刘凤朝，2016）。此外，强化企业科技创新主体地位，能够促进科技与经济紧密结合，全面推进经济的高质量发展（迟国泰和赵志冲，2018）。

我国煤炭地勘单位在不同的时期科技创新的内涵价值导向都不同，从最初注重综合勘查技术，提升勘探效率和勘查成果数量，再到注重多资源协同勘查的技术创新，再到目前重视环境保护提倡生态文明的技术创新，每个阶段企业对技术创新价值的认识都在发生转变。以煤炭地勘企业为主体的科技创新,就是要通过建设以解决企业发展需求为目标的科技创新平台与机构,保证企业逐步成为技术创新的决策、投资、开发和收益的主体,通过对企业的科技创新投入,既增强企业的研究开发能力,同时也推动科技成果转化,为经济发展和生态文明建设提供有力的科技支撑。

6.1.2 创新能力评价体系

自主创新是企业在技术引进消化吸收再创新之后的一种特定的技术创新范式,即企业依靠自主研发力量完成技术突破,并取得原创性的科技成果。中华人民共和国成立以来,中国企业技术创新走过了四个阶段:技术引进吸收、技术引进发展、自主创新、创新驱动发展。在这四个阶段中,制度环境变迁表现为改革开放不断深化,市场体系加速建设和完善,制度环境和企业创新行为之间呈现出共同促进的关系(王钦和张崔,2018)。在新时代,企业作为创新主体地位的确立,是促进经济高质量发展的技术保障,而企业自主创新能力则是其作为创新主体的基础。

传统地勘单位,尤其是煤炭地勘单位工作覆盖面广,长期以来主要为国民经济各领域提供基础地质资料和勘查技术支撑,单位性质经过多次改变,科技工作存在制度不完善、投入不足、人才短缺、平台建设不够等问题。新时代地勘经济进入深度调整期,国有地勘单位随着地勘经济的市场化和企业化而面临严峻的生存发展压力(戴瑾,2017),在强调以企业作为创新主体的新时代要求下,提升自主创新能力是必然要求,提升自主创新能力体系可从以下几个角度考虑。

(一)企业自主创新意识

煤炭地勘单位的主业是地质与生态文明建设,科技创新是支撑企业可持续发展的根本动力,也是创造企业的领域专业特色、打造核心竞争力的必由之路,如果企业不率先通过科技创新实现转型,提高技术、人才、装备水平,最终结果只能是被市场淘汰(钟红梅和柳芳,2015;田青,2015)。科技创新事关企业改革发展的大计,企业员工特别是各级负责人必须要充分认识科技创新的重要性,积极营造重视创新、崇尚创新、支持创新的氛围。煤炭地勘单位作为科技型的公益类企业,要把科技创新摆在更加突出的战略位置,强化科技创新是动力,科技创新是活力,科技创新是未来的思想意识,创造有益于科技创新的良好环境。

此外,企业在发展的过程中,创新思路与方法既来源于管理层面的顶层设计,也来源于实践层面的经验总结,基层单位是直接参与市场竞争的经营主体,是进行技术攻关和推广的主要场地,必须要尊重基层的首创精神,通过政策和制度提高基层自主创新意识,鼓励其自主创新活动的开展(王瑞琪和原长弘,2017)。

(二)企业科技创新投入

科技投入主要指经费和人员投入两部分,具体表现为科学研究与试验发展投入、研发人员投入。创新是一种高投入的活动,往往需要调动企业大量的资源,包括财力、物力、人力等资源,没有资源的投入,创新根本无从谈起,科技创新投入直接影响企业的自主创新能力。

新时代国家高度重视科学技术水平的提高和科技创新的发展,而提高科技创新投入力度是促进经济持续增长的一条有效途径。煤炭地勘单位在加大科技投入问题上,不要仅靠单纯地加大经费投入和科技人员数量这种"粗放型"投入方式,还应根据企业自身发展定位,结合地质和生态文明建设两个主要方向,制定科技投入发展规划,合理把控增加的科技投入规模,积极引导正确的科技投入方向和方式,提高科技投入的效率。

(三)企业创新产出能力

创新从某种程度上说存在一定风险,因为要做别人未做过的事情,所以创新存在失败率,创新的失败意味着财力、人力投入的损失,这也是许多企业创新动力弱的原因,所以影响企业自主创新能力的很重要的一个方面就是创新产出能力(张军等,2014)。

地勘产业本身的行业特点就是存在一定勘查风险,而创新产出能力较强的单位则在一定程度上让行业风险降低,所以创新产出能力是行业创新体系的主要评价和衡量指标之一。创新产出能力主要表现在创新成果形成和创新产品制造(技术推广)两个方面:第一,专利等知识产权成果反映创新成果数量,科技奖励力度在一定程度上可以反映出企业创新成果的质量(李伟等,2016);第二,新技术和新产品市场占有率及应用程度反映了成果的转化能力。企业以营利为目的,这是企业进行创新的动力来源,企业创新的成果在市场上的反应也是影响企业创新产出能力的因素,新技术、新产品的市场接受程度越高,说明企业产出能力越强。

(四)企业创新活动管理能力

企业创新活动管理能力主要表现为科技创新体系与制度的建立和实施。科技创新具有长期性、复杂性、风险性等特点,对创新活动的管理有很大的难度,企业必须具有一定的战略定力,以开阔的胸襟、包容的心态对待科研创新中的失败和改革创新的失误,营造"宽容失败"的创新文化,在企业形成崇尚创新、激励创新、敢于创新的良好氛围。

企业进行创新活动管理时,要解放思想、海纳百川,倡导鼓励创新的探索精神,允许"百家争鸣",打破制度藩篱,探索构建不拘一格、激励创新的人才选拔机制和项目申报机制,以实际行动提高企业科技创新能力,增强企业科技自主开发能力,掌握更多的自主知识产权,提升核心竞争力,为参与市场竞争奠定良好基础。要鼓励基层单位结合工作实际,开展丰富多样的创新活动,及时总结推广好的科技创新成果,推动全系统之间的互相借鉴学习,形成以点带面、你追我赶的良好局面。

将科技创新工作作为单位业绩考核的重要内容,制定综合绩效评价体系,充分发挥企业科技创新的主体作用。制定责权利相统一的科技创新评价、考核、激励与约束机制,突出科技人才的中长期激励效能,做到政策上支持、环境上宽松、资金上倾斜。

6.1.3 科技创新保障机制

(一)税收激励政策

科技创新的内在属性决定其具有外部性和风险性的特征,政府通过税收激励的方式来减少创新主体在研发投入和产品市场化等方面的成本,降低了外部性和风险性的程度(毛兰,2018)。目标是减少创新主体的经济负担,提高资产报酬率,提供良好的科技创新环境,最终达到科技进步的目的。同时,政府对一些领域进行积极的干预,如进行优惠的税收政策,包括对企业所得税给予优惠等措施,可以有效激发研发和创新潜力,可以很好地促进优势资源流向科技创新企业,这些对煤炭地勘企业而言,可以更加有效地促进其转型发展。

(二)科技人才保障机制

科技人才是实施创新驱动发展战略,建设创新型企业的核心要素。当前,我国科技人才数量虽在持续增长,但高层次创新型科技人才仍然缺乏,煤炭地勘企业更是需要以领军型人才为代表的专业科技人才来促进企业转型发展。为此,教育、人力资源、财政等多部门协同保障机制必不可少(郑学党等,2019),实施灵活的科技人才培养、引进、使用政策,完善创新型科技人才培养机制,营造良好的工作环境,建立科学的人才工作评价机制,吸引并留住高层次创新型科技人才,保障科技创新工作有效发展(陈建武和张向前,2015)。

(三)企业内部科技机构体系

国内外具有核心竞争力的优秀企业,均拥有强大的研发体系。地勘单位目前业态低端、产品服务同质化严重,在严峻的生存压力面前,需要通过抢占产业技术制高点来破解发展困境。只有通过不断地创新技术、提高自身核心竞争力,才能在行业中树立起自身的品牌效应,地勘队伍才能更好地参与到政府及行业发展的事业中,才能在后续的发展中得到政府的政策支持。

地勘单位应组建或加强科技职能部门建设,统筹和组织企业科技创新,营造良好的科研氛围,设立科技基金,稳定基金来源,加强科技成果转化(陈元旭等,2018)。科技主管部门应该有效地管理好科技基金的运用和分配,完善管理办法,积极调动各基层单位对科技项目的申报,对申报的项目进行严格论证,对已立项的项目进行有效的督导及成果的检验。

(四)科技成果收益保障机制

科技成果转化中的价值认可是科技人员在科技成果转化利益分配中必须首先解决的问题,科技人员参与技术要素分配的方式包括按劳分配和按生产要素分配两种(郝丽和暴丽艳,2019)。其中,工资制、奖励制等方式是按劳分配的表现;股权激励和控制权激励则是将科技人员的价值视为生产要素。科技成果转化收益合理分配是保障企业科技创新的有效激励机制(兰筱琳等,2018),也是实现我国创新驱动发展的关键,健全的技术创新激励机制实质上是要求不断完善科技人员参与科技成果转化收益分配的激励机制(郭英远和张胜,2015)。

6.1.4 协同创新共同体

(一)协同创新共同体的内涵

随着新科技革命的到来,全球联系更加紧密,竞争也日趋激烈,创新的来源以及创新的方式都发生了变化,催生了企业创新模式的进化和对创新理论的新思考。开放、共享,对社会、文化、制度环境的根植性成为企业创新模式的新特点。同时,开放式的创新理论也成为当今企业进行不断创新的指导理论。企业资源的开放共享是开放式创新理论的主旨,基于对资源的高效利用加快企业的创新发展。企业应抓住创新机遇,在新的创新模式下增强自身核心竞争力。

(二)创新共同体基本框架

创新共同体由创新目标、创新成员、创新资源、网络结构、运行机制和形成基础几个基本要素构成。创新共同体有必备的创新基础资源:人才、资金、技术、信息等。这些基础资源缺一不可且每一项都意义重大。其中,人才是创新的主体,资金是推动创新的重要资源,技术是创新的必要基础,信息是加速创新的催化剂。

(三)企业作为创新共同体运行模式

创新共同体运行模式在参与主体、组织模式、运行机制、产生效果及其特点等方面因主导单位的性质不同而各不相同。以企业为主体的创新共同体的运行模式要强调企业拥有主导产业核心技术,高效利用基础研究优势与科研机构应用技术研究优势进行创新资源互补。

创新主体包括多种形式,包括技术许可、产业联盟、共建企业、区域创新集群等,为产业链上各单元建立联系。同时,创新主体企业在新技术研发部门及扩散地方面,通过研发和创新,资源进一步集中,在这一过程中产生新的组织模式,逐步形成以研究、应用、成果转化及产业创新为一体的协同发展模式。

(四)以企业为主体的创新共同体实例

2017年12月22日,煤炭清洁高效利用产业协同创新共同体在北京成立,是基于自愿、平等、互利原则而成立。共同体联合了企业、高校、科研和金融中介等力量，采用联席会议模式运行。依托中国煤炭学会组建，吸纳神华集团等 8 家企业、5 家科研机构、5 家高校、2 家金融和中介服务机构作为首批成员单位，理事会是共同体的领导机构，理事会下设战略学术专家委员会、风险管理委员会及日常办事机构秘书处。战略学术专家委员会是共同体的专家决策咨询机构，下设产业政策、开采储运、煤转化、燃烧发电、选矿提质、节能环保 6 个专业方向。

煤炭清洁高效利用产业协同创新共同体主要围绕煤炭清洁高效利用产业发展的共性技术需求和核心瓶颈制约开展联合攻关，推动科研成果的共享和转化。重点将促进技术推广与成果转化，核心任务主要有发展战略研究、技术论证与动态监测预警、学术观点凝练和发布、工程示范与平台搭建、协调科研成果的实验和转化、技术标准研制、知识产权运用和创新环境研究等。发挥协同创新作用，在示范工程共性技术攻关、工业化试验和推广方面发力，为煤炭工业产业结构调整和转型升级提供服务（申轶男等，2017）。

6.2 坚持高质量发展的科技攻关方向

进入新时代以来，以企业为主体的科技创新体系，要求必须以行业的核心技术领域为科技攻关方向来保障企业的快速高质量发展，煤炭地勘企业一方面要保障国家能源、化工等各类矿产资源的安全，另一方面要把生态文明建设这一关系到中华民族可持续发展的根本大计作为新时代企业的发展方向和要求，要围绕"透明地球""美丽地球""数字地球"建设，充分发挥科技引领作用，从以上角度出发，新时代煤炭地勘企业高质量发展的科技攻关领域主要从以下几个方面开展。

6.2.1 资源绿色勘查与清洁利用

我国矿产资源丰富，种类较多，但是由于矿产的分布地理位置和地质条件较为复杂，勘查开发技术水平有限，很多矿产资源得不到绿色勘查与综合利用，造成了极大的资源浪费。主要表现为存在资源勘查与开采的目标和手段单一的问题，针对单矿种进行勘查，造成矿产资源的勘查及开采速度和开发力度较小，一定程度上阻碍了矿产资源的有效、合理综合利用，传统针对单矿种的勘查技术和对环境的扰动、破坏在当前环境下已经不能适用，需要发展新型的针对多种矿产资源协同勘查与开发地质保障技术和矿山生态环境保护和修复技术。

此外，与传统地勘行业发展较为密切的地热能、煤系非常规天然气、煤系砂岩型铀矿、陆域天然气水合物等资源的勘查开发仍处于起步阶段。地热资源方面，国内多家单位在地热资源勘查和利用方面开展了大量的科研工作，认为其是目前我国替代化石能源中最现实可行、最具开发潜力的资源。现已广泛被用于发电、疗养和取暖等，但与我国丰富的地热资源总量相比，其开发利用尚未达到规模；煤系非常规天然气方面，我国已在沁水、鄂尔多斯盆地东缘建成了多个大型煤层气生产基地，但相对其储量而言，煤系非常规天然气仍未实现突破，据中华人民共和国自然资源部披露，2017年我国煤层气查明储量较2016年下降9.5%，未能在天然气的供给中发挥其保障作用（中华人民共和国自然资源部，2018）；在陆域天然气水合物勘探开发方面，我国成为全球第三个在陆域成功钻获陆域可燃冰的国家，但对其大规模开采的技术仍在探索之中。

矿产资源绿色勘查技术的攻关方向主要包括：矿产资源绿色勘查与开发理论研究；矿产资源综合评价体系与开发潜力评价研究；矿产资源绿色勘查技术与绿色勘查装备研发；深部矿产勘查与开发的地质保障技术；多能源矿产与其他共伴生矿产资源的协同勘查开发地质保障技术等。矿产资源的绿色、协同勘查是以绿色发展理念为指导、生态环境保护为约束、技术创新手段为支撑、资源保障为目标，贯穿于勘查规划、资源勘查、矿山开采、采后修复多个方面，"一次进场"最大可能实现多种矿产资源协同勘查效益的最大化，多种手段精准综合勘查的环境扰动最小化，以及主动保护、改造、修复、重塑矿区生态环境实现环境的最优化，全面保障矿产资源勘查、矿山安全开采和采后环境修复。

在新能源矿产勘查开发领域，开展的研究和开发主导方向应主要包括：煤炭洁净利用的地质基础理论研究；干热岩、浅层地温能勘查评价与资源开发利用技术研究；煤系气（煤层气、页岩气、致密砂岩气）资源评价、勘查与开发技术研究；陆域天然气水合物评价、勘查与开发技术；煤系砂岩型铀矿的富集规律与勘查技术研究等。清洁能源勘查开发技术的发展，必须立足于可持续发展理念，基于现有的清洁能源发展基础与成果，推进清洁能源发展战略的实施，重点应该放在相关技术的创新开发与工业化应用方面，要着力构建符合我国资源禀赋特征的能源结构体系。

6.2.2 绿色矿山建设地质保障

国民经济快速发展对资源和能源的需求提升使矿山开发强度增大，同时，生态文明建设理念的提出，要求资源开发必须坚持绿色、安全之路。目前，矿山绿色开发存在一系列的问题，主要包括采空沉陷、顶板冒落、矿山的固体废弃物、高矿化度矿井水、瓦斯突出、矿井火灾、水害、冲击地压等矿山常见灾害，矿山绿色安全面临新的更加严峻的挑战。近年来，我国矿山的绿色安全生产取得长足进步，但随着资源开发逐步走向深部，灾害的地质机理变得更加复杂，防治难度也变大。

矿山绿色安全生产的地质保障领域应主要从以下方面加强技术攻关，包括：矿山沉陷区综合治理与修复技术；煤矿灾害（煤火、瓦斯、矿井水、冲击地压等）监测与治理技术；矿井水的减排与资源化利用技术；煤矸石、粉煤灰等固废处理技术等。

在新时代发展背景下，矿山绿色安全生产的地质保障技术作为促进环境保护、顺应国家可持续性发展、人与自然和谐共处的矿山建设体系的核心技术，具有发展的必然性及重要性。通过攻关矿山绿色安全生产的地质保障技术，建立绿色矿产资源勘查评价与绿色安全开采的地质保障体系，由资源保障为主向资源保障和安全生产保障并重转变，既能够确保矿山绿色安全生产，又能使矿山生态环境逐步得到修复。

6.2.3 生态环境地质勘查与治理

生态地质勘查、监测与修复的对象既包括各类自然地质灾害，也包括资源开发引起的环境破坏，这其中有自然因素，但更多的是人为因素。生态环境修复要运用多种勘查技术手段，有目的地开展生态环境地质的评估、调查、治理、修复，服务于人类主动改造、修复、重塑生态地质环境，进而实现资源与生态环境的科学合理利用。长期以来，由于缺少对自然资源勘查开发利用的科学系统规划布局，对生态环境保护重视不够，高强度、掠夺式的开采造成了极大的资源浪费和严重的生态环境问题。

在生态地质领域，煤炭地勘单位应结合自身优势，重点提升：因资源开发利用导致的植被、土壤、地下水污染检测与修复技术；关闭矿山的资源勘查与综合利用技术；资源型城市废弃土地治理与利用技术；地质灾害区土地治理与利用技术；滑坡、泥石流、崩塌、地面塌陷、地面沉降等地质灾害的勘查与监测技术等。

十九大报告中提出"两步走"新战略，强调到2035年确保生态环境根本好转，"美丽中国"目标基本实现。随着国家对保障能源安全、保护生态环境、应对气候变化等问题的日益重视，生态地质勘查、监测与修复技术应逐渐成为保障能源和矿产资源勘探开发的重要手段，助力和加快推进国家生态文明建设。

6.2.4 地质勘查大数据云平台建设

地质大数据是信息时代背景下大数据的理念、技术和方法在地质领域的应用与实践，可以是定性、定量的数据，也可以包括文字说明，甚至可以是地质图件、地质工作者在工作中留下的视频、音频文件等多源、多元、异构资料。因此，以这些数据为主，结合网络的相关数据，甚至包括看似不是"数据"的数据和不断增加的数据，就构成了地质大数据的总体框架。以往传统的地质找矿方法主要是根据专业人员在相关理论和方法指导下，凭借已有的知识和经验并采用定性或定量的方法进行预测找矿。而随着矿产资源预测理论的不断进步，以及地学信息与三维建模、虚拟现实技术等的有机融合，地质大数据技术对于多源信息的集成、同化与整合是当下发展的重点与难点，通过对多源、多分辨率、多尺度、多类型的地质类大数据，进行有效的分类、相互调用、相互印证，能独立地处理与调度，构成一个有机关联的信息体。从以数据生产为主的技术服务向以提供地质信息产品服务为主转变，加大信息产品的开发力度，煤炭地质勘查企业要以矿产地质大数据平台建设与数据开发利用技术为方向，开展相关软件的应用及关键技术研究，进行智慧矿山安全生产大数据云服务系统体系构建，开展国土空间规划大数据系统平台研究，开展"空天地"一体化地质灾害监测预警系统，进行像素信息挖掘及综合遥感应用平台研建等方向的攻关。

地质大数据云平台以数据为核心建设内容，在快速实现数据采集及有效汇聚的基础上，通过地质大数据技术与地质大数据应用、数据挖掘与关联建模、大数据的"全面共享"

发展，实现地质数据信息资源的统一归集管理、应用和共享，最终推进地质数据集成与信息服务，形成"数字地球"。

6.2.5 "一带一路"合作倡议与国家战略地质保障

随着我国工业化进程的加快和经济的迅猛发展，对矿产资源的需求急剧增加，供需矛盾日益尖锐，开发利用好国内国际两种资源势在必行。"一带一路"沿线国家矿产资源丰富，地质工作程度低，大量矿产资源未开发利用，严重影响了当地经济和社会的发展。"走出去"，到这些国家勘查开发矿产资源，开展煤炭、煤系矿产、化工矿产、新兴战略性矿产等资源的地质勘查与开发技术服务，优先推进我国与沿线国家进行矿产勘探、开采、加工、消费，以及矿业投资、交易方面的合作，并带动测绘、勘查等许多基础性研究与建设项目（范松梅等，2016）。这既对所在国当地经济发展具有重要推动作用，也对我国矿产资源开发结构调整和稀缺资源的补充具有重要意义，从而加快双方经济全球化发展进程，建立人类命运共同体。

京津冀、粤港澳大湾区、长江三角洲、雄安新区等地区能源与生态环境的地质保障技术。近年来，我国城市取得了前所未有的发展，出现了京津冀、粤港澳大湾区、长江三角洲、雄安新区等巨型城市（地区）和新兴发展地（区），借助其显著的规模经济效应和人口聚集效应，巨型城市（地区）和新兴发展地（区）最有可能减轻城市系统的压力，提高城市总体效率，成为推动我国经济增长社会发展的重要引擎（张海军和岳华，2019）。但随着城市建设的异常活跃、城市规模的不断加大、城市人口的迅速增加，与城市土地利用、资源开发、废物处置、环境保护和灾害防治等有关的地质问题日益突出，直接影响和制约着这些城市和地区地质安全与可持续发展。城市是建设在地质体之上的，这就注定城市的发展离不开地质工作的支撑，城市地质信息对于快速发展的巨型城市（地区）具有不可替代的基础作用。充分利用大型空间数据库、地理信息系统、三维可视化、计算机网络等现代信息技术手段，构建智能化、综合化、立体化、快速反应的地质安全保障服务系统，成为保障城市地质资源和地质环境安全，满足城市规划、建设、管理、减灾防灾、实现可持续发展的迫切需要。

6.3 加大科技创新平台和领军人才建设

6.3.1 人才与平台建设现状

（一）煤炭领域人才现状

据《中国劳动统计年鉴 2017》数据，2016 年我国煤炭行业从业人数已达 442.4 万，从业人数规模大，技术人才占比低，工程技术人员约 32 万人，学历水平偏低，约 90%为高中及以下。根据各省（自治区、直辖市）经济普查年鉴数据及煤炭行业统计数据，得到了 2003 年和 2014 年煤炭行业人才学历结构和职称结构等情况（表 6.1~表 6.3）。

表 6.1　2003 年煤炭行业从业人员学历结构　　（单位：%）

区域	学历结构				
	研究生	本科	大专	高中	初中以下
东部	0.05	2.58	5.92	25.86	65.59
中部	0.06	2.03	5.49	27.72	64.70
西部	0.05	1.77	5.51	23.90	68.77

表 6.2　2014 年煤炭行业从业人员学历结构　　（单位：%）

区域	学历结构				
	研究生	本科	大专	高中	初中以下
东部	1.8	4.3	8.2	32.1	53.6
中部	1.4	3.6	9.3	29.8	55.9
西部	0.1	3.1	7.5	23.3	66.0

表 6.3　煤炭行业从业人员职称结构对比　　（单位：%）

年份	高级技术职称	中级技术职称	初级技术职称
2003	8.3	33.0	58.7
2014	11.3	37.6	51.1

注：资料来源于各省（自治区、直辖市）第一次、第二次经济普查年鉴及煤炭行业统计数据。

由表 6.1 和表 6.2 可知，与 2003 年相比，2014 年我国煤炭行业从业人员中，具高中以上学历的人员占比均有不同程度提高，但西部地区高学历人才占比增幅明显低于东部地区。2003~2014 年，我国煤炭行业从业人员中拥有技术职称的人员数量不断增加，中、高级职称人员数量占比明显增加。西部地区具有中、高级职称的主业技术人员增幅明显低于东部地区，且各层次人员数量明显偏少。我国煤炭现阶段资源开采中心主要集中在中部和东部地区，所以人才的数量总体偏高于西部地区，同时西部地区地理位置偏远、自然环境恶劣、地区经济发展滞后等因素都制约着人才向西部地区流动。

2014 年和 2015 年，煤炭类不同性质相关院校招生人数占比见图 6.1。煤炭类不同性质相关院校本科招生占比由 2014 年的 84.37%下降到 2015 年的 83.50%，专科和企业自主办学的招生规模没有明显变化。在煤炭行业相关的 2016 年研究生教育当中，博士研究生占比最少，仅为 12%；全日制硕士研究生为主体，占到 55%；其余为在职研究生教育（彭苏萍等，2018）。

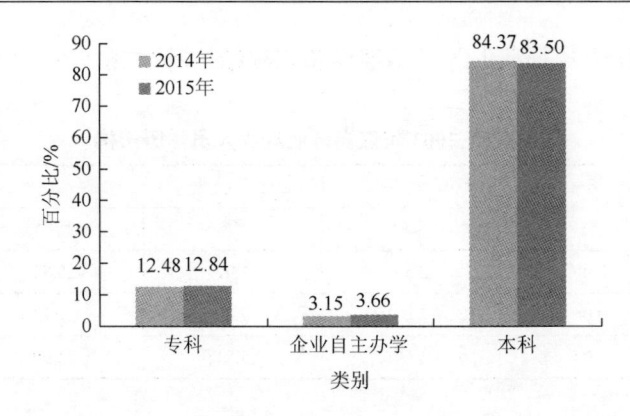

图 6.1　2014 年和 2015 年煤炭类不同性质相关院校招生人数占比

根据我国矿业类高校数据，矿业类相关院校煤炭类专业招收研究生规模和分布如图 6.2 所示。

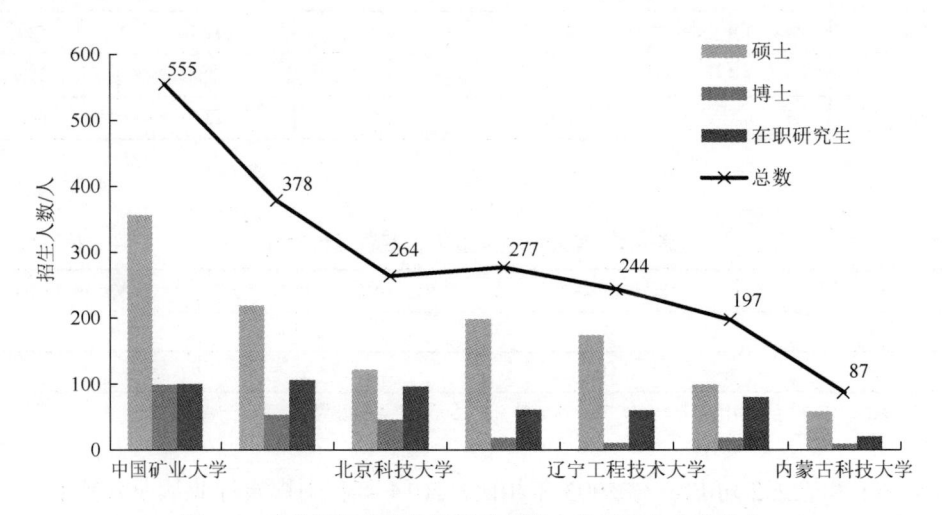

图 6.2　矿业类相关院校煤炭类相关专业研究生人数分布

以中国矿业大学（北京）为例，2008～2010 年，矿业类研究生招生规模逐渐扩大，2010 年达到 340 人，随后几年人数有所下降，2012 年以后招生数目出现大幅增长，2013 年共招收 437 人，2015 年招生人数有所回落，但仍高于 2012 年之前的招生规模。2012 年煤炭行业发展受限，随后几年，绝大多数煤企陷入亏损甚至关停状态。过剩的产能及经济形势的低迷导致煤炭行业举步维艰，降薪、裁员、分流等措施在煤矿企业屡见不鲜，由此所带来的社会问题也日渐凸显。这在很大程度上影响了相关专业本科生的就业，所以就有更多人选择读研深造，寻求更高的平台。

（二）煤炭地质领域科技创新平台建设现状

科技创新平台能够支持社会的创新活动，对社会经济发展具有重要的作用。科技创新平台可以聚集多方资源,通过合作方式建立共享机制,实现科技创新资源的有效整合和提高资源的综合利用效率。煤炭地质科技创新平台是煤炭地质科技创新核心力量的代表,集聚了行业内优秀的科技创新资源。截至 2016 年,中国煤炭行业建成国家重点实验室 18 个、国家工程实验室 7 个、国家工程研究中心 8 个、国家工程技术研究中心 4 个。煤炭地质领域科技创新平台主要集中在煤炭高校,代表性重点实验室有如下。

(1) 煤炭资源与安全开采国家重点实验室

2006 年 7 月 26 日,煤炭系统建设的第一个国家重点实验室——煤炭资源与安全开采国家重点实验室依托于中国矿业大学和中国矿业大学(北京)成立。研究领域是煤炭资源特性与预测理论、煤炭资源开采地质保障技术、深部煤岩体采掘扰动的力学行为与应力场变化规律、煤炭开采重大灾害防治的关键理论与技术;依托"采矿工程"、"安全技术及工程"和"矿产普查与勘探"3 个国家级重点学科共建的一个国内领先、高度开放的科研平台。现有研究人员 33 人,其中:中国工程院院士 2 人,教授 23 人;实验室根据国家能源重大战略需求和为煤炭工业"保障资源、安全开采、洁净利用"提供重要科技支撑的目标,将建设成为国家煤炭资源与安全开采科技的研发基地,解决国家矿山开采与安全工程重大技术问题的基地,培养高层次人才的基地,以及创办高水平、研究型大学,开展对外科技合作和学术交流的中心(中国矿业大学,2014)。

(2) 深部岩土力学与地下工程国家重点实验室

深部岩土力学与地下工程国家重点实验室是依托中国矿业大学、中国矿业大学(北京)成立,依托岩土工程、工程力学国家重点学科,防灾减灾工程及防护工程、地球探测与信息技术等省部级重点学科,在地下工程与结构、岩石力学与岩层控制等省部级重点实验室基础上组建而成。2008 年获准启动建设,2010 年 11 月通过建设验收。实验室的建设以国家深部资源开发与重大地下工程建设为背景,以创建阐述深部岩土介质特殊力学性质的理论创新体系和构建解决深部地下工程复杂稳定行为的技术创新体系为总目标,以深部岩体力学与围岩控制理论、深部土力学特性及与地下工程结构相互作用、深厚表土人工冻结理论与工程应用基础以及深部复杂地质环境与工程效应为重点研究方向。已初步构建了深部岩体力学特性及基本理论试验系统,深部土、冻土力学性质及基本理论试验系统、深部岩土工程物理模拟试验系统、深部岩体工程原位检测试验系统、试验研究测试分析系统、数值模拟与分析系统六大试验研究系统。

(3) 深部煤炭开采与环境保护国家重点实验室

2010 年 12 月,经科技部批准,深部煤炭开采与环境保护国家重点实验室落户淮南矿业集团,成为国内领先、国际一流的特色鲜明、行业背景突出、国家战略引领的深部煤炭开采与环境保护领域的国家级科技研发平台。该实验室围绕深部煤炭开采和矿区环境保护领域的科学问题和关键共性技术问题进行探究,先后承担起国家重点基础研究发展计划(973 计划)、"十二五"国家科技支撑计划项目、国家自然科学基金委员会重大科研仪器研制项目等各级重点科研任务共计 38 项,在煤与瓦斯共采基础理论研究、瓦斯含量法预测、煤与瓦斯突出机理研究、深部岩巷稳定性分析与控制理论研究等方面取得了显著的成果,研发出了深部低透气性煤层群瓦斯防治技术、深部煤与瓦斯突出防治技术、深部煤与瓦斯共采技术、深井软岩支护技术、"三下"开采环境保护技术、资源枯竭矿区生态修复关键技术等多项拥有自主知识产权的核心技术。

(4) 煤炭开采水资源保护与利用国家重点实验室

煤炭开采水资源保护与利用国家重点实验室依托神华集团成立,该实验室主要研究内容围绕煤炭开采水资源保护、水资源利用、矿区生态减损修复三个方向,开展基础理论研究、重大试验装置研制、关键技术研发和示范工程建设。

实验室的主要目标是建设煤炭-水资源协调开发的国家级平台,为保护利用当下我国每天排放的约 6×10^6 吨矿井水提供科技支撑,引领我国绿色开采技术创新,领先全球煤炭绿色开发。实验室建设将基于我国中长期能源发展与国家能源安全保障展开,针对我国煤-水逆向分布的特点和水资源短缺问题,对煤炭资源开发中相关的水资源保护利用和矿区地表生态修复基础理论进行系统研究,重点突破我国水资源保护利用关键技术、解决水资源保护利用技术产业化难题,对提升神华集团自主创新能力、树立神华集团科技品牌具有十分重要的作用。

(5) 国家煤加工与洁净化工程技术研究中心

2011 年,国家煤加工与洁净化工程技术研究中心由国家科学技术部批复,依托中国矿业大学建设,中心的发展目标是培养煤加工与洁净化的高层次人才,培育一流的工程技术研发团队,建设集战略技术开发、工程技术转化与服务于一体,具有自主创新及自我发展能力的研究开发基地,煤加工与洁净化技术开发和系统集成能力达到国内领先水平。建成综合实力强、服务体系完备、技术辐射广,在国内外具有重要影响的国家工程技术研究中心。

国家煤加工与洁净化工程技术研究中心以"引领和支撑"煤加工与洁净化领域的科技发展为宗旨,围绕"煤炭分选与智能化""干法分选与筛分""复杂资源(废水)分选与处理过程强化""煤炭提质与固废资源化利用"四个研究方向,突出重点,分项构建和实施基础研究、技术开发、成果转化、推广孵化路线图,部分技术达到和保持国际领先水平。

(6) 煤矿瓦斯治理国家工程研究中心

煤矿瓦斯治理国家工程研究中心由国家发展和改革委员会于 2005 年 12 月 25 批准挂牌成立,这是我国从"八五"时期启动国家工程研究中心建设计划以来,建立在我国煤炭行业的第一个国家级工程研究中心。由中国矿业大学和淮南矿业集团共同组建。在江苏省徐州市和安徽省淮南市分别建设为研发基地和产业化基地。

煤矿瓦斯治理国家工程研究中心主要围绕提高煤矿整体安全生产水平、增强瓦斯控制与防治的自主技术创新能力,跟踪国内外相关技术发展动态,进行瓦斯地质保障技术、煤与瓦斯共采技术、矿井安全监测监控技术、瓦斯灾害预警技术、煤矿瓦斯利用技术、煤矿救灾技术等煤矿瓦斯治理领域的关键技术研究,不断推出具有自主知识产权和市场竞争力的工程化技术;承接国家相关部门及企业委托的科研任务;消化、吸收和继承创新引进的先进技术,并进行相关技术的成果转化;建立煤矿瓦斯治理技术标准体系，加速相关技术的应用推广，为相关行业与工程提供技术服务。

煤矿瓦斯治理国家工程研究中心下设煤与瓦斯共采研究所、工程力学研究所、瓦斯地质研究所、检测监控研究所、安全工程研究所、综合检验检测中心、安全技术培训中心。煤矿瓦斯治理国家工程研究中心以"开放、协同、创新、发展"为宗旨，以现代项目管理技术为手段，致力于瓦斯重特大灾害的控制与防治，为煤矿瓦斯灾害防治提供成套成熟的先进工艺、技术和装备；推动国际合作与交流，培养高水平的煤矿安全工程技术与管理人才，为煤炭行业的安全生产提供技术支持和服务（中国矿业大学，2017）。

6.3.2 科技领军人才需求与培养机制

（一）领军人才定义

领军人才是指在行业的科技发展中做出卓越贡献，并处于领先地位，在行业的科技发展中起到引领和带动作用的人。煤炭地勘行业的领军人才是本行业科技创新的排头兵，对行业发展的专业贡献重大，能够用扎实的专业知识和宽阔的视野，开展本学科、本领域的前沿研究和实践，并做出重要贡献。领军人才一直是科技创新团队的核心，具有较强的领导、协调和组织管理能力，建设并带领一支优秀的团队，通过创造性的劳动，实现自身和团队的可持续发展，他们的引领作用显著，发展潜力大，具有战略眼光和创新思维，熟悉本学科、本领域最新研究动态，能够紧跟国际学科和技术发展趋势，具有带领团队向国际国内研究前沿冲击的潜质，在促进经济发展、科技进步、文化繁荣和社会和谐中发挥重要作用。

煤炭地勘行业领军人才除了要在专业技能方面出类拔萃，也要具备应有的品德和修养：必须热爱祖国，热爱煤炭行业，遵纪守法、作风正派，业内具有较高声望，道德素质过硬，能够弘扬追求真理、实事求是的科学精神，具有良好的学术道德和学术风气，杜绝学术腐败。

人才队伍建设是行业发展的关键，从整体来看，随着新设备、新技术、新工艺的推广和使用，以及新的经营理念、现代管理方法的导入，迫切需要培育一批掌握专门知识和具有创新能力领军人才以及对应的人才队伍。

（二）优化企业科技人才培养与使用机制

（1）构建人才创新机制

煤炭地勘企业要构建合理的人才结构，需要人才创新体系和机制的保障，健全和完善培养、选拔、流动、考核、激励等机制，营造高效且充满活力的人才制度环境。

以领军人才为代表的科技人才体系建设，要以重大科技研发项目为载体，以创新能力培养和创新成果应用为手段，培育一批高素质的科技人才，同时构建一体化人才资源管理信息系统和共享信息库，建立人才梯队发展机制，建立客观公正的考核评价体系和差异化的薪酬分配制度，设立人才奖励基金，拓宽人才创业平台和发展空间。

企业要想在今后获得长期、稳定的人才来源，最根本的还是要保持企业形象，提升企业的社会影响力，加大专业人才引进力度，构建开放式人才引进通道，制定能够吸引更多人才的激励政策，汇聚更多的优秀人才为企业的发展贡献才智，进一步促进企业的繁荣与发展。

（2）设置合理的人才薪酬结构

培养专业人才有其特殊的规律，而吸引、稳定人才更需要特殊政策的支持。特别是对于煤炭地勘这种工作条件艰苦的行业，必须以超前的眼光来发现和引进人才，并采取超常的手段和措施为专业人才创造比其他行业更为优越的工作和生活条件，才能不断吸引和稳定人才。

薪酬体系的要点在于"对内具有公平性，对外具有竞争力"。合理的薪酬体系一定是公平的，所以企业必须实行以市场为导向的薪酬变革，要树立人才投资理念。在薪酬福利制度的制定和管理上要以效率优先、兼顾公平的按劳分配为原则，发挥薪酬福利的弹性杠杆作用，合理拉开分配档次，奖励创新能力突出、科技成果推广能力强的人才与成果，要充分思考短、中、长期报酬的关系，并为特殊人才设计独特的极具竞争力和刺激性的整套"薪酬方案"。

（3）营造舒适的工作与生活环境

企业应为人才营造富有人文气息的工作和生活环境，增强人才在此生活和工作的信心。加强自身环境建设不仅能够改善企业形象，提升企业环境的美誉度，还是可以稳定人才、获得人才来源的条件。煤炭地勘企业应重视构建良好的现场工作环境，尤其是野外地质工作和工程现场地质工作的环境建设。在提高工作环境安全性和舒适性，营造优美的生态环境的同时，加强企业文化建设，营造和谐的生活和工作氛围。

通过优化企业科技人才培养与使用机制，创立人才创业平台和拓展人才发展空间，落实鼓励优秀人才投身外部基地创业的政策和措施，切实保障让想干事的人才有机会、能干事的人才有舞台、干成事的人才有地位。构建良好的机制有利于培养和引进更多高层次、复合型优秀人才，为企业发展提供强大的、源源不断的人才保证。

（三）优化高校人才培养体系

煤炭地质单位目前正在转型发展，对人才的需求也发生了变化，高校应针对当前行业尤其是煤炭地质行业的新发展趋势，及时更新和制定教学内容，密切结合国内外新技术、新成果，并加强行业新领域、新方向人才培养工作。既保持行业特有专业高层次人才的培养力度，采取有力措施保证高层次专业人才流向煤炭地勘企业，以提高行业整体竞争力，又要加快推进企业急需的应用型技能人才的培养与输送工作，制定政策对行业发展急需专业实行订单式、定向培养计划。

为了适应企业发展战略的需要，培养企业转型发展所需要的人才，高校应与企业紧密联系，加强交流与沟通，着力于培训资源共享、培训能力建设，与企业共同完善培训计划管理、培训实施过程监督。为实现现代化管理培训，提高培训管理体系运行的质量，通过引进外部优秀师资，建立并完善企业培训师资库，以发展5G等远程教育网为依托，制作独具企业特色的课件，建立企业课件资源库，创建人才培训案例库。提高人才培养质量，建设企业所需要的高素质人才队伍。

6.3.3　煤炭地质重点方向科技创新平台建设

科技创新是国家发展的驱动力，因此科技创新平台是国家创新体系的重要组成部分。作为提高科技竞争力的基础，科技创新平台是孵化和产出优秀科技创新成果的载体，同时也是行业科技创新核心力量的代表，聚集着行业优秀的科技创新资源（胡一波，2015）。为实现科技发展，构建完善的科技创新平台体系、提升平台创新能力是关键手段和重要途径。目前，煤炭地勘行业面临转型升级，由传统的地质勘查转向地质与生态文明建设共同发展，所以在以科技为引领的企业发展战略下，必须合理规划科技创新平台的方向和机制。

（一）科技创新平台建设规划

科技创新平台的建设首先必须制定合理方案并规划总体布局，完成地质和行业科技的整合。通过实施一批试点、示范工程来推动科技创新、有效带动资源共享，从而初步形成以共享为核心的制度框架，进一步构建重要科技基础条件资源信息平台，最终建成适应科技创新和科技发展需要的科技基础条件支撑体系。科技创新平台建设还需要构建以共享机制为核心的管理制度体系，以及与科技创新平台建设和发展相适应的专业化人才队伍和研究服务机构，以完善科技创新平台总体布局。科技创新平台主要包括研究试验基地和大型科学仪器设备共享平台，自然科技资源共享平台，科学数据共享平台，科技文献共享平台，成果转化公共服务平台，网络科技环境平台。

（二）科技创新平台重点建设领域

十九大以来，我国开启了全面建设社会主义现代化国家的新征程。当前，中国经济已由高速增长阶段转向高质量发展阶段，正处在转变发展方式、优化经济结构、转换增长动力的攻关期。科技创新成为建设现代化地质勘查体系的战略支撑。为了行业更好地发展，必须从应用基础研究、关键共性技术、科技创新示范工程建设、先进科技成果推广应用、科技领军人才培养等方面进行创新型突破。

在新时代背景下，煤炭地质领域也面临着新的挑战，必须加强重点方向基础研究和科技创新平台建设，主要在以下几个领域实现突破：矿产资源绿色勘查技术；清洁能源勘查开发技术；矿山绿色安全生产的地质保障技术；生态地质勘查、监测与修复技术；地质大数据开发利用技术。这几大主要科技创新平台建设领域主要是围绕生态文明建设与传统地勘相结合，既要矿产资源的开发利用保障国家经济建设和社会发展需要，又要保护我们良好的生态环境，是践行"绿水青山"发展理念，贯彻落实中央生态文明战略的重要举措。

6.4 加快科技成果转化

6.4.1 科技成果转化的定义与内涵

（一）科技成果的定义

科技成果一般是指人们在认识和改造自然的过程中，通过科技活动所产生的成果。从广义上来讲，科技成果包含研究开发（包括基础研究、应用研究、试验发展）、研究开发成果转化和应用、科技服务三类科技活动所对应产生的成果（贺德方，2011）。狭义上来讲，科技成果指的是相关科研人员在进行某一领域的科学技术研究过程中，通过实验研究、方案设计、调查分析，综合考察后，经过评审和鉴定具有学术意义或使用价值的创造性结果，包括发明、发现、技术进步和改造等内容。

在美国等西方国家的科技管理领域，一般以论文、论著、科技报告、专利、技术标准等作为科技活动所得结果，并没有像我国统称为"科技成果"的专有名词。科技成果按其研究性质可以分为基础研究成果、应用研究成果和发展工作成果，作为科学研究生产知识的"产品"，科技成果还应有以下三个特点：第一，新颖性和先进性，没有较同类科技成果的先进与创新之处，不能称为科技成果；第二，具备使用价值，包括经济价值和社会价值；第三，经过专利审查，专家鉴定等检测和评估，得到社会认定。满足这三个特点的"科学产品"，才可以称为科技成果。

（二）科技成果转化的基本概念

科技成果转化指的是在实际应用中为提高生产力，对经过科学研发已经产生实用价值的科技成果进行后续实验开发，进一步应用、推广形成新产品、新工艺和新材料等的活动（孙琴等，2016）。

科技成果转化的概念也分为广义和狭义两种。广义上的科技成果转化包括从生产知识到形成生产力这一过程中各个环节及各类成果的应用。例如，经基础理论研究产生的新知识与理论的传播和共享、应用研究和实验过程中所得新技术和新装置的普及、实际生产过程中劳动者素质的提高、技能的加强和效率的增加，这些方面都是将科技成果从创造地转移到使用地，最终使生产力得以提高，经济得以增强。而从狭义上讲，科技成果转化更侧重于应用技术成果的转化，即具有创造性的技术成果从科研地转移向具有经济效益的科研部门，使新产品增加，工艺得以改进，产业效益提高，最终促进经济进步和发展。

类似于科技成果转化概念，技术研发完成后面向科技活动应用的概念还有很多，如科技成果应用、科技成果推广、科技成果商业化、科技成果产业化、技术转移等。顾名思义，科技成果应用是指科技成果在生产实践中的具体运用；科技成果推广指科技成果在生产实践中的延续和扩大使用；科技成果商业化指的是科技成果转化过程中的有偿转让；科技成果产业化指的是科技成果转化为重复性高的工业化生产产品，并获得经济效益的活动；技术转移指的是技术以某一形式的转移，如从研发部门转向生产部门。

相比科技成果应用，科技成果转化注重于将成果物化为新产品与新工艺，进而形成社会效益，而科技成果应用只强调应用本身，不侧重应用效果。而科技成果推广指的是科技成果的大规模使用，科技成果转化相当于科技成果推广前的科技活动。科技成果商业化和产业化可看做科技成果转化的结果。与前几个概念相比，技术转移强调技术在不改变本身的情况下，通过新产品和新工艺的形成在不同主体之间进行转移。综上分析，科技成果转化强调的是科技成果转化为生产力的程度，基于技术成功、实验开发、商品化和产业化等过程，最终获得经济效益，才完成了从科技成果向现实生产力的转化。

(三) 科技成果转化机制

自 20 世纪 90 年代起，我国开始大力推行科学发展战略，鼓励科技创新活动并积极推进科技成果转化至生产领域过程中，从而提高生产技术水平，大力发展生产力（张俊芳和郭戎，2010）。这一战略的实施在大型科技成果转化方面已取得突出的成就，但是更多的中、小型发明创造由于无法提升生产技术的自有科技含量，尚且不能顺利进入生产领域，因此在某些重要领域上仍然依赖于引进外国技术，无法摆脱自有科技成果被束之高阁不能转化的局面。若这一情况无法改善，长此以往不仅对于国家的先期投入是一种浪费，而且对于研究发明创造者的积极劳动成果是一种埋没。因此，如何实现将自有科技成果迅速转化到生产领域，是亟待国家、企业、高校、研究机构等重点突破和解决的一大难题（徐洁，2018）。

科技成果的转化不仅是知识与生产的结合，也是知识与利益的结合，因此为使生产效率和利益达到最大化，必须按照最有利于这两种方式的结合的方式来实现转化。制定并遵循有序可靠的制度是实现科技成果转化的首要条件，而在此过程中实施转化的人所遵守的规范准则，便称为科技成果转化机制。

6.4.2 地质勘查科技成果转化特点

在我国经济由高速发展向高质量发展转化的过程中，创新是发展的不竭动力，是建设现代化经济体系的战略支撑。一方面，随着经济发展逐步向好，创新带动下的新产业链层出不穷，新产业和新技术已经占领各个国家的战略高地。另一方面，以互联网、大数据、物联网、云计算、智能化、传感技术、机器人、虚拟现实等为基础性特征的第四次工业革命显现，科技发展的热潮为我国的发展提供了战略机遇，这一切都使得科技成果转化模式表现出多学科交叉融合推动多领域突破；体系化创新得到加速度推进；科技创新方法与商业模式有机结合。党的十九大提出要加强国家创新体系建设。创新体系建设就是要大力度实施创新驱动发展战略，按照系统创新链思想，完善普惠性支持政策，加快建立以企业为主体、需求为导向、产学研深度融合的技术创新体系（洪银兴，2012）。科技成果转化是实施创新驱动发展战略的重要任务，是加强科技与经济紧密结合的关键环节，对于推动结构性改革尤其是供给侧改革、支撑经济转型升级和产业结构调整，促进大众创业、万众创新，打造经济发展新引擎具有重要意义（陈云，2012）。

煤炭地质科技在地勘行业取得了很多科研成果，为社会发展贡献了很大力量，同时也存在一些问题，包括科技成果转化的风险性，实际需求与科研项目立项的结合度不够，科技成果转化的评定边界没有标准，科研单位管理机制约束科研人员积极性等。

（一）地勘产业地质科技成果转化的基本内涵

地质科技成果主要包括地质基础理论成果、地质应用技术成果和地质领域软科学研究成果三个大类。地质基础理论成果是指在地质找矿基础研究和应用研究领域取得的新发现、新学说，成果主要以科学论文、科学著作、原理性模型或发明专利等形式呈现。地质应用技术成果主要是地质科学研究、技术开发和应用中取得的新技术、新工艺、新产品、新材料、新设备，以及新矿种和计算机软件等。地质领域软科学研究成果包括对科技政策、科技管理和科技活动的研究所取得的理论、方法和观点，其成果的主要形式为研究报告。

地质科技成果转化是为了提高解决资源、环境和地球系统科学等问题的能力和水平，通过对地质科技成果进行深层次的开发、应用、推广并形成新技术、新产品、新工艺、新材料和新产业，从而为地质工作的开展提供技术咨询、技术培训、技术服务、技术转让、技术投资、技术许可和技术合作。

（二）科技成果转化存在的问题

科技成果的产业化程度能够体现一个国家的综合实力。目前国内科技成果存在的主要问题是科技成果转化环节不够完善，地勘行业科技成果转化应用也存在很多问题（姚舜禹和王晨，2019）。

（1）科技成果转化的风险性

地质勘查工作的高风险性决定了成果转化的高风险性。我国地勘行业投入的不确定性和市场不发达导致地质科技投入在总量、渠道及强度方面与发达国家存在一定差距，从而影响我国科技成果转化水平。另外，地质单位的公益性与涉及市场行为必然会涉及利益纠纷，这样既可能导向以资本为激励的良性发展，也可能导向贪腐与社会资源浪费的恶性发展。

（2）市场需求与科研项目的结合度不够

各地勘单位立项时评审大多是由本单位人员和高校教授专家组成，缺乏市场方面的企业代表，所以科研项目在立项时对市场需求研究不够。另外，部分地勘行业重点领域的科研项目只注重科技成果的学术价值，而缺乏对应用价值的关注，这样使得科研成果与实际市场需求不能紧密结合。研发能力较强的地质类科研院所往往重科研成果，轻科技推广，难以形成整体优势，而与市场结合密切的地勘类企业在研发能力上又弱于科研院所，如果二者能紧密结合，这将大大促进科技成果的转化。

（3）科技成果转化的评定边界没有标准

由于科技成果属于公共资助研究性质，对其成果转化存在一定认识上的偏差。目前从国家层面看，一般将科技成果转化概念界定为商业化程度，而地质科技成果转化的核心，则是如何解决好地质科研院所应用性科技成果的商业性转化问题。但现在科技成果的转化评价方面存在很多困难需要克服，在许多方面与发达国家存在差距。

（4）科技成果供需关系的结合问题

科技成果的供需关系结合不紧密，技术转移路径与转化方式不畅。科研院所有很多的科研成果，可是大多数成果不能应用于现实市场需求。调研的不完善会造成企业和市场虽然有需求，但却没有相对应的科研成果，同时科研院所有的科研成果，却找不到相应的应用市场，企业作为科技创新主体的工作体系需尽快在地勘行业建立。

（5）科技管理机制存在问题

对科研人员和科技单位的激励机制不健全，科研人员的自身权益得不到保障，致使科技人员科研热情不高，创新思维得不到激发。同时，地质科技成果转化考核体系存在问题，转化过程中个人、集体的权责界限划分不明确，对科技成果转化的科研机构、团队和平台建设力度有待加强。

6.4.3 加快科技成果转化的措施

（一）加大顶层设计，建立完善的政策法律保障体系

在科技成果转化较好的美国、日本等国家，都具备十分完备的政策法律保障体系，同时强调和重视政府的宏观管理与组织协调作用（林寿富和黄茂兴，2013）。当前应重点建立涵盖科技成果转化全过程的风险防范和控制体系，有效抵御科技成果转化过程中的风险。同时，建立并完善知识产权的定价体系，促进各方利益的合理分配。

（二）发挥企业的主体地位作用，提升产学研合作的质量和效益

加强以企业为主体的技术创新环境建设，国家在对企业研究、新工艺、新技术等各个方面应给予支持，激励企业在加大科研投入的同时提高科研成果转化能力。同时，企业应重点解决从技术到产品转化过程中的工艺流程、成本控制问题，提升技术转化的经济效益。此外，鼓励和推动高校把现有成果运用到企业生产当中，通过资金、政策等方面引导，促使生产企业与科研机构之间科研工作深度融合（林洲钰等，2013）。

（三）重视科技中介平台在成果转化中的作用

企业应通过技术成果展览会、新产品展览会、成果交易会等形式积极向行业、全国甚

至全球进行成果信息的宣传和发布,为科技成果转化寻找市场环境。同时,应进一步完善科技成果转化模式,加大创新科技成果转化交易,可以通过成果租赁、股权合作等方式推广成果。此外,完善技术成果转让的中介服务体系,培训一批对技术、法律、市场、经营均较为熟悉的中介平台队伍,为企业提供信息搜索、技术咨询等服务(林洲钰等,2013)。

参 考 文 献

陈建武,张向前.2015.我国"十三五"期间科技人才创新驱动保障机制研究.科技进步与对策,32(10):138-144.
陈元旭,姚舜禹,王琦,等.2018.地质调查科技成果转化绩效评价体系构建研究.中国矿业,(12):40-44.
陈云.2012.以企业为主体的技术创新体系建设:理论思考与建议.科学管理研究,30(3):81-84.
迟国泰,赵志冲.2018.以企业为主体的科技创新评价指标体系的构建.科研管理,269(S1):7-16.
崔翠霞,王海军.2014.企业技术创新主体内涵及建设思考再思考.科技进步与对策,31(8):103-105.
戴瑾.2017.经济新常态下核地勘单位科技创新能力建设研究——以江西省核工业地质局为例.内蒙古煤炭经济,(23):45-46.
范松梅,沙景华,张艳芳,等.2016.地质矿产科技创新促进矿业经济增长的理论与实证研究.中国矿业,25(3):47-52.
郭英远,张胜.2015.科技人员参与科技成果转化收益分配的激励机制研究.科学学与科学技术管理,(7):146-154.
郝丽,暴丽艳.2019.基于协同创新视角的科技成果转化运行机理及途径研究.科学技术哲学研究,36(2):124-128.
贺德方.2011.对科技成果及科技成果转化若干基本概念的辨析与思考.中国软科学,(11):1-7.
洪银兴.2012.科技创新中的企业家及其创新行为——兼论企业为主体的技术创新体系.中国工业经济,(6):83-93.
胡一波.2015.科技创新平台体系建设与成果转化机制研究.科学管理研究,33(1).
兰筱琳,洪茂椿,黄茂兴.2018.面向战略性新兴产业的科技成果转化机制探索.科学学研究,(8):1375-1383.
李伟,余翔,蔡立胜.2016.政府科技投入、知识产权保护与企业研发投入.科学学研究,34(3):357-365.
李勇.2015.建设创新型国家的核心任务是发挥企业的创新主体作用.经济研究参考,(26):15-20.
林寿富,黄茂兴.2013.区域科技成果转化能力评价研究——基于福建省的实证分析.福建论坛(人文社会科学版),(10):148-153.
林洲钰,林汉川,邓兴华.2013.加快我国科技成果转化的机制创新与实现路径.新视野,(2):33-36.
毛兰.2018.促进科技创新的税收激励政策评估与完善.地方财政研究,170(12):50-55.
彭苏萍,等.2018.煤炭资源强国战略研究.北京:科学出版社:44-76.
申轶男,李岭,李宪振.2017.基于多主体协同创新的科技成果转化模式研究.科技与创新,(19):22-25.
孙琴,刘瑾,厉娜,等.2016.国内外科技成果转化的做法与经验及其启示.中国科技信息,(22):90-92.
孙玉涛,刘凤朝.2016.中国企业技术创新主体地位确立——情境、内涵和政策.科学学研究,34(11):1716-1724.
田青.2015.协同创新视角下企业技术创新主体地位的实现.中国科技论坛,(10):69-73.
王钦,张雀.2018.中国工业企业技术创新40年:制度环境与企业行为的共同演进.经济管理,40(11):7-22.
王瑞琪,原长弘.2017.企业技术创新主体地位的内涵及其维度构建.技术与创新管理,38(6):568-572.
徐洁.2018.科技成果转化的制度障碍与消除——以加快建设创新型国家为旨要.现代法学,(2).
姚舜禹,王晨.2019.关于地质科技成果转化问题的思考.中国矿业,28(S1):5-7,11.
张海军,岳华.2019.科技创新投入、金融发展与经济增长——基于门槛模型的实证分析.贵州社会科学,351(3):135-141.
张军,许庆瑞,张素平.2014.企业创新能力内涵、结构与测量——基于管理认知与行为导向视角.管理工程学报,28(3):1-10.
张俊芳,郭戎.2010.我国科技成果转化的现状分析及政策建议.中国软科学,(S2):137-141.
赵平.2018.新时代生态地质勘查工作的基本内涵与架构.中国煤炭地质,30(10):1-5.
郑望党,汪春雨,赵乐祥.2019.新时代推进高校科技成果转化的财税激励政策研究.高校教育管理,13(2):68-77.
中国矿业大学.2014.煤炭资源与安全开采国家重点实验室概况简介.http://skl.cumt.edu.cn/1780/list.htm[2019-12-15].
中国矿业大学.2017.煤矿瓦斯治理国家工程研究中心简介.http://gczx.cumt.edu.cn/zxjj/list.htm[2019-11-23].
中华人民共和国自然资源部.2018. 2017年全国矿产资源储量情况报告.
钟红梅,柳芳.2015.国有地勘单位分类改革形势下的科技创新工作思考.科技资讯,13(32):185-186.

7 煤炭地质勘查队伍建设的新要求

摘要：为进一步贯彻十九大提出的新发展思想，适应国家对自然资源管理的新要求，加快地质勘查队伍改革与发展，本章以我国煤炭地质勘查队伍为研究对象，首先分析了煤炭地质勘查队伍现状、基本情况和煤炭地质勘查队伍面临的新形势，指出了煤炭地质勘查队伍改革发展中存在的主要问题和破解煤炭地质勘查队伍规模和数量逐渐变小、队伍管理体制机制制约、队伍科技创新能力不足和核心竞争力弱等问题的对策。其次，本章提出了新时代煤炭地质勘查队伍向国际一流的煤炭地质勘查国家队大步迈进，需要做好国家层面煤炭地质勘查队伍改革管理的顶层设计；加大科技创新投入和平台建设；建立地质勘查队伍能力标准和诚信建设评价体系；特别是加强新时代煤炭地质事业发展的政治保障作用等方面的内容。

我国经济进入新常态后，地质勘查工作在发展过程中显现出一些新趋势、新特点、新动能。目前各方对煤炭地质工作的总体认识主要有两个方面：一方面，大规模的找矿任务已基本完成，煤炭地质勘查队伍需要转型升级，在继续做好资源安全保障的同时为矿山安全开采提供精准的地质保障。另一方面，党的十九大报告中提出的"绿水青山"发展理念，对煤炭地质工作提出了新的要求，既有矿产的绿色精细勘查，也有后矿山时代的环境治理问题，还有国家"山水林田湖草"资源统一管理后国家重大建设任务的地质保障和城市、农业等社会发展民生保障相关的地质工作。因此，基于对目前国际国内地质勘查行业的形势分析，我们认为新时代国民经济发展对煤炭地质勘查工作提出了更为丰富、更具内涵的新要求。

7.1 煤炭地质勘查队伍现状

7.1.1 煤炭地质勘查队伍的改革历程

从中华人民共和国成立开始一直到1998年国务院机构改革，我国地质勘查队伍由中央工业部门管理，1998年以来，我国地质勘查队伍分别由中央和地方政府管理。改革发展经历了下放整合、事企并行、分类改革三个阶段。

下放整合阶段：《国务院办公厅关于印发地质勘查队伍管理体制改革方案的通知》（国办发〔1999〕37号）要求各工业部门所属地质勘查单位根据实际情况改组为企业或进入企业集团。《国务院办公厅关于转发国家经贸委管理的国家局所属地质勘查单位管理体制改革实施方案的通知》（国办发〔2001〕2号）要求国家经贸委管理的冶金局、煤炭局、石化局、建材局、轻工局所属地质勘查单位部分下放地方实行属地化管理，部分单位整合后交由中央管理，实行企业化经营。《国务院办公厅关于深化地质勘查队伍改革有关问题的通知》（国办发（2003）76号）对属地化管理和企业化经营提出进一步的政策支持和改革要求。

事企并行阶段：《国务院关于加强地质工作的决定》（国发（2006）4号）明确国有地质勘查单位按照事企分开原则推进改革，提出完善商业性矿产资源勘查机制、培育矿产资源勘查市场等具体要求。《中共中央国务院关于分类推进事业单位改革的指导意见》（中发（2011）5号）等文件进一步提出建立完善适应社会主义市场经济要求的体制机制，坚持政事分开、事企分开的地质勘查单位改革方向。此阶段正值地质勘查行业的"黄金十年"发展期，国有和民营经济、事业和企业主体都实现了不同程度的发展壮大。

分类改革阶段：《国务院办公厅关于印发分类推进事业单位改革配套文件的通知》（国办发（2011）37号），明确了事业单位分类办法，对不同类型事业单位改革提出具体意见和政策支持。《中共中央办公厅国务院办公厅关于印发〈关于从事生产经营活动事业单位改革的指导意见〉的通知》（厅字（2016）38号）提出明确的转企改制时间表，要求2020年年底前基本完成生产经营类事业单位改革。截至2017年年底，22个省（自治区、直辖市）整体完成地质勘查单位分类，其他省（自治区、直辖市）部分完成（4个）或还未完成（5个）分类。各省（自治区、直辖市）根据自身实际情况进行了包括回归公益、整体转企、事企分开等各具特色的地质勘查单位改革，可以说，地质勘查单位改革进入"深水区"和"快车道"。

7.1.2 煤炭地质勘查队伍基本情况

从20世纪90年代开始，全国地质勘查行业从计划经济向市场经济转变过程中经历了艰难的"低谷期"，2003年随着国家经济快速发展，对煤炭资源需求快速增长，煤炭地质勘查队伍取得快速发展。但从实际效果来看，煤炭地质勘查队伍仍然处于建立和完善现代企业制度的阶段，基本情况如下。

（一）工业部门地质勘查单位改革情况

1999年国家颁布《国务院办公厅关于印发地质勘查队伍管理体制改革方案的通知》（国办发〔1999〕37号）和《国务院办公厅关于转发国家经贸委管理的国家局所属地质勘查单位管理体制改革实施方案的通知》（国办发〔2001〕2号），确定了中央和地方政府两级管理，将地质勘查单位逐步改组成按照市场规则运行和管理的经济实体，加快企业化经营的改革发展方向，推进了地质勘查工作的根本转变。

国务院国资委直接管理中国煤炭地质总局、中国冶金地质总局；二级管理有色金属矿产地质调查中心、中国核工业地质局、中国建筑材料工业地质勘查中心等。中化地质矿山总局2009年划归中国煤炭地质总局管理。原中央八大工业部门管理的部分地质勘查队伍划归所在省（自治区、直辖市）属地化管理。属地化改革把隶属于地质部管辖的地质队伍下放到省（直辖市）人民政府管理，各地方政府可以根据本地的经济需求，决定矿产资源勘查的方向，自主配置矿业权。而且，地方政府对矿业权的自主管理，使审批制度更加灵活，简化了矿业权审批手续、缩短了审批时间。属地化改革方案的出台，明确了国有地质勘查单位要走企业化路线的总体思路。

目前，属地化地质勘查队伍管理方式多样，"一省数局""一城多队"情况普遍存在。部分省（自治区）对所属地质勘查队伍进行了整合优化、属地化管理制度改革，允许各地质勘查单位根据自己的具体情况推进改革。要求各地质勘查单位面向市场、发挥产业优势，寻找新的落脚点。同时还要求减人增效，分流人员、允许地质勘查单位中的部分人员下岗再就业，并给予优惠政策。属地化管理制度改革虽然在一定程度上解决了地质勘查单位人员过多、效益不高的状况，但是长久来看，地质勘查单位依旧依靠事业费生存，远远不能满足国有地质勘查单位的资本积累，属地化管理制度改革并没有从根本上解决地质勘查单位的发展问题，也没有真正把国有地质勘查单位完全转化为地质勘查企业（于秋波，2017）。

（二）煤炭地质勘查单位改革发展情况

截至 2018 年，煤炭地质勘查队伍中，成建制的煤炭地质勘查、研究单位 190 多家，从事煤炭地质勘查工作的人员约 11.4 万人，分布在除西藏、海南、上海、天津外的省（自治区、直辖市），见图 7.1。其中河北、山西、陕西和安徽，从事煤炭地质勘查的人员数量均在 6000 人以上。

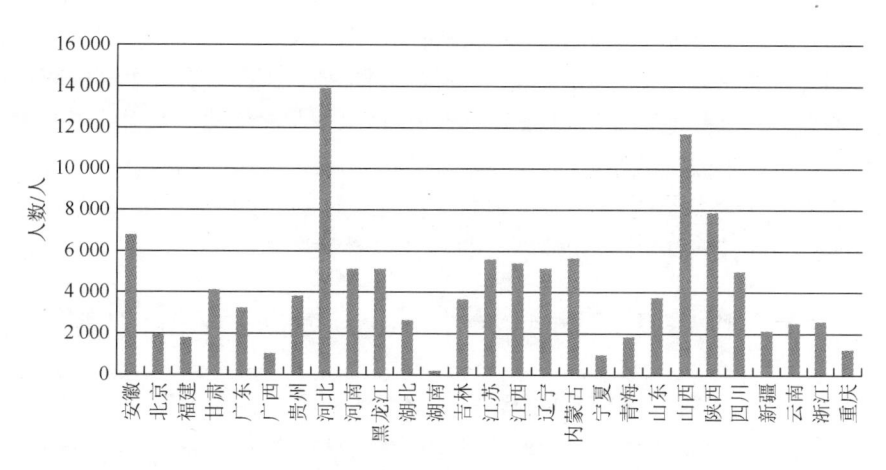

图 7.1　2018 年我国主要省（自治区、直辖市）煤炭地质勘查人员数量

目前，煤炭地质技术员特别是技术骨干人才断层现象严重，老龄化问题逐渐突出。老一辈煤炭地质专家熟悉我国煤炭资源分布情况，工作精益求精，有着丰富的工作经验和过硬的专业知识。随着这些人才的逐渐老龄化，煤炭领域高层次、懂技术、善管理的复合型人才出现断档。工作中的许多问题无法合理、科学、短时间内有效解决。因此，地质勘查队伍的建设特别是骨干人才的培养是目前迫切需要解决的问题。

（三）勘查资金投入减少

地质勘查工作需要大量的人力和物力，必须有足够的资金做后盾，但近几年不管是国家还是企业对地质勘查行业的投入逐年减少。从国家层面来看，自然资源部数据显示，2017年，地质勘查投入资金775.68亿元，与上年基本持平，其中，油气地质勘查投资577.90亿元，同比增长9.6%；非油气地质勘查投资197.78亿元，同比下降20.2%。从企业层面来看，地质勘查外部工作环境恶劣，协调难度增加，成本费用高，有时甚至需要垫付项目的启动资金，导致不少个体矿老板不是投资失败，就是转行投资其他产业。这使地质勘查单位的处境变得非常尴尬，申报各类勘查基金项目和承接市场项目难度不断加大，主动作为空间缩小，只有事业性质的地质勘查单位还在苦苦支撑（郭韵涵，2019）。

7.1.3 煤炭地质勘查队伍面临的新形势

进入新时代，我国经济社会发展和生态文明建设对地质勘查工作提出了新的要求，煤炭地质勘查工作的对象、难度、范围发生了重大变化，地质勘查工作面临着新挑战。

一是，能源和矿产资源需求持续增长，而传统勘查技术与能力难以提供保障。未来10~20年是我国工业化进程的重要时期，按照现有查明矿产资源储量和勘查技术水平预测需求量分析，石油、天然气、铁、铜、铝、钾盐等大宗矿产品对外依存度仍将处于高位，资源短缺对我国经济发展的约束将进一步增强，资源保障能力不足。

二是，以往大规模矿产资源开发造成的环境与生态"欠账"，与当前持续增长的矿业开发带来的环境影响时空叠加，生态地质勘查评价与地质灾害治理修复工作刻不容缓。矿业开发直接破坏自然生态系统，使完整地形地貌变得满目疮痍、千疮百孔；采矿破坏地表水与地下水的循环系统，特别是地下采矿和油气资源开采对地下及深部地下水系统影响深远；采矿产生大量的塌陷区，损毁良田和建筑，并对水土造成污染，是重金属污染的主要来源。

三是，新时代经济社会发展对城市地质、农业地质、军事地质等领域的地质勘查工作提出了新要求，迫切需要构建"地质+"勘查工作体系。

7.2 煤炭地质勘查队伍改革发展中存在的问题

虽然随着经济的不断发展，我国的煤炭开采事业取得了很大的发展，但是我国的煤炭地质勘查仍然在队伍规模和数量、管理体制机制、科技创新能力等方面存在问题，这也束缚和制约了我国煤炭行业的进一步快速发展。

7.2.1 煤炭地质勘查队伍建设需要升级

（一）队伍规模的变化

我国地质勘查队伍转入市场竞争后，国家没有增加资本金的有效投入，地质勘查队伍疲于生计，队伍装备和建设滞后，导致队伍规模逐渐变小，不能满足国家对大宗矿产和战略性新兴矿产的勘查需求。主要表现在：一是煤炭地质勘查单位规模小，产业结构单一，服务领域狭窄且相近，技术雷同，缺少专业化、差异化的特色技术，不能形成规模，难以完成综合性较强的地质勘查工作，参与国际化市场竞争能力较弱。二是目前我国煤炭地质勘查队伍人员数量大幅减少，技术骨干尤其是高层次人才极为匮乏，影响地质勘查单位长期发展。三是由于队伍规模小，专业技术力量不全，从事基础型专业技术人员寥寥无几，一旦国家急需开展大型矿产资源勘查，较少有地质勘查队伍能够在短期内独立完成。

（二）队伍分布全国各地

中华人民共和国成立初期，为满足全国找矿勘查，煤炭地质勘查队伍在全国各省（自治区、直辖市）均有分布，但我国矿产资源与地质勘查队伍分布并不匹配，东部地区矿产资源开发利用程度高、经济发达、人才聚集，近些年地质勘查队伍任务减少，有的队伍甚至转产其他产业，而西部地区资源开发程度低、经济相对落后、较难吸引一流人才，队伍整体实力较弱。

新时代背景下，国家对地质勘查工作提出了新的要求，需要开展多目标、多手段的综合勘查工作，特别是整装勘查工作，如何将全国分散的队伍进行整合成为新的问题。目前，各勘查队伍根据矿种划分，只进行单矿种勘查，不能做到多矿种勘查的统一规划和综合勘查，且队伍分散在地级或县级，不但造成了重复劳动和资源浪费，同时也难以发挥各自优势，拓宽服务领域，走勘查开发一体化的发展道路。例如，我国内蒙古、新疆等地煤系地层中含有丰富的铀、镓等资源，以往的单目标勘查造成共伴生资源的遗漏和浪费。此外，铀和煤系气等资源若不开展协同勘查和开发，则在煤炭开发过程中将可能产生新的污染。

（三）装备能力建设需要升级

我国地表找矿工作难度逐渐加大，不仅要求找到地表矿和浅部矿，还要求能够找到隐伏矿、深部矿及各种难以直接识别出来的矿种。然而煤炭地质勘查行业的设备更新换代不及时，勘查精度低，难以实现多目标、多手段的矿产资源综合勘查，难以满足国家对于矿产资源勘查的总体要求。

（四）资本金规模小，融资能力差

计划经济时期，煤炭地质勘查队伍依靠国家财政事业拨款，地质勘查工作完成后提交地质报告给国家，因此，本身没有积累。进入市场经济后，由于缺乏资金，难以获取探矿权，采矿权更是少之又少，导致地质勘查队伍长期以来处于"打工"地位。同时，由于资本金少，难以融资更新装备、提升技术，多数地质勘查单位仅能维持地质勘查工作简单再生产，普遍不具备扩大再生产或"探采一体化"的运营能力。

7.2.2 队伍管理体制机制需要进一步改革

(一) 缺乏顶层设计, 部分队伍偏离地质勘查主业方向

从整体上来说, 煤炭地质勘查队伍的改革发展缺少国家层面全面、系统、科学的顶层设计, 国家未对地质勘查队伍进行持续改革, 对待开发资源的地质勘查工作布局也缺少进一步勘查部署; 地质勘查单位属地化后, 省级政府和有关部门较少出台推进地质勘查单位改革的政策文件, 为改革保驾护航。同时, 由于地质勘查队伍缺乏统一管理, 各工业部门地质勘查队伍隶属管理体系不同, 发展目标也不尽一致, 地质勘查队伍未来发展方向不确定, 缺少核心竞争能力。一些地质勘查队伍甚至不得不逐渐偏离地质勘查主业方向, 从事其他的业务, 如进入地质产业领域之外的酒店、房地产开发、物业管理等领域, 维持运营和稳定队伍成了地质勘查队伍的头等大事, 极大地削弱了地质勘查队伍的综合能力和竞争力。

(二) 机制运行不畅, 发展缺少足够的动力

经过历次改革, 煤炭地质勘查行业在企业化的道路上做了很多的探索, 但是绝大多数煤炭地质勘查队伍并没有真正地走向企业化运行的道路, 成为市场竞争主体。一是国家投入地质勘查单位的事业经费保障程度普遍较低, 多数地质勘查队伍从事产业多种多样, 且规模小, 导致地质勘查队伍专业人才结构复杂, 队伍规模得不到应有补充, 已很难承担大型勘查项目。二是许多地质勘查单位经济运行质量总体偏低, 职工工资待遇低, 薪酬分配没有形成有效的激励机制, 导致职工积极性不高, 人才流失严重, "新的进不来、老的留不住"已成普遍现象, 地质勘查发展面临的人才制约问题进一步突显。三是员工的职称晋升渠道不畅, 职称评定无统一管理和认定机构, 如除工程技术类外, 其他专业的教授级高工评聘渠道尚未开通。四是固定资产和资金的使用效率低下, 不能产生相应的经济效益。

(三) 地质勘查资质取消后地质勘查队伍的勘查能力标准和评价体系尚未建立

国家取消对地质勘查资质的行政审批, 给现行的地质勘查工作运行管理方式带来挑战。一是队伍力量参差不齐。地质勘查市场放开后, 民营企业和小规模企业进入了地质勘查市场, 一些小的企业由于缺乏专业人才, 往往聘请有经验的退休人员, 以"助力"的方式进行地质勘查, 不能形成规模化的专业化队伍。二是地质勘查成果质量和资料保密问题突出。地质勘查成果质量和资料保密无法保证, 监管机构对市场和队伍今后的规范、评价较难发挥刚性的制约作用。三是无序市场竞争给项目招投标带来了随意性, 出现了今天被"拉黑名单"、明天又"改头换面"重新进入市场的问题。四是对地质勘查队伍的选择没

有了依据。目前地质勘查市场的这种情况导致了国家对资源的控制能力下降，地质报告质量得不到很好保证，地质勘查在国家经济建设、矿业开发中的基础地位严重被削弱。因此，尽快建立地质勘查资质取消后的市场化诚信体系建设机制，发挥行业协会作用，规范地质勘查市场有序运行刻不容缓。

7.2.3 队伍科技创新能力不足，难以形成核心竞争力

（一）创新动力不足，理论基础与方法技术相对落后

地质勘查队伍技术创新能力弱，传统地质工作体系缺少地质调查、评价、监测、预警理论体系，只是开展了图幅调查，没有进行构造单元、流域、不同层级行政区域资源与环境的整体评价，而不同时期开展的图幅评价所收集的要素又难以支撑区域性评价。例如，对于与植被发育、滑坡、泥石流、崩塌、民用建筑等关系较密切的风化层、山前冲洪积扇、残坡积堆积层、沟谷冲积物及相应水域沉积物等，不论是区调工作，还是工程、水文等工作均未引起足够重视，难以提供土地质量评价、生态评价、资源评价和环境评价的相关信息。

虽然地质工作需求拓展了，服务领域拓宽了，但理论、方法技术、内容、调查规范和评价标准没有变。需要的内容没有调查和评价，需要的数据没有及时提供，需要的结论没有要素信息支撑，提出的建议缺少针对性，提交的成果没有权威性，成果应用缺少法律保障（程光华等，2018）。

（二）创新方向不聚焦

过去几十年来，我国煤炭地质勘查队伍粗放式发展，保障了国家对能源矿产的需求和消费。新时代，随着"绿水青山"建设、生态文明建设等国家战略和"一带一路"倡议的提出，煤炭地质勘查及相关产业领域的发展和创新方向需要进一步明确和规划。

在煤与煤系矿产资源勘查方面，以往单一矿种勘查开发的模式，已经不能满足经济发展对大宗多类型矿产勘查的需求，需要开展大型构造单元内多种能源矿产的统一规划、协同勘查，以保障国家能源和矿产资源安全。在"一带一路"建设方面，目前我国地质勘查队伍"小而散"、装备能力差、勘查技术水平落后，难以完成综合性强的地质勘查工作。在地质环境监测方面，整体意识不强，得到的重视不足，盲目开发建设、缺乏监测从而导致许多水土污染、地质灾害、工程事故。在地质信息服务系统建设方面，目前已建立的数据库只是资料的储存和集成，图幅之间、不同比例尺之间、专业之间相互独立，资源与环境之间不相通，尚未建立中央、省、市三级既独立又融合的信息系统。

因此，在"资源约束趋紧、环境污染严重、生态系统退化"的严峻形势下，传统的粗放发展模式已不可持续，煤炭地质勘查队伍科技创新需要在战略性新兴矿产、清洁能源、大数据建设等方面明确重点研发方向、突破瓶颈技术。

（三）创新平台建设不够

煤炭地质勘查队伍研究性实验室/平台的建设不足，缺乏国家级地质勘查科技创新平台。地质勘查单位原创性研究程度相对低，难以有效推进地质勘查单位科技水平的提升和发展。一方面，国家针对重大地质勘查和研究的项目设立较少，产学研结合不够，一些重大研发项目地质勘查单位仅以参与者的身份负责具体的现场实施，引领作用不够。另一方面，受煤炭地质勘查单位规模小、对地质勘查工作的发展无长远规划、科研工作重视程度不够的影响，地质勘查单位的技术水平难以支撑重大项目研发的工作，而科研机构所立项的科研项目又与地质勘查实际工作的契合度不高，科研成果难以形成产业化。

7.3 新时代煤炭地质勘查队伍改革的对策与思考

7.3.1 国家层面做好对煤炭地质勘查队伍改革管理的顶层设计

做好国家地质勘查工作的规划和布局，编制全国多矿产资源协同勘查工作规划、生态地质勘查工作规划；理顺中央地质勘查单位的职责定位，出台相应管理细则，做到均衡发展；加强资源潜力区的地质勘查，引导地质勘查队伍加强资源潜力区的地质找矿工作，注重生态地质勘查和地质灾害防治工作；国家层面将矿业作为国民经济的第一产业，从根本上解决制约地质勘查单位改革发展的体制机制障碍。

加强国家对地质勘查队伍的管理。目前国家对基础性、公益性地质工作有明确的定位和工作经费保障，对商业性地质勘查队伍缺乏有效的指导，地质队伍的管理呈"一头沉"状态；国家层面要设置专门的管理机构，明确地质勘查业务的归属管理和政府购买服务的支持和适用范围；深化地质勘查队伍改革，注入企业化改革资本金；建立更加有效的规范市场运行机制，指导商业性地质勘查单位更加有效地从事能源与资源勘查，以及环境地质、农业地质、城市地质、旅游地质等地质延伸业务。

7.3.2 煤炭地质勘查队伍要向着国际一流的煤炭地质勘查国家队大步迈进

（一）发展国际一流煤炭地质勘查国家队的必要性和紧迫性

一是国家层面需要建立商业性煤炭地质勘查队伍。地质勘查单位改革后，中国地质调查局主要承担公益性地质调查工作，为国家宏观决策和规划部署提供依据，但商业性煤炭地质勘查队伍规模较小，主要分散在各省（自治区、直辖市），以单一矿种勘查为主，难以满足对大宗多类型矿产、跨省区成矿带的统筹勘查开发，难以保障国家能源和矿产资源安全。需要具备跨区域、跨矿种、跨成矿带统筹规划能力的大型地质勘查队伍。

二是新时代矿产资源勘查工作难度提高。矿产资源的勘查开发工作逐步面向深部、地质条件更加复杂的地区，目前规模小且勘查矿种单一的商业性煤炭地质勘查队伍难以解决重大矿产综合勘查开发中出现的各类问题，需要有综合实力的勘查队伍，实现大型构造单元内多种能源矿产的统一规划、协同勘查和信息共享。

三是践行"一带一路"倡议的需求。参与国际竞争，需要有较强的国际竞争力和国际商业信誉，熟练掌握国际地质勘查市场运行体系和商业化运作规则的大型综合性煤炭地质勘查队伍。而目前以省为单位的地质勘查队，技术力量和规模普遍较弱，难以胜任。

四是充分发挥中央地质勘查队伍在国家能源安全中的保障作用。中央地质勘查队伍在我国以往的经济发展中支撑和保障了工业化建设的能源需求，做出了不可磨灭的历史贡献，但目前因地质勘查市场工作量不饱和，中央地质勘查队伍在地质勘查行业的引领作用有所弱化，支配和领导能力没有充分体现。需要进一步统筹规划，充分发挥好中央地质勘查队伍的主力军作用，保障国家能源安全。

（二）煤炭地质勘查队伍改革发展的目标和任务

新时代煤炭地质勘查队伍改革发展的总体目标，一是保障国家能源矿产安全，保障矿产资源的有效供给，立足国内自给，强化国家对资源的掌控力度。二是承担国家生态地质勘查与环境治理的任务，成为国家的备用应急力量。生态地质勘查与环境治理包括矿区、城镇、河湖等重要地区的环境与地质灾害的预防、监测、治理、修复与重塑。三是积极参与国际竞争，"握成拳头，形成合力"，服务于"一带一路"倡议，实现国内、国外地质勘查工作"两翼齐飞"，提高在世界能源矿产市场的话语权，打造世界一流的地质勘查企业集团。四是有效推动协同勘查，改变过去同一地质单元内多次勘查的弊端，实现大型构造单元内多种能源矿产的统一规划、协同勘查和信息共享；同时打造"地质+"及军民融合等服务，拓展城市地质、农业地质、旅游地质、海洋地质、军事地质等各门类的综合性工作，推动地方经济发展和社会进步。

（三）煤炭地质勘查队伍改革的措施与路径

第一，组建国家级的煤炭地质勘查队。地质勘查工作只能加强整合现有地质勘查队伍，形成国家级的商业性地质勘查"航空母舰"，更好地发挥"国家队"在国家能源保障中"稳定器"和"压舱石"的作用，有助于在国际竞争中形成拳头队伍，为构建人类命运共同体做出贡献。

第二，深化煤炭地质勘查工作。社会的不断进步与发展引发对地质勘查工作需求的不断增加，故而，煤炭地质勘查单位必须坚持主业，更好地保障国家安全，不能盲目随着市场周期的波动而丢失主业。

第三，拓展工作领域。煤炭地质勘查队伍应积极拓展工作领域，不断深化地质工作的广度与层次，向环境地质、新材料矿产、新能源、油气地质、城市地质、农业地质、旅游地质等领域发展，服务新型城镇化建设、城市地质调查、城市地下空间探测理论技术；服务环境污染治理，加大水土污染调查与治理力度、地下水污染调查、土壤污染、绿色矿山建设技术；服务民生与乡村振兴，土地质量、农业地质、地质灾害调查，着眼"大地质"，支持战略新兴产业发展（钟添春，2017；程光华等，2018）。

第四，深化体制改革。从整体上来说，目前地质勘查市场已发生了巨大变革，地质勘查行业已经走过了"粗放式"勘查的初级阶段，开始步入"多元化"发展投资格局，并积极融入全球化资源配置过程中。在这一发展新形势下，煤炭地质勘查单位必须紧抓改革机遇，在规范管理、调动职工积极性的基础上，明晰地质勘查单位应有的社会责任与历史担当，继续深化企事分开，才能科学有效地解决目前的种种生存发展难题，更好地应对市场经济发展需求。

7.3.3 加大科技创新投入和平台建设

（一）设立地质勘查领域国家级重大科技专项

实施地质勘查领域国家重大科技专项和重点科技研发专项，增强地质勘查队伍自主研发能力。围绕地质勘查队伍转型升级，优选可供开采矿产资源评价、生态地质绿色勘查、多矿种协同勘查技术、废弃矿山治理与修复、新能源勘探开发等方向，实施一批基础研究和关键共性技术研发项目，推进行业整体转型升级和科研成果的转化应用。

加大研发投入、设立重大专项，增强地质勘查队伍自主研发能力。开展地质勘查领域重点科技研发专项，围绕地质勘查队伍转型升级，优选绿色能源与资源勘查、深部找矿、生态地质勘查等方向性问题，实施一批对行业竞争力整体提升具有影响性、带动性的关键共性技术研发项目，攻克一批关键技术，掌握一批自主知识产权，推动产业跨越式发展。

（二）建设科技创新研发平台

大力支持科技创新研发平台建设，夯实科技研发创新基础，重点支持我国东部深部找矿、西部复杂条件下能源与资源勘查，开展"一带一路"沿线国家资源勘查的相关研发平台建设。

做好研究性实验室的建设，建立包括基础地质、勘查技术方法、工程勘察技术方法、矿山设计、矿产地质、矿产品分离加工等方面的综合性重点实验室，积极与政府的资源、科技管理部门沟通联系，做好重点实验室的建设和运营工作，切实通过重点实验室来带动地质勘查单位科研水平的跨越式提升（刘利宝和王巍巍，2015）。

组建生态治理与修复国家重点实验室，解决矿山环境修复与治理、水环境修复治理、煤矿采空区塌陷治理、矿产资源节约集约利用方面的问题。

鼓励与两院院士、"千人计划"等国内外高层次创新人才团队、创新创业团队联合发起设立专业性、开放性、公益性的新型研发机构。

7.3.4 建立地质勘查队伍新能力标准和诚信建设评价体系

（一）建立新的地质勘查能力标准及评价体系

支持地质勘查行业协会组织建立新的地质勘查能力标准及评价体系。随着我国市场进一步开放，地质勘查市场主体愈加多样化，国有、民营、混合等各种所有制性质企业共存。亟须建立地质勘查能力评价机制。建议充分发挥行业协会的平台作用，由行业协会组织地质勘查企业、院校等一起研究并制订新时代地质勘查能力的建设标准，建立地质勘查队伍地质勘查能力的评价体系。

（二）加强我国地质勘查行业诚信体系建设

地质勘查队伍需要解决的关键问题之一是开展诚信体系建设，地质勘查队伍作为市场主体要遵循市场经济规律，尽快建立统一的行业诚信分类评价体系和"黑名单"制度，发挥诚信体系在市场竞争中的优胜劣汰和资源配置的作用。

7.4 新时代煤炭地质事业发展的政治保障

习近平总书记强调，"党政军民学，东西南北中，党是领导一切的""党对国有企业的领导是政治领导、思想领导、组织领导的有机统一"。党的十九大新修订的党章明确要求"国有企业党委（党组）发挥领导作用，把方向、管大局、保落实，依照规定讨论和决定企业重大事项"。以国有企事业单位为主体的煤炭地质系统，必须坚持党的领导、开展高质量的党建。

7.4.1. 坚定正确的政治方向，夯实煤炭地质事业发展的政治基础

煤炭地质勘查单位的发展始终要树立坚定的政治方向，主要体现在以下几个方面。

（1）加强党的政治领导。党的政治建设的首要任务，就是坚决维护习近平总书记党中央的核心、全党的核心地位，坚决维护党中央权威和集中统一领导。坚决做到"两个维护"，既是根本政治任务，也是根本政治纪律和政治规矩。确保煤炭地质企事业单位、国有资产牢牢掌握在党的手中，并始终作为我们党长期执政和应对各种风险挑战最可信赖的基本队伍。

（2）强化党的思想领导。党的思想领导是完成各项任务的重要保证，是党政治领导和组织领导的重要前提和基础。煤炭地质企事业单位强化党的思想领导，就是用马克思列宁主义、毛泽东思想、邓小平理论、"三个代表"重要思想、科学发展观、习近平新时代中国特色社会主义思想武装职工队伍，推进"两学一做"学习教育常态化、制度化，持续开

展"不忘初心,牢记使命"主题教育。坚持弘扬马克思主义学风,进一步激励广大党员干部新时代新担当新作为,建设一支素质过硬的党员干部队伍,努力提高职工队伍的科学文化素质、思想道德素质、民主法治素质,树立起科学的世界观、正确的价值观和积极向上的人生观,坚持社会主义核心价值体系,自觉为煤炭地质事业发展努力奋斗。

(3) 全面落实党的组织领导。煤炭地质企事业单位通过各级党组织及党的干部和广大党员,对煤炭地质事业实现组织上的领导。要坚决贯彻落实党的十九大精神,按照习近平总书记关于提高党建质量重要论述,以新时代党的建设总要求为引领,切实发挥党委领导作用,做到把方向、管大局、保落实;强化落实党建工作责任制,党委书记要切实履行好第一责任人的职责,专职副书记要做好具体组织协调工作,纪委书记要履行好监督责任第一责任人的职责。推动全面从严治党向基层党组织延伸,努力开创基层党建工作"思路清、督导紧、问责严"的新格局,不断加强基本组织、基本队伍、基本制度"三基建设"不放松,发挥党支部战斗堡垒作用和党员先锋模范作用,把党的政治领导力、思想引领力、群众组织力、社会号召力落到实处,并最终体现在煤炭地质事业高质量发展的丰硕成果中。

(4) 全面从严治党,持续开展党风廉政建设和反腐败斗争。煤炭地质企事业单位全面从严治党,就是要深刻认识党面临的四大考验和四大风险,坚持问题导向,保持战略定力,推动全面从严治党向纵深发展;持续推进"不敢腐、不能腐、不想腐"体制机制建设,深入推进党风廉政建设和反腐败斗争,营造风清气正的良好政治生态,确保煤炭地质企事业健康发展。

7.4.2 完善现代企业制度,推动煤炭地质单位改革发展

习近平总书记指出,"坚持党的领导、加强党的建设,是我国国有企业的光荣传统,是国有企业的'根'和'魂',是我国国有企业的独特优势""坚持党对国有企业的领导是重大政治原则,必须一以贯之;建立现代企业制度是国有企业改革的方向,也必须一以贯之"。随着国家事业单位改革的深入,煤炭地质系统除保留少部分事业性质的单位外,大部分单位已经改制为国有企业或者正在改制为国有企业,要以两个"一以贯之"来指导、保障改革发展工作。

认真贯彻习总书记两个"一以贯之",建设中国特色煤炭地质单位现代企业制度。要把加强党的领导和完善煤炭地质单位公司治理统一起来,建设中国特色煤炭地质单位现代企业制度。坚持把党的领导融入公司治理各环节、把党组织内嵌到公司治理结构之中,推动煤炭地质单位落实"党建工作总体要求进章程"、党委书记和董事长"一肩挑"、党组织研究讨论作为企业决策重大事项前置程序,使党的全面领导制度上有规定、程序上有保障、实践中有落实(郝鹏,2019),促进中国特色煤炭地质单位现代企业制度建设取得突破性进展。

坚持党委"把方向、管大局、保落实"与董事会"战略管理、科学决策、防控风险"有机统一;坚持党管干部原则与市场化选人用人有机统一,加快形成各司其职、各负其责、协调运转、有效制衡的公司治理机制(郝鹏,2019)。

发挥党管人才的优势,创造良好的用人环境。在新形势下,企业间的竞争日趋激烈,

其中最根本的就是人才的竞争。煤炭地质单位，都必须坚持党组织对人才工作的领导，全面推进人才强企战略，不断加强人才队伍建设，逐步建立与现代企业制度相适应的用人机制，营造尊重知识、尊重人才、唯才是举、公平竞争的良好氛围。建立健全科学的人才考核评价体系；对各种人才加强思想政治工作，随时掌握其思想动态，尽力为他们的工作、学习、生活等创造良好的条件；真正做到用事业留人，用感情留人，用适当的待遇留人；努力形成人人渴望成才，人人努力成才，人人尽展其才的良好局面，打造一支专业能力强，职业素养高，善于学习，团结协作的现代企业管理人才队伍。

7.4.3 提高领航人才能力，引领煤炭地质事业更上一层楼

群雁高飞头雁领，新时代煤炭地质单位的发展更离不开一批具有坚定理想信念的干部队伍，毛泽东同志指出："政治路线确定之后，干部就是决定的因素"。习近平总书记提出了"对党忠诚、勇于创新、治企有方、兴企有为、清正廉洁"的国企好干部标准。为加强领导干部队伍建设，煤炭地质单位各级领导干部要做到"一个坚持、弘扬'三气'、培育'四心'、锤炼'五力'、八个表率"，提高领导干部素质，为落实煤炭地质事业总体发展战略，提供组织领导保障。

一个坚持，即坚持党的领导，全面从严管党治党，管好"关键少数"。国有企业领导干部首先要讲政治。毫不动摇地坚持党的领导，牢固树立"四个意识"，坚决落实"两个维护"。坚持把方向、管大局、抓落实，突出党委领导核心和政治核心作用，构建政治新生态，全面实现党建工作新格局。

弘扬"三气"：弘扬坚定信心、积极进取的士气；弘扬开拓创新、攻坚克难的勇气；弘扬干事创业、廉洁奉献的正气。

培育"四心"：培育改革发展的信心、培育干事创业的责任心、培育锲而不舍的恒心、培育海纳百川的包容心。

锤炼"五力"：锤炼自我提升的学习力、锤炼统筹全局的领导力、锤炼顽强拼搏的战斗力、锤炼脚踏实地的执行力、锤炼令行禁止的管控力。

八个表率：强化政治定力，做心中有党的表率；强化学习研究，做适应新常态的表率；强化责任担当，做心中有责的表率；强化团队建设，做促进班子团结的表率；强化带班领队，做贯彻执行民主集中制的表率；强化履职尽责，做真抓实干的表率；强化创新突破，做敢闯敢试的表率；强化底线意识，做廉洁自律的表率。

7.4.4 传承历史本色，牢记新时代国家队使命担当

煤炭地质行业"三光荣"（以地质事业为荣，以艰苦奋斗为荣，以找矿立功为荣）、"四特别"（特别能吃苦，特别能忍耐，特别能战斗，特别能奉献）精神的实践，创造了煤炭地质行业辉煌的成就。在进入新时代的今天，"三光荣"依然是搞好地质找矿工作的精神支柱，依然是做好能源保障和生态文明建设的精神动力和力量源泉。要进一步深化行业精神内涵，拓展行业精神外延，为新时代煤炭地质事业发展焕发出新的活力。

解放思想，革新观念，加快煤炭地质企事业单位的转型升级。"煤炭地质人"要深刻领会新时代我国社会主要矛盾是人民日益增长的美好生活需要和不平衡不充分的发展之间的矛盾，强化"创新、协调、绿色、开放、共享"五大发展理念，在持续开展保障国家能源矿产安全，保障矿产资源的有效供给传统业务的同时，根据党和国家的新要求，不断解放思想，更新观念，主动转型升级，明确发展方向，积极拓展新的领域。例如，牢固树立"绿水青山"的发展理念，向矿业绿色勘查、绿色开采方向转型升级；坚持"山水林田湖草"是一个生命共同体的系统思想，主动开拓环境与地质灾害的防治与修复新业务；响应"一带一路"倡议，拓展国际地质勘查市场，提高在国际能源矿产界的地位等。

参 考 文 献

程光华，苏晶文，杨洋，等. 2018. 新时代地质工作战略思考. 地质通报，37（7）：5-13.
郭韵涵. 2019. 地勘行业的发展现状及对策建议. 产业创新研究，（5）：120-122.
郝鹏. 2019. 坚持用高质量党建引领中央企业高质量发展. 人民论坛，（12）：6-8.
刘利宝，王巍巍. 2015. 对抓好国有地勘单位核心竞争力建设的思考. 中国国土资源经济，（7）：64-67.
于秋波. 2017. 地勘事业单位深化改革路径研究. 长春：吉林大学：13-14.
钟添春. 2017. 新形势下地勘单位转型发展探讨. 企业改革与管理，（1）：197.

8 煤炭地质勘查工作的体系架构

摘要：本章首先介绍了煤炭地质勘查工作历史沿革，以及煤炭地质综合勘查、煤炭地质协同勘查的基本架构及其技术体系。新时代基于煤炭地质勘查行业开展"三个地球"建设，中国煤炭地质总局提出了煤炭地质绿色勘查的理念。本章详细阐述了煤炭地质绿色勘查的总体任务、主要目标、基础理论、服务内容、关键技术。最后，对煤炭地质勘查五大关键技术最新进展进行了综述，包括空天遥感技术、高精度多维地球物理勘探技术、精细钻探技术、矿山生态环境修复技术、地质大数据技术。

煤炭地质勘查是以煤田地质学为理论指导，有目的地使用多种勘查手段，发现煤炭资源、查明煤炭储量、评价地质特征、获取煤炭开发利用以及采后生态修复所需的工程、水文、环境等其他基础地质信息。煤炭地质勘查传统上可以分为四个阶段：预查、普查、详查和勘探。近年来，煤炭地质勘查已经发展成为包括从煤炭的预查直至开采完毕整个过程中的地质勘查工作。煤炭地质勘查技术体系也由煤田地质勘查体系发展到煤炭地质勘查体系。煤炭地质勘查体系中由单矿种的综合勘查体系发展为多矿种的协同勘查体系。新时代以来，更加注重生态环境保护，进而又逐步形成了煤炭绿色勘查体系。这是由勘查对象的性质、特点和勘查生产实践需要决定的，也是由煤炭勘查的认识规律和经济规律决定的。

中华人民共和国成立以后，根据煤炭工业恢复和发展的需要，煤炭地质勘查工作在非常艰难的情况下起步。借鉴苏联原来的经验，积极组建勘查队伍，建立了勘探、水文、物探、普查、测量、采样等 80 个各种专业的地质队伍，有机结合地进行煤炭地质勘查，逐步形成适合我国煤田地质特征的煤田地质勘查体系。

中国煤炭地质条件复杂，各地自然条件、地理环境的差异大，传统单一勘查技术手段难以解决不同区域复杂地质条件下的勘查目标。几代煤炭地质人经过不懈努力，在系统分析我国煤炭资源赋存规律的基础上，根据我国煤田地质勘查工作的特点，将"煤田地质勘探"发展为涵盖煤炭勘查、矿井建设、安全生产、环境保护等内容的"煤炭资源综合勘查"，提出了适合当代需要的煤炭资源综合勘查技术新体系（王佟等，2013）。

进入 21 世纪，煤系矿产资源的战略意义尤为突出。我国煤系矿产资源类型多样、赋存状态和空间展布复杂、资源量丰富，已经成为地质资源的重要组成部分，越来越受到重视。广大煤炭地质工作者在综合勘查技术体系的基础上，针对煤系地层共伴生矿产种类多、分布广、品位高的特点，逐步确立了煤炭与煤层气、煤铀兼探、煤水共采等多资源协同勘查的理念。协同勘查是综合勘查的进一步发展，既注重多种先进勘查技术的综合应用，更强调煤系地层中多种能源矿产资源的综合勘查、一体化评价与共同开发地质研究。

新时代，"生态文明建设"上升到国家战略高度，"生态优先、绿色勘查"已经成为业内共识。煤炭地质勘查工作转变为以实现资源保障与环境保护双赢为目标。中国煤炭地质总局围绕"透明地球""数字地球""美丽地球"建设,在协同勘查理念的基础上,进一步考虑了环境约束条件和生态环境保护问题,同时吸收大数据、人工智能等先进技术理念,实现勘查工作的精细化、综合化、绿色化及信息的多维化,进而形成了以绿色勘查、科学开采、安全生产、生态修复为服务内容的煤炭绿色勘查体系。

8.1 煤炭地质勘查工作体系架构的理论综述

8.1.1 煤炭地质综合勘查技术体系

根据我国煤炭资源东西分带、南北分区的分布特点,立足于我国煤炭地质条件、研究范围、工作内容等勘查特点,确立了从实际出发原则、先进性原则、全面综合原则、循序渐进原则等四大煤炭地质勘查基本原则,将"煤田地质勘探"发展为包括煤炭资源调查、地质勘查、矿井建设与生产勘探、安全生产保障系统勘查、环境保护勘查与评价全过程的"煤炭资源综合勘查",构建了适合中国煤炭资源分布特点的中国煤炭资源综合勘查新体系,该体系由"一个创新思路、两大理论支撑、五大关键技术、一套标准规范"构成(图8.1)(王佟等,2013)。

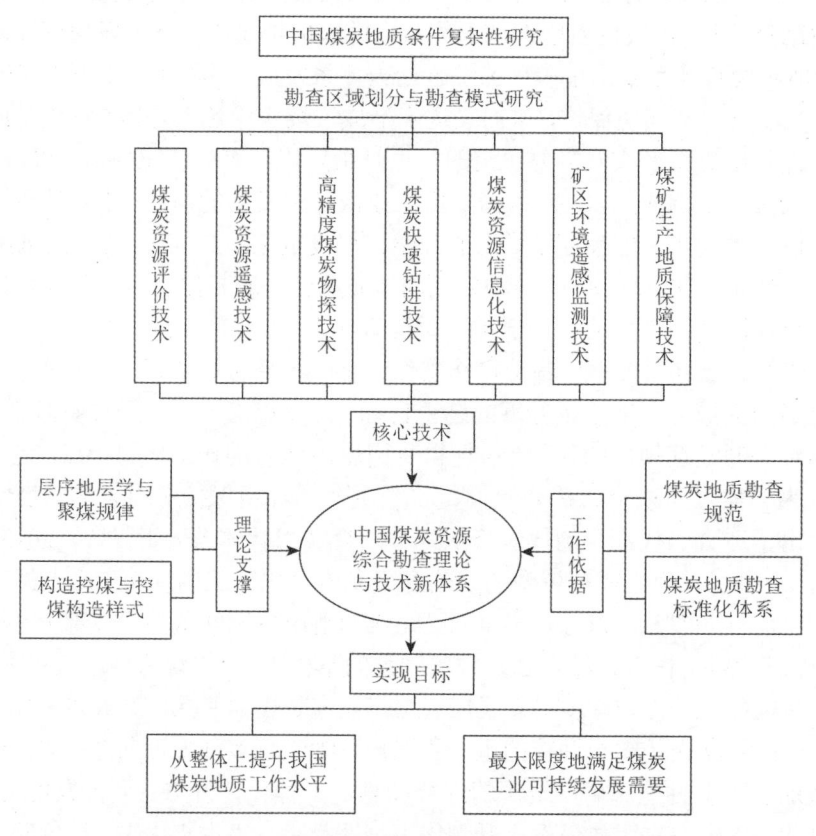

图 8.1 煤炭地质综合勘查理论体系(王佟等,2013)

此图中的七项技术是由五大关键技术拓展而来

"一个创新思路"是指在系统总结我国煤炭资源赋存规律和煤炭地质特征的基础上，根据煤炭地质勘查的基本原则，将"煤田地质勘探"发展为涵盖资源调查、地质勘查、矿井建设、安全生产、环境保护全过程地质工作的"煤炭地质综合勘查"。

"煤炭地质综合勘查"技术体系以中国煤田地质理论为支撑、以煤炭地质勘查规范和标准化体系为依据，针对煤炭资源遥感技术、高精度煤炭物探技术、煤炭快速钻进技术、煤炭资源信息化技术以及矿区环境遥感监测技术等多种技术的综合应用，建立了煤炭地质综合勘查理论与技术体系。

"五大关键技术"的综合应用实现了煤炭资源的精细精准勘查。

（1）煤炭资源遥感技术

遥感技术具有视域广、效率高、成本低、综合性强以及多层次性、多时相性、多波段性等特点，广泛用于煤炭资源调查评价。在西部广大地区，煤系煤层出露较好、地质工作程度较低、人类活动干扰较少，应用遥感解译以直接寻找煤层煤系为目标。在东部地区，由于煤炭地质勘查程度较高，含煤区多在植被和新生界覆盖较多的隐伏和半隐伏地区，应用遥感技术可以查明控煤构造，与此同时也要重视钻探、物探等技术的综合利用。

（2）高精度煤炭物探技术

以3D地震勘探技术为核心的高精度地球物理勘查技术应用于煤炭地质综合勘查，大幅度提高了勘探精度，断层查明落差由10~20米提高到3~5米的小断层和幅度5米的波状起伏。高精度地球物理勘查技术还应用于圈定采空区、陷落柱、岩浆岩侵入体和煤层冲刷带的分布范围。

（3）煤炭快速钻进技术

近年来钻探技术先后发展出潜孔锤反循环钻进工艺、空气泡沫钻进工艺、液动冲击回转钻进工艺、气动潜孔锤钻进工艺、受控定向钻进技术等。目前金刚石钻进和绳索取心工艺已经成熟，为在复杂地质条件下施工提供了适用的技术手段。

（4）煤炭资源信息化技术

利用网络技术，实现信息共享，开发设计了适合煤田资源勘探、煤矿开采的功能需求的软件开发平台，研发了煤炭勘查地测空间信息系统关键技术，实现了大量数据处理、图形图件制作、信息交流的自动化。

（5）矿区环境遥感监测技术

应用遥感技术可进行矿区突水预测、煤火区探测及控制开采区塌陷、滑坡、泥石流引发的地裂缝监测等诸多方面，还可以应用遥感技术精准监测，为煤矿区环境治理修复与地质灾害防治提供具体目标区。如煤矿开发引起的地面塌陷、植被破坏以及矸石山污染等。

"一套技术规范"是指编制了一套规范和技术标准，包括煤、泥炭地质勘查规范，煤炭勘查地质报告编写规范，煤炭煤层气地震勘探规范，煤田地质填图规程，遥感煤田地质填图规程，煤炭地质勘查钻孔质量评定等数十项标准规范，为构建中国煤炭地质综合勘查理论与技术新体系提供了政策依据。

8.1.2 煤炭地质协同勘查技术体系

进入 21 世纪以来，人们开始注意到煤、煤系、煤盆地内多种矿产共生、共存的问题，进而提出了在科学合理、经济与环境协调可持续发展的前提下，多种能源矿产的勘查技术体系与理论问题。煤炭资源的共生、伴生、共存的矿产是极为丰富的，以往人们没有足够地重视对煤的伴生矿产的勘查开发，忽略了对这些有用矿产的评价。

（一）协同勘查理念

协同勘查是综合勘查基础上的勘查科学发展。综合勘查强调对勘查对象综合运用多种先进勘查技术手段，协同勘查更加强调煤系地层中多种能源矿产资源的综合勘查、一体化评价与共同开发地质研究。

多种能源矿产资源的协同勘查可以实现一次勘查勘探多种能源矿产，提高勘查效益。例如，鄂尔多斯地区在通过煤铀兼探、油铀兼探，发现大型砂岩型铀矿，达到节约多种能源矿产的勘探成本的目的，体现了协同勘查的理念。

（二）协同勘查基本原则

协同勘查的基本原则是"协调有序、经济合理、优势互补、科学部署、最大收益"（李增学等，2011）。

协同勘查理论基础主要由两个部分组成。其一，煤、煤系、煤盆地多种能源矿产共生、共存富集是协同勘查的物质基础。协同勘查理论以地质理论为指导，突出体现理论性、综合性和实用性，由多能源矿产共存富集的成因机制研究、构造区划与矿产聚集单元划分研究、多能源矿产富集规律研究，以及多种矿产组合类型划分等组成。通过多能源矿产的富集规律、组合类型划分，确定协同勘探方法和技术选择，构建能源矿产的协同勘查模式，这种模式必须遵循"协调有序、经济合理、优势互补、科学部署、最大收益"的协同勘查基本原则。其二，多能源矿产协同勘探理论要实现勘探效果最佳、技术方法最优、经济效益最好、环境保护最佳，实现可持续发展。协同勘查最佳效益的理论是指协同勘查的多能源矿产勘查目标实现成本投入最少、勘查成果最佳、经济效益最大化，因此必须要系统研究勘查区块的地质条件，选择经济、技术合理的勘查技术手段。勘查技术与方法优化是指在充分考虑各种勘查技术手段、方法的基础上，系统评价不同勘查技术、方法在勘查区块的适用性，并优化选择，实现勘查手段与技术、方法优势互补，保障协同勘查的质量和效益。协同勘查经济评价的理论是指对每种勘查方案的部署、技术的选择、方法的采用、设备的投入等，统筹进行经济效益评价，评价优选出最佳勘查方案。协同勘查最佳环境保护和可持续理论是指协同勘查方案要把环境保护放在重要位置，确定评价报告和技术参数，实现并保证多种矿产资源勘查开发的可持续发展。通过以上理论原则，提出确立多能源矿产协同勘查模式。

（三）协同勘查模式

根据我国多个煤盆地构造区划研究、多能源矿产组合类型研究，在系统协同勘查的物质条件、组成要素的基础上，提出由单矿种综合勘探方法与模式、主矿种综合勘探方法与协同模式，以及多能源矿产协同勘探方法与模式等构成的协同勘查模式。

（四）协同勘查的目标

协同勘查所实现的目标主要有两个：一是通过实施协同勘查达到多种能源矿产的高精度、高效益、最优化勘查，摸清资源赋存规律和开发地质条件；二是选择不同勘查技术与方法协同开展资源勘查，达到矿产资源可持续、环境友好与勘查效果最佳。

（五）协同勘查的关键技术

协同勘查的关键技术体系与综合勘查应用的关键技术是基本一致的，其关键点是这些关键技术的选择和实施是否是在协同勘查理论的基础上实现的（图8.2）。

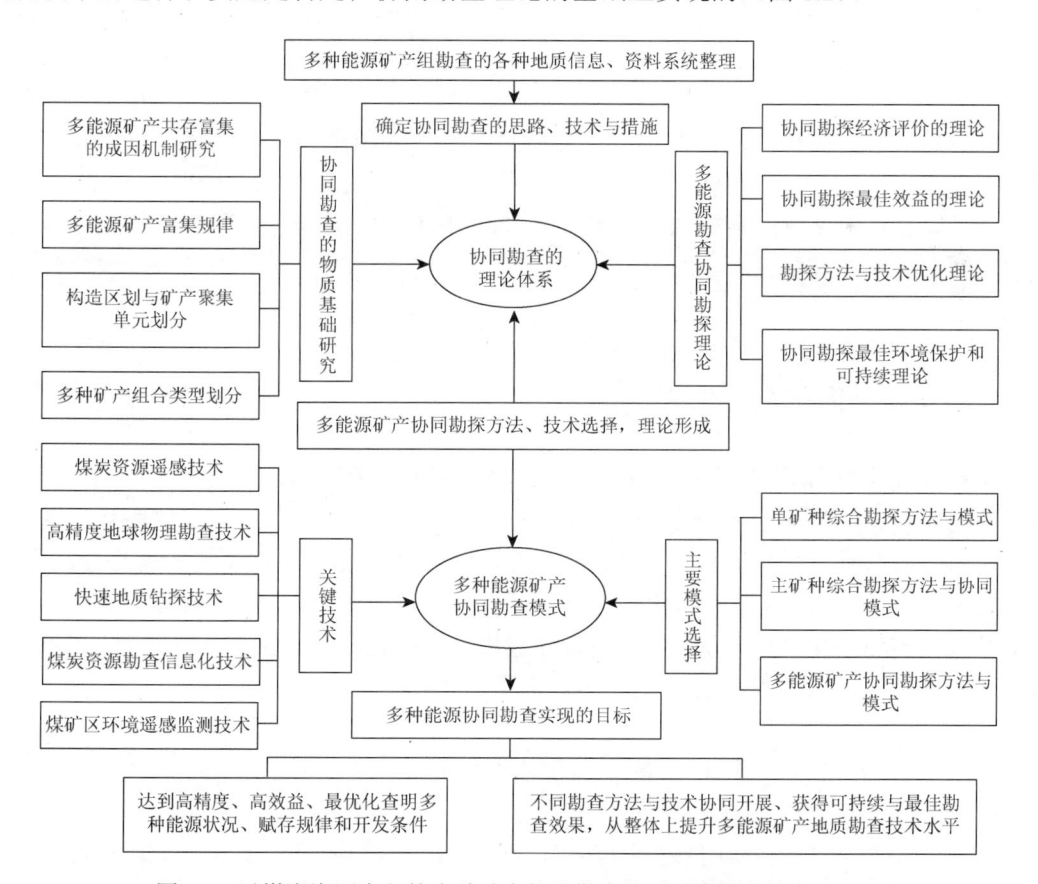

图8.2 以煤炭资源为主的多种矿产协同勘查体系（李增学等，2011）

8.2 新时代煤炭地质绿色勘查新内涵

新时代,生态文明建设被纳入"五位一体"的总体布局,上升到国家战略高度,"创新、协调、绿色、开放、共享"五大发展理念正在深入贯彻,"绿水青山"的理念已经全面融入"四个全面"的建设进程中。绿色勘查已成为国家有关部委和行业内外的普遍共识。煤炭地质勘查必须围绕"生态优先、绿色勘查"的主题,充分体现煤炭、煤系、煤盆地特点及煤炭地质勘查特色,建立适合新时代特征的煤炭地质勘查技术体系。在煤炭地质综合勘查、协同勘查技术体系的基础上,充分考虑生态文明建设的要求,围绕"透明地球""数字地球""美丽地球"的目标,进一步发展形成新时代煤炭地质绿色勘查。

8.2.1 总体任务

新时代煤炭地质绿色勘查工作围绕煤炭资源安全供给和生态文明建设保障总体目标,主要有以下四项任务(赵平,2018)。

(一)保障国家能源安全,实现"两个一百年"奋斗目标

煤炭是国家的主体能源,煤炭的有效供给是实现"两个一百年"奋斗目标的物质保障。煤炭地质勘查工作需紧紧围绕"两个一百年"的奋斗目标,依据2035年和21世纪中叶两个时间节点国家对低碳绿色能源的要求,将保障能源供给安全、经济安全、科技安全、生态环境安全作为首要任务。

(二)建立绿色煤炭资源勘查评价方法,构建清洁低碳、安全高效的现代能源勘查与评价体系

煤炭通过洁净利用,完全能够实现绿色开发与利用。煤炭地质绿色勘查要丰富绿色煤炭资源的内涵,科学推进绿色煤炭资源开发与洁净利用,改变人们对煤炭"污染严重"的认识。因此,新时代煤炭地质绿色勘查工作重心主要面向建立绿色煤炭资源勘查、开发、利用、修复的技术理论体系和寻找新的绿色煤炭资源基地两个方面。煤炭地质勘查工作要以提升绿色资源勘探比重、绿色资源储量梯级进补、扩大绿色资源总量为重点,支撑绿色煤炭资源开发、生态文明建设与新型能源体系的建立。

(三)确立煤炭不仅是燃料、更是原料的理念

煤炭是我国重要的一次能源,也是煤化工的基础原料。一方面,煤炭作为能源燃料要改变分散式、粗放式的燃煤方式,减少颗粒物及二氧化碳等污染物的排放,实现

绿色、洁净利用。另一方面，煤炭是主要的化工原料，国内已经形成具有自主知识产权，以煤为原料的煤制油、煤制烯烃、煤制天然气、煤制乙二醇等新型煤化工产业竞相发展的格局，以实现煤炭资源利用、转化效益和附加值最大化。因此，开展煤质精细研究与煤的综合利用研究是保障煤炭既作为能源燃料又作为煤化工原料被充分利用的基础。

（四）树立大地质观，构建"地质+"，助力国家生态文明建设

国家经济建设、社会进步与地质工作息息相关，新时代生态文明建设作为"五位一体"发展战略的重要一环，生态建设和环境治理必将成为煤炭地质工作的重点。煤炭地质工作研究应积极服务于"大地质"事业的关键技术，积极适应国家强化对矿产、森林、草原、湿地、农田、湖泊等自然资源的管理形势，加快地质工作由单一找矿向"山水林田湖草"自然资源一体化调查转变，打破传统的地质调查和评估工作，构建地质工作与"山水林田湖草"资源调查工作体系。

8.2.2 主要目标

新时代煤炭地质绿色勘查的主要目标是面向国民经济和社会发展需求，运用先进绿色综合勘查技术、深度挖掘地质大数据，最大限度地减少勘查工作对生态环境破坏，服务于煤炭资源安全保障、绿色开发，服务于矿山生态环境建设，尽可能实现煤与煤系多种能源资源协同勘查效益的最大化，多种手段精准综合勘查的环境扰动最小化，以及主动保护、改造、修复、重塑矿区生态环境，实现环境的最优化，实现建设"透明地球""数字地球""美丽地球"的战略愿景。

8.2.3 煤炭地质绿色勘查理论

新时代煤炭地质绿色勘查以煤及共伴生矿产、水资源共探，生态地质兼探，绿色高效的多种能源资源协同勘查理论为指导，查明煤系矿产自然资源的生态属性、地质属性和资源属性，查明人类活动与生态环境的相互影响，服务于人类对自然资源的利用、改造和重塑。新时代煤炭地质绿色勘查工作不应仅局限于矿产资源勘查、生态环境调查、地质灾害治理等单一环节、单一方面的勘查任务，而应融合、贯穿于地质勘查工作的始终，构建系统的地质勘查工作架构（赵平，2018）。

新时代煤炭地质绿色勘查工作，通过煤炭资源遥感技术、高精度煤炭物探技术、煤炭快速钻进技术、煤炭资源信息化技术和矿区环境遥感监测技术五大关键技术，不仅服务于煤炭绿色资源勘查、科学开采、安全生产、生态修复四个方面，还有国土空间用途管制、生态环境修复，搭建生态地质主体架构，同时服务于"透明地球""数字地球""美丽地球"建设。

8.2.4 服务内容

（一）绿色资源勘查

绿色资源勘查是实现绿色开采、建立绿色矿山的基础。煤炭绿色勘查主要工作内容包括：绿色煤炭资源的精细勘查；煤系共伴生矿产、水资源的资源协同勘查；煤炭开发地质条件和生态环境影响勘查与评价；勘查过程中的生态环境保护等。在勘查技术方面加大空天遥感数据、高精度多维地球物理勘探数据、精细钻探数据以及样品测试化验数据的融合程度，实现复杂地质体透明和可视化解译。

（二）科学开采

科学开采是在地质、生态环境相协调的前提下最大限度地获取自然资源，克服复杂地质条件和隐蔽致灾因素带来的安全隐患，进行的安全、高效、绿色、经济、协调的可持续开采。科学开采的工作内容包括煤系气共探共采；煤-水资源协调开采与安全保护；煤炭资源与生态环境协调开发保障；保水采煤、无人采煤、精准开采、地下气化、地下流态化开采等现代采煤技术的地质保障（曹代勇等，2018）。

（三）安全生产

安全生产是煤矿生产、运行的根本保障，要以地质量化预测为先导，以高精度三维地质勘探、精细钻探等技术为手段，依托地质大数据，实现生产地质工作的动态管理。安全生产地质保障的主要内容包括采中瓦斯、水害、冲击地压等地质灾害的动态、精细化监测、预警、防治，特别是深部高瓦斯突出煤层群安全高效开采的突出灾害防控、深部开采热动力灾害防治、深部围岩动力灾害控制，以及西部采动损害地质条件减损、西部保水采煤、煤-水共采关键技术。

（四）生态修复

生态修复是主动改造、修复、重塑因人类活动而被破坏的生态地质环境，进而实现资源开发、人类活动与生态系统的动态平衡。关闭矿井综合治理与利用和煤矿采空沉陷区治理是矿山生态修复的重要内容，主要包括煤矿生态恢复治理及土地复垦、废弃煤矿瓦斯抽采、废弃煤矿地下空间综合利用等地质理论与技术。

8.2.5 关键技术

新时代煤炭地质绿色勘查的关键技术是对协同勘查关键技术的集成和发展，其关键点是这些关键技术的选择和实施是否在"生态优先、绿色勘查"的理念下实现，是否实现了环境的轻扰动和生态友好共处。8.3 节就空天遥感技术、高精度多维地球物理勘探技术、精细钻探技术、矿区生态环境修复技术、地质大数据技术五大类关键技术的最新成果与应用进行介绍。近年来，这五大关键技术又进一步提升，日臻完善。

8.3 煤炭地质勘查关键技术综述

8.3.1 空天遥感技术

遥感技术是从人造卫星、飞机或其他飞行器上收集地物目标的电磁辐射信息，判认地球环境和资源的技术。以地球为对象的遥感对地观测技术，经历了地面遥感、航空遥感、航天遥感等发展阶段。

煤炭地质遥感技术应用初期，主要用于地形制图和作为煤炭地质勘查的辅助手段。近年来高分辨率遥感技术方法不断进步和完善，广泛应用于煤矿区灾害评估、煤矿区环境监测、生态环境修复治理等方面，充分显示了遥感技术在煤炭地质领域特有的优势。

新时代，空天遥感技术在煤炭地质勘查领域的应用热点主要是高精度煤田地质填图、煤炭资源及煤炭共伴生矿产资源调查、煤炭基地水资源调查、生态环境调查与动态监测、矿区地表开采沉陷监测、煤矿区地质灾害调查与监测，以及矿山地理信息系统与数字矿山建设等方面。

（一）地质地形图更新

遥感影像数据因实时性强、覆盖面广的特点，已成为获取和更新国家基本比例尺地形图和国家基础地理信息系统不同种类、不同尺度数据库所需信息的重要途径。

（二）大比例尺卫星遥感填图

大比例尺卫星遥感填图技术是在航空摄影地质测量技术的基础上进一步发展而形成的，主要利用 SPOT、QuickBird 图像或其他高分辨率卫星图像开展 1∶5000～1∶50 000 遥感地质填图工作。目前，利用该项技术已经完成宁夏碱沟山 1∶25 000 煤田地质填图、陕西陇县 1∶25 000 煤田地质填图，以及高精度相关专题地图研制（张文若和谢志清，2007）。

（三）煤炭资源调查与评价

西部地区地质工作程度较低，运用多种卫星遥感图像为信息源，通过多元地学信息复合分析和处理，最大限度地提取调查区内含煤地层构造信息，同时分析研究前期资料，分析勘查区构造地质特征,并开展野外实地调查验证工作，掌握勘查区含煤地层的发育特征、聚煤规律、煤层的赋存状态，确定含煤有利区。

（四）水文地质调查与煤矿水害预测

利用卫星热红外、卫星雷达及多光谱技术，采用景观水文地质解译法、对比解译法和综合解译法进行区域水文地质条件研究，以实现不同勘查手段的相互印证，来对地下水类型及富水程度进行评价，圈定富水区（谭克龙等，1999a）。利用热红外测试手段探测了矿区的地下暗流，指出线性构造网络的控水作用、环形构造的胀裂作用影响深层地下水活动，总结出煤矿突水点的分布规律，预测可能突水的高危地段（谭克龙等，1999b）。

（五）煤层自燃区遥感监测

以煤层自燃的地质规律为理论依据，以遥感技术为主要手段，以地理信息系统为平台，建立煤田火区动态监测系统，可为煤矿防灾、减灾、环境监测和治理以及政府决策提供依据。中国煤炭地质总局开展了中国北方地下煤火遥感探测技术研究，并在内蒙古乌达煤田、宁夏汝箕沟矿区等地实践；建立了具有四个"高"（高分辨率、高光谱、高频率、高精度）和四个"三维"（三维地质模型、三维探测技术、三维反演技术、三维可视化技术）特点的地下煤火四层空间探测体系，在煤田火区遥感精细探测和动态监测工程实施方面取得重大突破，为火区治理提供了决策依据（谭克龙等，2007；张建民等，2008）。

（六）煤炭资源开发状况调查和监测

应用高分辨率遥感图像，通过解译和对比分析，结合煤矿地质资料，从矿山辅助设施、道路、煤堆和煤矸石堆的新鲜程度等特征出发，可以快速查明煤炭资源开发状况和煤炭资源开发的合法性（界内开采、界外开采、越界开采等），为煤矿安全生产及维护矿业秩序提供有效的动态监测手段（聂洪峰等，2007；乔玉良等，2008）。

（七）矿区生态环境调查与动态监测

遥感技术在煤矿区环境调查、矿区生态环境影响调查评价和动态监测、高硫煤开采利用引起的酸沉降污染监测等方面广泛应用。通过遥感技术与地面监测相结合的方法，可对矿区范围内的自然环境背景、社会环境背景和环境污染背景进行系统的解译和调查；系统分析总结矿区环境质量的特征及分布规律，提供系统完整的矿区环境背景图件、数据、报告，可为矿区环境污染综合治理决策提供技术支撑。

（八）矿区地表开采沉陷监测

遥感技术能从宏观到微观的范围内快速而有效地获取多时相、多波段的遥感图像信息，实现塌陷区的动态综合监测，并绘制多种专题图，及时掌握塌陷区的状态和发展变化，为矿区环境治理提供科学依据。中煤航测遥感集团有限公司采用航空遥感图像和高分辨航天遥感图像与数字高程模型相结合，在山西晋城矿区开展了煤矿区地表沉降研究（宁树正等，2008）。可将航空激光扫描（ALS）数据用于煤矿区开采沉陷制图，高度误差小于 0.23 米。

（九）矿山地理信息系统与数字矿山建设

数据源问题是矿山地理信息系统建设的瓶颈；利用遥感影像来获取、更新地理信息系统的基本信息以及在实践中成为共识；高分辨率遥感卫星为建立矿山地理信息系统提供了多源、多平台、多时相、多层次、多领域的实时、丰富、准确、可靠的信息。

8.3.2 高精度多维地球物理勘探技术

地球物理勘探是一门探明隐伏矿体或者深部矿产而发展起来的学科。近年来，地球物理勘探在矿井隐蔽致灾因素预测预报中发挥着重要作用。高精度多维地球物理勘探方法包括多维地震勘探、电法勘探及地球物理测井等。

（一）多维地震勘探

地面高分辨率三维地震勘探技术是煤炭地球物理勘探的首选方法，主要用来探测煤矿构造、解释岩性、检测裂隙带、圈定煤层厚度以及预测瓦斯范围等。近年来隐蔽致灾因素已成为煤矿重大灾害事故的主要原因。查明矿井隐蔽致灾因素，特别是瓦斯富集区、隐伏陷落、老窑采空区、富水区、构造煤、不明地质体在地应力下形成的灾害地质体等致灾因素是地震勘探的主要任务。目前已经取得了三大重要突破。

一是我国已经建立了煤矿采区小构造地面高分辨率三维地震勘探技术体系。在淮南等条件好的地区达到查明 700 米深度、断距大于等于 3 米断层的勘探精度，在条件较差的矿区达到查明断距大于等于 5 米断层的勘探精度，突破了国际上煤炭三维地质勘探精度只能查清 500 米深度、断距大于等于 8 米断层的技术记录。高分辨率三维多分类地质勘探技术的应用已经从平原扩展到山区、沙漠戈壁、黄土塬等复杂地区，实现了从构造勘探向岩性勘探的飞跃。

二是探索形成了隐蔽致灾灾害源探测技术与地质预测方法。煤矿井下物探技术蓬勃发展，弥补了地面物探的一些缺陷，形成了隐蔽致灾因素上、下"立体式"精细勘探的模式。井下高分辨率槽波地震透视技术在探查小断层、陷落柱、煤层分叉与变薄带、构造煤范围、应力集中区、充水采空区及废弃巷道等方面得到重视。井下二维地震勘探能探测深度 100 米范围内落差 3 米以上的断层、宽度大于 1 米的巷道和采空区。

三是研制开发出矿井复杂地质构造探测装备与技术。彭苏萍等（2018）研制出了以前段信号调理电路、网络分布式控制和全数字、三分量检波一体化技术为核心，体积小、重量轻（主机重量小于等于 3 千克）的便携式矿井防爆多波地震仪装备，可在井下探测出 150 米范围内断距大于等于 1.5 米的断层和地质异常体；研发了具有自主知识产权、实时处理、高精度的矿井地质雷达，并在高功率电线防爆技术、地质雷达快速采集技术和矿井环境下天线屏蔽技术上取得突破，使研制装备具探测距离远（大于等于35米，以前为小于20米）、精度高（0.5米，以前为1.5米）和方向性强的特点（彭苏萍等，2018）。

现就多维地震勘探技术新成果在煤矿隐蔽致灾中的应用进行介绍。

1. 断层含水层探测技术

断层是灾害地质异常体，断层破坏了煤层的连续性，影响围岩的稳定性，影响矿井生产效率，严重威胁矿井生产的安全。三维地质技术可查明断距大于5米的小断层，平面摆动范围一般小于30米。近年来在地震资料精细解释技术领域中，中国煤炭地质总局地球物理勘探研究院研发了"蚂蚁+"小断层预测技术、RGB属性融合分析技术、曲率体分析技术等，大幅度提高了小断层的识别能力与预测精度。为煤矿安全、高效生产提供采区裂缝识别与解释，以及裂缝的方位和密度（图8.3）。

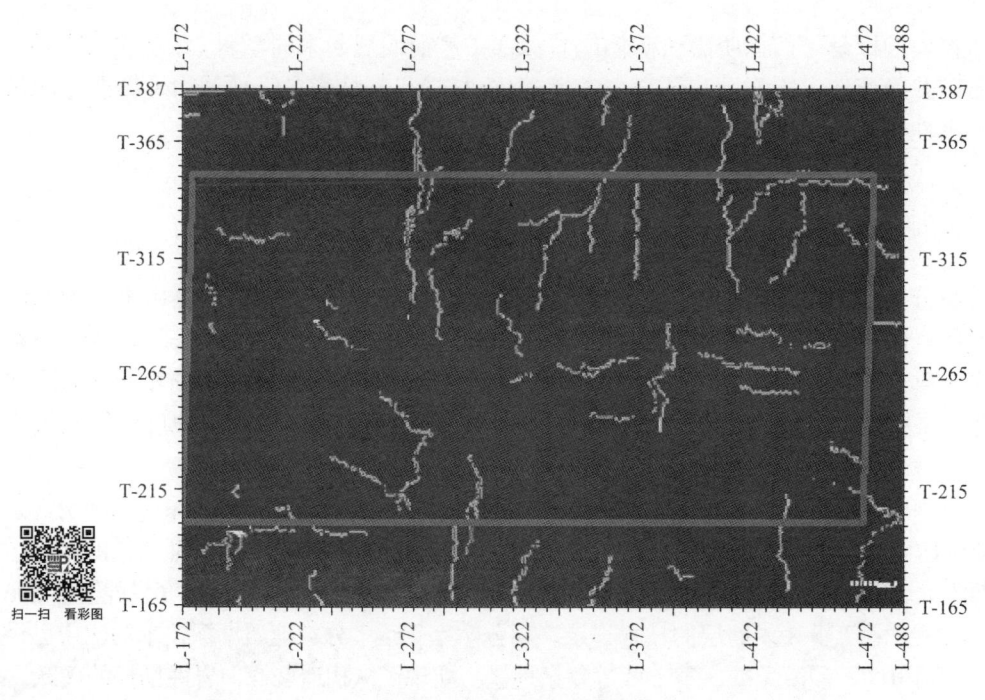

图8.3 山西某采区煤层蚂蚁体属性切片预测小构造分布

2. 陷落柱预测技术

陷落柱在华北煤系地层中广泛发育。陷落柱在平面上多表现为圆形、椭圆形，少量呈不规则形态；在剖面上呈上小下大的圆柱状、筒状、斜塔状、不规则形状，其直径大小从几十米至数百米不等。陷落柱内岩块杂乱无章，排列紊乱，棱角明显，胶结程度不一。在陷落柱的预测技术上，充分利用三维偏移数据体，并结合叠加数据体，采用多属性PCA融合技术，从垂直和水平两个方向的时间剖面、顺层振幅、方差体顺层切片、相干体顺层切片综合显示等多种技术方法进行全方位的精细解释，可大大提高解释精度（图8.4和图8.5）。

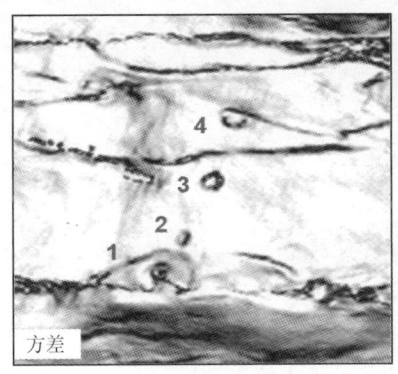

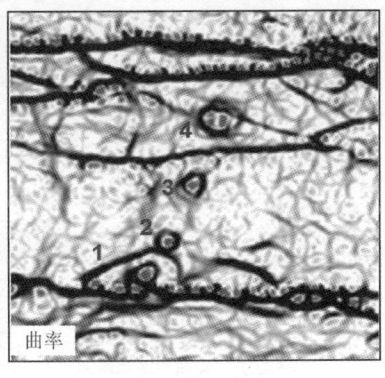

图 8.4　山西某煤矿陷落柱属性解释成果示意图

陷落柱 1、2、3、4 号直径分别为 140m、20m、65m、75m

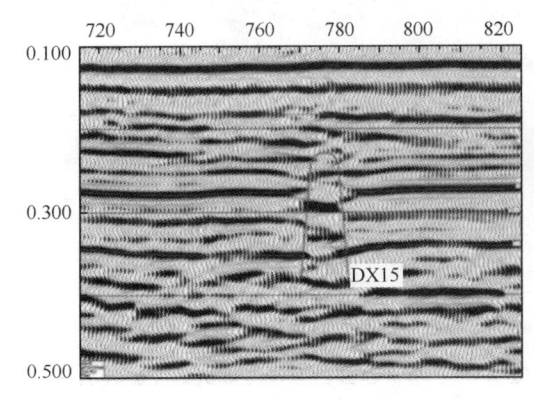

图 8.5　陷落柱在地震时间剖面及方差体顺层切面上的反映

3. 三维地震勘探谱矩法反演煤厚技术

近年来形成的基于地震属性的煤层厚度预测模型方法与技术和谱矩法反演技术，提高了煤层厚度预测精度，取得了较好的效果。通常先利用高密度三维地震数据对勘查区进行谱矩法反演煤层厚度，再利用其附近地震道数据得到标定系数，进而在研究区内插值，联合反射波频谱积分与地震子波频谱一阶矩反演研究区煤层厚度。然后利用研究区内钻孔信息，验证高密度三维地震数据与常规数据谱矩法反演煤层厚度的精度（林建东等，2017）（图 8.6）。

4. 煤层气（瓦斯）识别技术

近年来，基于双相介质和各向异性介质理论，与煤田物探资料的特点相结合，把物探属性技术、方位各向异性技术以及弹性波阻抗反演技术作为主要手段。

作为岩性地震勘探的重要手段之一，波阻抗反演技术利用波阻抗反演计算煤层气储层厚度，这种计算方式是煤层气地震勘探技术的重要用途。深度域的波阻抗数据体是通过时间域向深度域地震数据转换，转换后的地震数据与测井数据进行联合反演而得到的。要计算储层的初始厚度值，首先要计算出该储层的波阻抗的最小值（介于一定的振幅之间的储层波阻抗值），然后通过对全区的追踪得到顶板数据，这二者之差即初始厚度值。采区储层的厚度是通过克拉克法预测的结果和实际钻井结果进行匹配之后得出的。另外,储层和顶板岩性的精细构造是通过地震、测井数据采用稀疏脉冲反演的方法反演出来的,这就为煤层气富集区的圈定提供了地质基础。

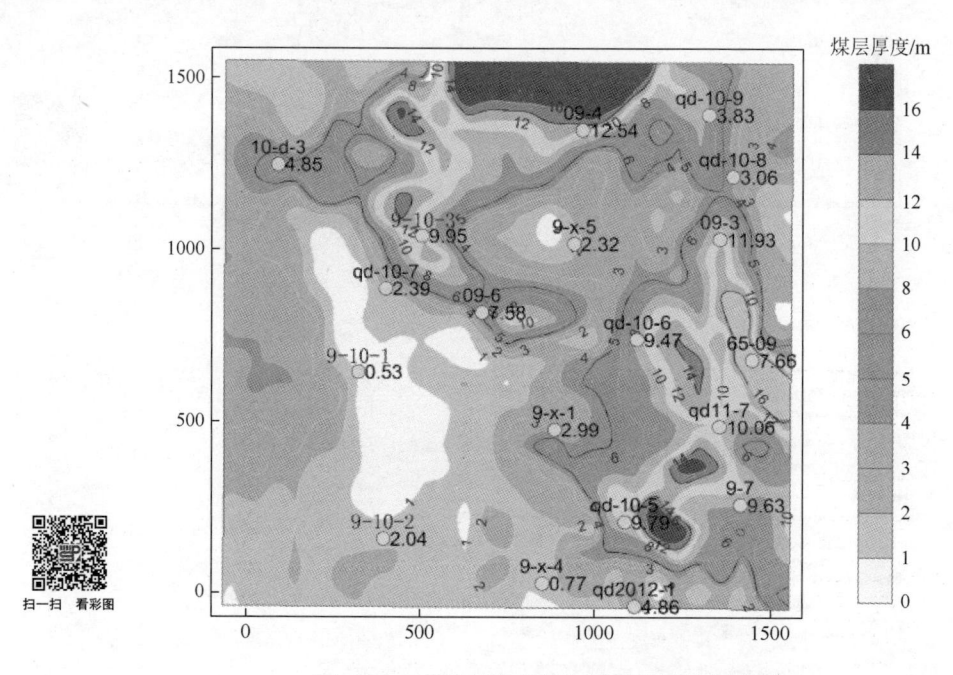

图 8.6 三维地震数据谱矩法反演煤层厚度图

与常规三维地震勘探不同的是,三维三分量地震探测技术来源于理论的研究和实践的观测,除了原有的纵波技术,还利用了地震波横波技术,理论基础是介质的弹性各向异性,即地层的弹性性质是有方向性的,垂向的各向异性对应于地层的层状构造,水平向的各向异性对应于地层的微观断裂构造,如裂隙等。

双相介质理论认为,地下介质主要由两部分组成,即固体和流体。其中,固体是岩石骨架,流体是骨架孔隙和裂隙中充填的气体或液体。含油气的地层包含固体和流体两种状态的双相介质。从煤层气勘探是提取地层岩性信息的角度上出发,在均匀各向同性纯固体的基础上建立岩石弹性理论以及波动传播理论。对难以描述清楚多种复杂物理现象的,要建立与发展更加符合地质实际情况的双相介质弹性与波动理论。

双相介质理论建立在区域性分析地震地层学、层序地层学以及研究地震信息和岩石结构之间的相互关系之上,该理论已成为当今地震勘探解释技术发展的方向。该理论的发展是岩石弹性、波动传播理论在煤层气地震勘探技术领域的延伸(汤红伟,2012)。

(二)电法勘探

电法勘探是根据岩石和矿石学性质(导电性、电化学活性、电磁感应特性和介电性等)

研究地质构造、资源勘查、水文工程环境地质问题的重要地球物理方法，近年来其应用又扩展到环境监测、生态修复等领域，与国民经济和人民生活息息相关。

依据场源性质来划分，电法勘探分为人工场法（主动源法）和天然场法（被动源法）；依据观测空间来划分，电法勘探可以分为航空电法、地面电法和地下电法；依据电磁场的时间特性来划分，电法勘探主要分为直流电法（时间域电法）、交流电法（频率域电法）和过渡过程法（脉冲瞬变场法）；依据产生异常电磁场的原因来划分，电法勘探可以分为传导类电法和感应类电法；依据观测内容来划分，电法勘探可以分为纯异常场法和综合场法。

1. 高密度电阻率法

高密度电阻率法是在矿层中围岩和目的物导电性差异的物质基础上，通过对人工建立的井下稳恒电流场分布规律的观测与研究，从而能够解决工程及其他地质问题的一种勘探方法。该方法在近年来发展较为成熟，具有密度大、探测分辨率精度高、电极排列多、工作效率高、获取的信息量大的特点。通过高密度电阻率法获得的丰富电性特征能够推测出地下地质信息。

环境地质勘查中，高密度电阻率法是解决当前城市环境地质问题的一种重要和可靠的手段，它具有低成本、高效率、信息丰富、强抗干扰能力、适用范围广等优点。它是在地下被探测的目的体和周围介质间的电性差异的基础上，人工建立起来的地下稳定直流电场。主要是依据预设若干道电极，利用预装装置排列进行扫描和观测，对地下一定范围内的大量、丰富的空间电阻率的变化进行研究，从而查清相关地质问题。

在滑坡灾害防治中，该方法可获取滑坡体的纵向和横向发育、展布情况，能查明滑坡体的空间形态特征、滑动面埋深和可能与滑坡发育相关的断裂情况。这对于研究滑坡发生规律十分有利，指定合理的治理滑坡的方案，从而达到抗灾减灾的目的。

2. 瞬变电磁法

瞬变电磁法是一种利用接地线源或者不接地回线向地下发射一次脉冲磁场，在磁场间歇期间，通过用接地电极或线圈来观测二次涡流场的方法。电流的变化速度取决于磁场，当穿过高阻体时，速度较快，穿过低阻体时，速度较慢。当二次场被接受线圈接收后，依据接收到的信号，对地下矿床的分布进行判定。而电波消失速度的快慢则与一次场产生的电流所遇阻体有关，当遇到高阻体时，消失速度较快，遇到低阻体时，则较慢。

瞬变电磁法可以在煤矿采空区进行探测，这种方法利用了煤矿采空区与围岩介质二者之间存在的电阻率差异。其电阻率主要受到充填介质与围岩的电性差异的影响。当地下处于少水或无水时，充填介质以空气为主，采空区的电阻率与围岩介质相比表现为高阻异常；当地下含水量丰富或者完全充水时，采空区相比其围岩就表现为低阻异常。正是由于采空区和它周围的介质存在电性差异，才可以利用上述方法进行煤矿采空区的探测。

在我国的北方地区，煤系地层呈水平或平缓单斜分布很常见，并且每一层的介质电性和电阻率断面图都很均匀，电阻率等值线则表现为平缓分布。但若是存在煤矿采空区或塌陷区，位于该区域的电阻率就会出现高阻或低阻异常，可以看到电阻率等值线在异常区会出现明显的起伏变化,在异常两侧等值线有转折变化的突变拐点通常对应着采空区的边界。

在拟合对比已知资料(钻孔、采矿、地质调查等)的基础上,TEM 电阻率测深反演的结果对于确定采空区的埋深是很重要的。传统的瞬变电磁法通常以观测点为横坐标,窗口延时为纵坐标来绘制视电阻率拟断面图,这种方法适用于地形较为平坦地区,电断面异常与实际地质情形较为吻合。此方法应用于复杂地形时,需考虑采用高程为纵坐标来绘制高程视电阻率拟断面图,其结果则较为准确。该方法的具体处理过程是用瞬变电磁处理得到的每一测点每一窗口的视深度乘以地区拟合校正系数(通常为 0.5 左右,通过已知采空区剖面试验获得),然后得到该窗口的"探测深度",再用该点的地面高程进行换算得到相应的高程,然后以剖面上各测点各测道的高程与视电阻率一一对应,并绘制高程视电阻率拟断面图。

3. 探地雷达

探地雷达可以接收地下介质的超高频脉冲信号,利用这些信号可以探测地下介质的分布特征。该方法的基本工作原理是:由高压脉冲源提供电脉冲信号,经过宽频带的发射天线可以转化为脉冲电磁场,并以电磁波的形式传播至目标源。地下介质将反射后的电磁波通过脉冲接收天线转化为电脉冲信号,信号随后会传送至宽频带采样器,然后以时间域的结果显示。最后经过处理得到介质的时域或频域特性。雷达在移动的探测过程中会定时向地下发射脉冲电磁波,并连续接收介质的反射信号,这样不间断地接收信号最后会组成雷达的剖面图像(曾邵发,2006)。通过对剖面图像的分析可得到地下介质(洞穴、地层、管道和埋藏物等)的空间位置、结构、形态和埋深等分布特征。这种方法在矿产资源勘探、工程质量检测、水文地质勘查、岩土工程勘察等领域有广泛的应用(赵锴,2017)。

探地雷达法在探测地下介质等方面具有以下特征。首先,探地雷达具有较强的抗干扰能力,不受机械振动和电磁信号的干扰;其次,探地雷达在地球物理探测方面具有较高的分辨率,能清晰直观地探测物体的内部结构,同时探地雷达在探测介质体时也体现了高效率和零破坏,具有极强的适应能力,其探测效果受外界干扰较小,其天线可直接贴近或离开目标介质表层进行探测;最后,与地震反射法的物理限制不同,由于地层介质中电磁性差异比弹性差异高,探地雷达法可以接收到 15%～30% 的地层界面的雷达波反射系数。

探地雷达可以探测地下的三维结构,并广泛应用于城市的地下管线探测、市政设施建设工作以及道路病害检测等多个领域。

三维探地雷达对城市地下管线实施探测,可以获取(6～14)厘米×(2～5)厘米×1 纳秒的 GPR 三维数据体,以垂直剖面和水平切片结合的方式显示,给人们呈现出直观的地下管线图像。

我国以往对城市道路病害探测以二维探地雷达技术为主(张英杰等,2015)。但这种方法经过长期的实践证明,其工作效率低,横向分辨率低,存在问题的多解性,并且探测结果的可靠性较低,这都不利于该方法的推广。直到三维的探地雷达技术出现后,日本便立即引进和使用该技术,对道路病害开展定期探测。由于采取道路病害定期探测机制,东京近 20 年来的大规模道路塌陷次数显著减少,由之前的每年 20～25 次,降低至每年 1～

2次。中国煤炭地质总局也采用三维探地雷达技术分别在上海、杭州、长春、邯郸、南京、合肥、哈尔滨和兰州等地实施了道路病害检测工作，并均取得了较好的效果。

道路结构探测。随着道路质量检测技术的提升，公路事业迅速发展，传统的检测技术随机性大、精度低、成本高，且存在破坏性，会加快道路的破损。探地雷达法弥补了以上劣势，可以得到精细的浅层地下结构，在隐蔽缺陷高分辨率探测方面有广泛的应用。在道路结构检测工程中实际应用效果突出。

市政工程。采用三维探地雷达，在某地高铁沿线，对居民房屋建造时填埋多少土石方进行探测。基底埋深、上部回填土厚度非常清晰，达到了非开挖探测的效果（图8.7和图8.8）。

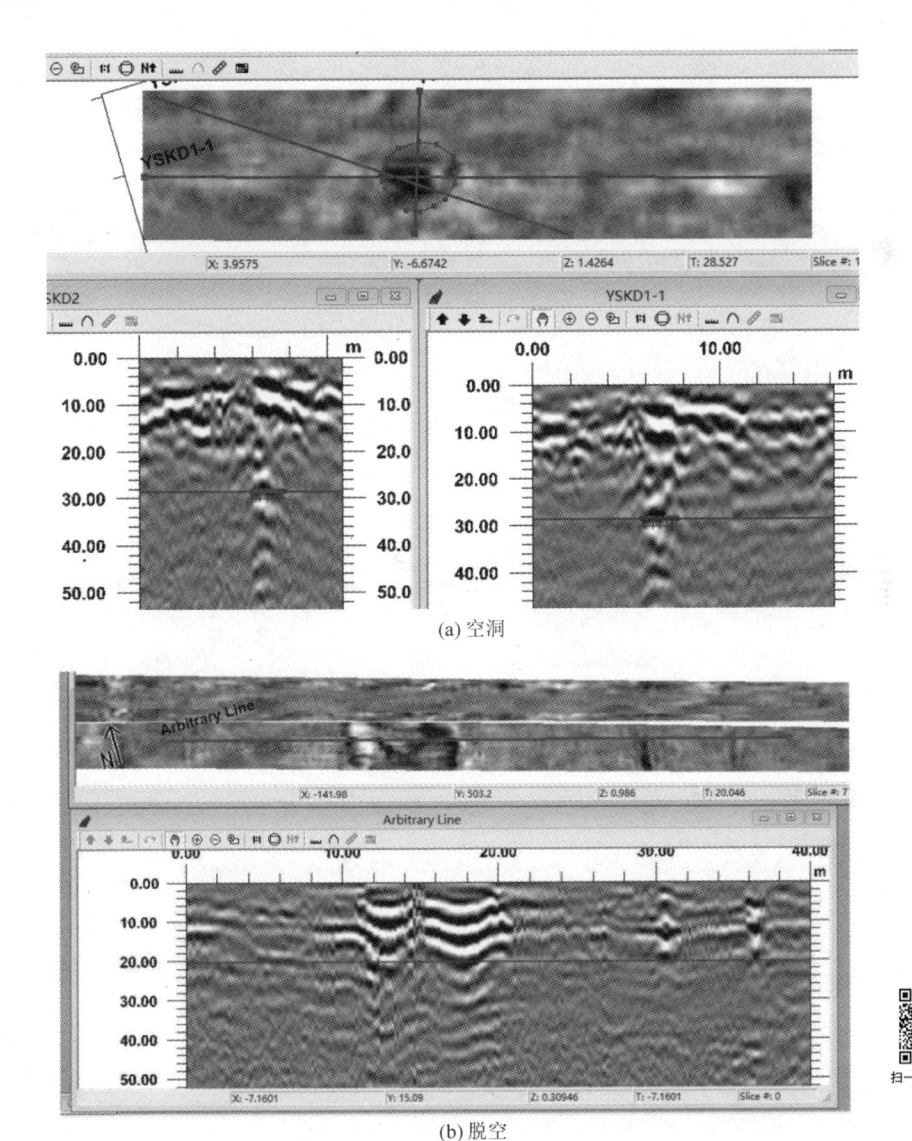

(a) 空洞

(b) 脱空

图8.7 三维探地雷达探测道路病害

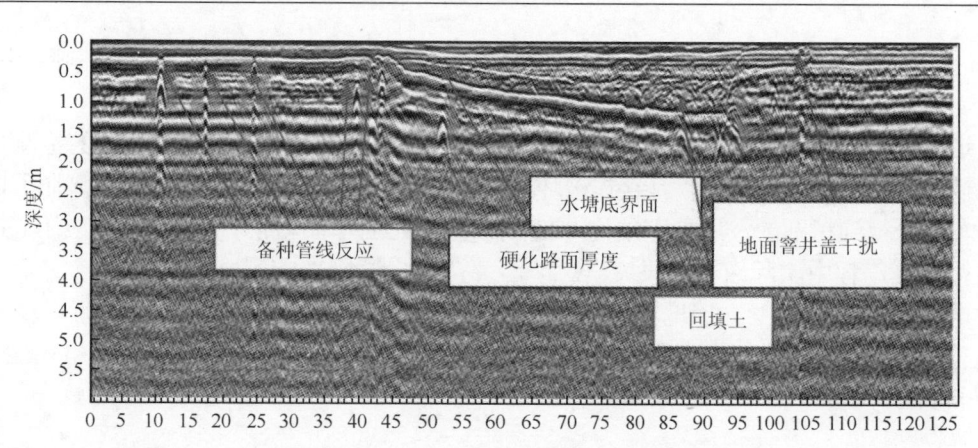

图 8.8 三维探地雷达在市政工程中的应用

（三）地球物理测井

测井技术是利用岩层的电化学特性、导电特性、声学特性、放射性等地球物理特性，测量地球物理参数的方法。近年来全球测井行业持续稳定发展，技术进展集中表现为传统技术的性能提升、新型技术的系列完善，以及前沿技术的探索研究等。成像测井、核磁共振测井、地层测试及油藏监测等领域取得了显著进展，具体表现在电缆测井测量精度大幅提升，随钻测井系列不断完善，探测深度和数据传输率逐步提高，地层测试与采样技术优化升级，光纤监测技术快速发展等。

1. 新型高分辨率岩性扫描成像测井仪

新型高分辨率岩性扫描成像测井仪可在井场提供高分辨率能谱测井数据，实时定量分析复杂岩性地层的矿物成分及有机碳含量。主要技术特点包括：准确的总孔隙度定量分析和储层质量量化评价；俘获谱和非弹性伽马谱成功组合使用，精确确定总有机碳（TOC）参数；提供准确的镁含量，区分白云岩和方解石；仪器的测量值不受岩心标定和复杂解释模型限制。

2. 多层位地层边界探测技术

为了更准确地探测多层位、多方向的地层及流体边界，确定边界方位，以在复杂地层中优化井位布置，多层位地层边界探测技术可获取方位伽马、多深度电阻率、深方位成像及随钻环空压力（APWD）等数据，定量评价地层和当量循环密度，在含薄层、隔层的多种储层类型中提供较好的地质导向服务。结合反向对称测量的随机反演模型，能够准确地预测地层倾角，从而更好地在复杂地层导向，确保井筒穿过储层最佳甜点，有效增加产能。该技术通过提高信噪比可降低地层边界的不确定性，更精细地描绘储层边界和流体界面。此外，该仪器的一项全新质量控制指标可用于验证实时解释结果，包括反演数据的不确定性，从而得到更准确的储藏模型和储量估值，优化未来的井位设计。

3. 光纤监测技术

光纤监测技术取得较大进展，主要体现在以下三个方面。第一，分布式光纤测温系统（DTS）。耐温达 300℃的光纤系统将光纤转换成间隔 0.5 米或 1 米的若干个温度传感器，在测量时，通过询问器向光纤发送激光脉冲，光纤中的分子振动引起拉曼反散射，通过对比反散射强度来计算光纤的温度。利用 DTS 技术对钻井的温度剖面进行永久性监测，利于更好地实现油气井和油藏管理。第二，分布式光纤声波传感系统（DAS）。DAS 使用沿井筒长度方向布设的标准单模光纤，将数千米长的标准电信光纤转变为微型检波器阵列，利用相干光时域反射测定技术，观测因光纤玻璃芯非均质性引起的微弱的反散射信号，并在上部读写单元对采样率、空间分辨率和通道数量等参数进行优化，从而将原始声波数据从读写器单元传送到处理单元，进行信号的解释与可视化。利用该项技术可实现流量测定、出砂检测、气体突破、人工举升优化、智能完井监测及近井眼监测等。第三，分布式应变传感系统（DSS）。受地质应力或油藏压力过高等因素影响，套管会出现变形或破裂等情况。为了对套管形态变化进行预防性检测，优化钻井生产和开发，实时套管成像仪（RTCI）可提供连续、实时、高分辨率的套管图像，监测受油藏压实、上覆层膨胀和其他地质力引发的套管异常。

8.3.3 精细钻探技术

钻探技术是取得地下实物资料、验证地下信息推断与解释、圈定矿体、计算储量、评估品位最为重要的技术手段。近年来，钻探技术已经应用到地质灾害预防、矿山救援、矿井水害防治等众多领域。我国钻探技术和装备水平与国外先进国家相比有很大的差距，但近些年来有了长足的发展，在小口径快速精准钻探技术、大口径救援井技术、多分支水平钻井技术、液动潜孔锤钻探技术、反循环钻探技术、组合钻探工艺、定向对接井技术、新型节水钻探工艺等方面取得了长足的进步，为我国资源勘查和生态文明建设提供了现代化的钻探技术和装备。

（一）小口径快速精准钻探技术

煤炭地质钻探技术以小口径金刚石绳索取心钻探技术为主。小口径相较于大口径钻探，具有灵活、机动、快速、精准、环境扰动小、施工成本低的特点。金刚石绳索取心钻探技术已经占到煤炭地质钻探工作量的 80%左右。

绳索取心是一种不提钻取心的钻探技术，其基本原理为：当岩矿心装满岩心管或发生岩矿心堵塞时，不需要把孔内钻杆柱提升到地表，而是借助专用的绳索打捞工具在钻杆柱内将岩矿心容纳管捞取上来。只有当钻头需要检查磨损状况或更换时才提升全部钻杆柱。

绳索取心技术减少升降钻具的辅助时间，增加纯钻进时间，提高钻进效率；发生岩矿心堵塞时可以立即打捞，减少了岩矿心磨蚀，并且在钻杆柱内打捞岩矿心平稳，减少了岩矿心脱落的机会，岩矿心采取率高；只有更换钻头时才提钻，减少了频繁升降和拧卸时钻头的磕碰及扫孔磨损等现象,可以延长金刚石钻头的使用寿命;减少了升降孔内钻杆柱次数,大大减轻工人劳动强度,改善劳动条件;减少了钻探机械升降系统的磨损与动力消耗,减少了因升降钻杆柱冲洗液对孔壁的冲击、抽吸作用,使孔内更安全。

近年来,随着绳索取心钻探技术的不断进步,相继研制出了绳索取心液动潜孔锤、绳索取心不提钻换钻头钻具、绳索取心液动潜孔锤螺杆钻三合一钻具,并得到了成功应用(冉恒谦等,2011)。

(1)新一代绳索取心液动锤钻具。SYZX75 和 SYZX95 绳索取心液动冲击钻具创造性地将液动锤的冲击传功机构、悬挂机构和密封机构进行了整合,设计了一种独特的采用约束变形理念的传功密封结构,大大简化了液动锤绳索取心钻具的结构,并在实践中证明其传功、密封效果极佳,可靠性大幅度提高,同时由于新型的液动潜孔锤具有高可靠性和长工作寿命的特点,明显提高了绳索取心液动冲击钻具的使用效果,较相同条件下绳索取心回转钻具钻速提高近两倍,在完整地层回次满管率达 90%以上,在破碎地层回次长度提高 60%以上,完成进尺已经达到十余万米,为客户带来了良好的经济效益。新一代液动锤在绳索取心领域的成功应用,进一步巩固我国在绳索取心液动锤钻进技术领域的领先水平,使绳索取心钻进技术迈上了一个新的台阶。

(2)螺杆钻＋液动锤＋绳索取心钻具。钻具的技术优势为利用绳索快速打捞内管钻具,大幅度减少提下钻时间;利用螺杆马达井底回转,降低钻进扭矩,保护井壁安全,利用液动潜孔锤,进行冲击载荷碎岩,提高钻速,减少岩心堵塞。该钻具在大陆科学钻探中的成功使用,标志着我国的钻探技术迈上了一个新的台阶,达到了国际先进水平。

(二)大口径救援井技术

大口径救援井实施矿山救援是矿山应急救援体系的一种新型技术。在发生顶板坍塌、矿井透水、煤与瓦斯突出、冲击地压等重大矿山灾害事故时,坍塌冒落、巷道积水及动力现象等因素,造成矿井巷道堵塞,大量井下作业人员被困灾区无法逃生,救援人员无法靠近直接实施救援。在这些矿山事故的救援中,构建快速救援通道,及时、有效地实施救援尤为重要。在近年来的矿山事故救援中,除了传统方法外,开始应用大口径救援井技术,形成多措并举的救援方法(表 8.1)(杜兵建和杨涛,2018)。钻孔救援技术是通过向矿工被困灾区打钻,与灾区被困矿工建立通讯联系,向灾区输送氧气、饮用水和食物等生存必需品,为后续救援争取宝贵时间,并可在条件允许时直接通过大孔径救生钻孔营救被困人员,是建立快速救援通道、有效实施救援的重要技术途径。

表 8.1 国际典型矿山钻孔救援案例分析

事故矿山	美国宾夕法尼亚州魁溪煤矿	智利圣何塞铜矿	中国平邑石膏矿
事故发生时间	2002 年 7 月 24 日 20:50	2010 年 8 月 5 日 14:30	2015 年 12 月 25 日 7:56
事故原因	采矿中穿透邻矿采空区,引起透水事故发生,9 人被困	矿井通道冒顶坍塌,33 名矿工被困井下	相邻矿井关停废弃多年,岩层全部垮塌形成矿震,引发该矿顶板岩层坍塌,当时井下 29 人下落不明

续表

事故矿山	美国宾夕法尼亚州魁西煤矿	智利圣何塞铜矿	中国平邑石膏矿
地层条件	地层厚度73米，矿体上覆60米粉砂质泥岩地层，岩性致密无含水性，地层很稳定，地表耕植土层与泥质分化岩地层适宜钻探施工	地层厚度660米，矿体上覆400米火成岩地层，地表砂砾下伏砂质泥岩地层。地层稳定，无含水层，适宜钻探施工	地层厚度220米，矿体上覆80米砂泥岩互层，其中10米砂岩段裂隙发育，含水丰富，再上部136米石灰岩地层，其中钻遇2米古溶洞，黄泥充填。还有3米地层为岩溶发育段，赋水性强。地表层未查及耕植土层4米。另外，坍塌地层仍处于蠕变阶段，钻探施工十分困难
灾害程度	废弃矿井巷道在高处，该煤矿的透水已浸漫到矿井口，矿井水短时间内无法疏干，被困人员处在水面以下60米的堵头巷道中	巷道两处坍塌，坍塌长度不清楚，修复困难大，被困人员在680米的井下避难硐室	矿井下坍塌地段不清楚，地下水下泄情况不明，被困人员在220米处，矿工有没有藏身之地不清楚
采取的救援措施	1.采取钻孔和矿区同时排水，降低气压； 2.采取正循环空气钻井技术施工大口径救生孔； 3.成孔后提升仓提升救人	1.施工小口径探查钻孔，与井下被困人员取得联系； 2.采用导向孔钻井技术、正循环钻井工艺施工救生孔； 3.成孔后用救生舱提升救人	1.首先井下搜救，井筒堵漏强排水； 2.布置1、2、3、6号小直径钻孔探查； 3.布置4、5号大直径钻孔救生； 4.成孔后采用安全带提升救人
钻孔的关键技术	空气正循环钻进	1.导向孔定向钻进； 2.大直径钻头扩钻成孔	1.大直径反循环钻进； 2.下大直径套管隔离止水； 3.气举反循环处理含水层塌孔施工

2012年国家安全生产监督管理总局根据智利2010年圣何塞铜矿救援案例的启示，建设我国矿山应急救援体系。2015年"12·25"平邑矿难钻孔救援是我国首例，世界第三个通过钻孔救生的成功案例。

1. 钻探工艺

1）空气反循环钻进工艺

空气反循环钻进工艺是以空气作为循环介质，利用双壁钻杆环状间隙将高压空气输送到孔底，并驱动孔底钻头（潜孔锤）等破岩工具，以冲击碎岩和旋转研磨碎岩方式进行钻进，也是空气钻进技术在破岩方法上的一种突破，所使用的压缩空气既作为洗井循环介质，又作为破岩动力的来源。它利用驱动孔底钻头的气体携带岩屑经双壁钻杆中的管路上返至地表，完成钻进的目的（杨涛和杜兵建，2017）。

救生钻孔配套使用的主要循环系统为空压机装备，最大排气量为3.4兆帕，最小2.4兆帕。在施工711毫米大口径潜孔锤钻进时使用3台空压机，在最后施工580毫米钻孔时使用5台空压机（杨涛和杜兵建，2017）。

2）气举反循环钻进工艺

气举反循环技术用于处理被埋大口径钻头。气举反循环技术是将压缩空气沿输气管线进入一定深度的钻孔，经混合器进入排渣管内与循环液混合，混合后的液体密度小于冲洗液的密度，这样井筒和管内就产生压差，并在井筒液柱压力作用下，使管内混合的气体和液体，以较高的速度向上流动，从而将孔底的岩屑连续不断带出地表，经地面沉淀后，再补充给井筒维持内外液体压差，如此循环形成气举反循环工艺流程（杨涛和杜兵建，2017）。

在平邑石膏矿救援中，应用空气反循环钻进工艺后，钻进速度得到了迅速的提高，平均钻进速度达到了 4 米/小时，最高时速曾达到 8 米/小时，但由于地层的不稳定，当钻进到 174 米时，矿井再次大面积坍塌，导致钻孔 160 米处的地层裂隙带轰然坍塌，发生了严重的埋钻事故，钻头埋深 14 米左右，经反复提升钻具未果，采取了气举反循环工艺技术处理被埋大口径钻头（杨涛和杜兵建，2017）。本次是在钻孔中安装一根长度 162 米、直径 50 毫米的混合除渣金属管路，一根 25 毫米的高压橡胶管路，并在金属管头 4 米位置开口与橡胶管焊接连通，在钻孔内注入清水，与沉淀池形成水力循环工作程序，成功处理埋钻事故。

2. 钻探装备

1）钻井机动能力强

矿山应急救援要求救援钻机设备迅速到达救援现场，对设备进行快速安装，尽可能在短时间内完成救援钻孔钻进前的准备工作，进行钻孔救援。所以对救援钻机要求必须是车载式的，钻机牵引车直接拖带钻机自由移动，接到救援指令后可在第一时间奔赴救援现场，机动性能很高。钻机各部分组件无须进行拆卸组装，到现场直接自动升降钻井架子，集成化程度高，操作简单灵活。车载钻机本身带有顶驱动力头，可以自动灵活上卸钻杆，而且可以适应多种井型及工况救援施工，钻机占地面积小。一般的钻井使用的钻机井架组件及顶驱动力头都是单独组装起来，在组装过程中要耗费大量的时间及人力、物力，且占地面积较大。所以对于矿山应急救援来说，车载顶驱钻机是必备的。

2）钻机的钻速快速高效

施工救援钻井要求高效快速，对于大孔径救生钻孔，孔径较大及地层原因，会导致钻井机械钻速变得很慢。采用车载顶驱钻机配套大孔径空气潜孔锤反循环钻井工艺，可以高效地完成大孔径钻井施工，常规钻机配套泥浆钻井进行大孔径施工效率较低，采用车载顶驱钻机配套空气钻井大大提高钻井效率，通常是常规钻机泥浆大孔径钻井效率的 3～5 倍。这种钻机自带顶驱动力头，能够自由实现正反转、自动接单根翘起、自身可以实现下压力给进等优点，对于钻井施工帮助很大，可以有效减少钻井辅助时间，提高机械钻速。

3）钻机提升能力强

煤矿及部分非煤矿山的矿井深度一般在 300 米到 800 米，对于这一深度的大孔径钻孔来说，需要钻机提升能力在 60～90 吨，扭矩 15 000～30 000 牛·米。根据不同的井深，应合理选取合适的提升能力的钻机，并且还应充分考虑钻进过程中处理钻孔复杂情况时，钻机的过提能力。

4）循环介质能量高

大孔径救生钻孔高效钻井的方法是采用车载顶驱钻机配套大孔径空气潜孔锤反循环钻井工艺。潜孔锤的动力源是地面空气压缩机产生的压缩空气，根据大孔径救生孔直径不同和钻孔深度不同选取合适的空压机风量。一般来说，钻孔直径越大、钻孔深度越深，所需的空压机的个数越多。以单个空压机排量在 30 米^3/分钟来说，711 毫米直径的大孔径钻孔采用空气潜孔锤反循环钻井工艺，在井深 150 米时需要 2 台这样的空压机，到 300 米时就需要 4～5 台空压机。随着深度的增加，空压机的总风量也在相应地增加，使井底的岩屑能快速排到地面,达到井底清洁无残留岩屑的目的,充分保证钻进过程中井眼安全,减少埋钻、卡钻的风险。

5) 处理复杂事故的能力强

在钻井过程中,有时会发生钻头遇阻、井壁掉块坍塌、卡钻、埋钻等复杂情况及事故。遇到这些情况,使用车载顶驱钻机去处理具有一定的优势。车载钻机自带顶驱动力头,在遇到井下复杂情况时,可以进行多种操作,比如倒划眼解决卡钻问题、井眼掉块坍塌进行倒划眼修复等,并且车载顶驱钻机可以在井眼遇阻必要时使用动力头下压力加大给进力解除遇阻。常规钻机不带顶驱,无法实现倒划眼及下压力给进,所以在矿山应急地面钻探救援中要求所使用的钻机要带有顶驱系统。目前国内外的车载顶驱钻机是首选,无论是灵活机动性还是在处理井下复杂情况时都具有绝对的优势(杜兵健和杨涛,2018)。

满足上述条件的主要钻机有德国宝峨公司生产的 RBT90 型拖车钻机和美国雪姆公司生产的 T200 型车载钻机(表 8.2)(杨涛和杜兵建,2017)。

表 8.2 钻机性能参数对比表

钻机型号	最大提升力/千牛	动力头加压力/千牛	发动机功率/千瓦	最大钻机直径/毫米	桅杆高度/米	动力头扭矩/(千牛·米)	动力头通径/毫米	整机质量/吨
宝峨 RBT90	900	200	708.8	1500	23.8	36	150	60
雪姆 T200	900	180	559.5	1200	22.0	30	150	45

(三)多分支水平钻井技术

多分支水平钻井技术多用于煤层气勘探开发。我国煤层气储层具有低压、低渗、低饱和的特征,成煤期后构造破坏严重,构造煤发育,且具有强烈的非均质性。而常规煤层气开发技术由于垂直井井筒"点"的局限性,无法获得以"面"为单位,综合考虑整个气藏范围内流体动力场、地应力场、地热场及流体化学场的互动影响。

与常规直井的钻井、射孔完井和水力压裂增产技术相比,多分支水平钻井技术规避了常规垂直井开发技术的地质局限性,提高了导流能力,减少了对煤层的伤害,增大解吸波及面积,沟通更多割理和裂隙。同时多分支水平井占地面积小,单井产量高,资金回收快,经济效益好。

煤层气多分支水平钻井技术是集钻井、完井与增产措施于一体的新的钻井技术。所谓多分支水平井是指在一个(或多个)主水平井眼两侧再侧钻出多个分支井眼作为泄气通道,同时为了满足排水降压采气的需要,在距主水平井井口 200 米左右处钻一口直井与主水平井眼在煤层内连通,用于排水降压采气。主水平井眼的第一次开钻钻表层,并下表层套管封固地表易漏地层;第二次开钻钻至着陆点(见煤点),下入套管封固煤层段以上地层;第三次开钻钻主水平井眼和分支井眼,不下套管,裸眼完井。

1. 工艺流程

煤层气多分支水平井钻探共包含以下 6 个步骤(王植锐,2015)。

（1）在煤层的正上方钻一口直井，称为注入井。该井按照直井设计，钻穿煤层。

（2）在煤层内扩孔。通常情况下，直井钻达煤层的井眼是ϕ215.9毫米井眼，下入水力扩眼器扩成ϕ312毫米的井眼。

（3）在距离该直井井口约300米远的地方，瞄着注入井煤层方向钻一口水平井。该井钻完直井段、造斜段、着陆到煤层后，下入套管、固井。

（4）钻穿附件，在磁性定位接头帮助下，进行连通作业。在注入井里，下入一个定位仪器，在连通专用钻具组合里，在螺杆钻具和钻头之间接上磁性定位接头，磁性定位器探测到定位接头的具体方位，由磁性定位系统软件计算出定位器的方位，定向井工程师就沿着软件系统算出的方向钻进，直至两个井眼连通为止。

（5）欠平衡主井眼及分支井钻进。井眼连通成功后，起钻甩掉磁性定位接头，进行多分支水平井主井眼钻进，在主井眼钻达设计井深后，起钻至某一井深进行裸眼悬空侧钻，侧钻形成新眼后，按照地质导向师的要求在煤层内穿行，直至钻至设计的分支完钻井深，然后起钻至另一分支侧钻点开始悬空侧钻，直至完成所有的分支井钻进。

（6）完井作业，分支井完钻后，安装采气井口进行采气作业。

2. 关键技术

（1）井身结构设计及优化

煤层气多分支井的井身结构设计需考虑水平井与洞穴井的连通、后期的排水采气和煤层的井壁稳定等因素。水平分支井通常采用的井身结构为：ϕ244.5毫米表层套管 + ϕ177.8毫米技术套管 + ϕ152.4毫米主水平井眼（裸眼）+ ϕ152.4毫米分支水平井眼，洞穴井的井身结构一般为：ϕ244.5毫米表层套管 + ϕ177.8毫米技术套管（煤层顶板）+ 裸眼段（包括口袋）。

进行井身结构设计和井眼剖面设计时，还需考虑以下几点因素。

1）选择轨迹长度短的轨道，同时避开研磨性较强的地层和破碎易坍塌的地层。这样既可以降低钻井成本，也可以减少施工风险。

2）设计的井眼轨迹满足滑动钻进时的工况要求。由于煤层气多分支水平井垂直井段短，而水平段较长，一般在800米以上，钻柱能提供的钻压是有限的，所以在多分支水平井井身剖面设计中，要使所有井眼轨迹满足滑动钻进时的工况要求。

3）技术套管不能下到煤层中。由于煤层承压强度低，防止固井时将煤层压裂，导致后续钻进过程中的井壁坍塌。

4）井底要留有合理容量的口袋。为了在洞穴井井底造洞穴，要留有足够容量的口袋，口袋留深以不揭开下部含水层为基本原则，应优先考虑增大口袋留深（刘志强等，2011）。

（2）井眼轨迹控制技术

井眼轨迹控制技术是能否实现安全、优质、高效钻进的关键技术之一。

主水平井眼造斜段采用导向钻井技术，用有线LWD来监测井眼轨迹方位、井斜、工具面角等参数，通过调节井下马达上的造斜装置的方向来实现定向控制；煤层段的主水平井眼采用PDC钻头，使用LWD随钻监测地层自然伽马值和电阻率值来判断钻头是否在煤层中钻进。调整工具面、钻井参数及钻进方式，随时调整井眼轨迹，实现稳斜钻进及调整方位的目的，保证在煤层中钻进。实际施工过程中应该实现连续钻井连续控制，提高井眼轨迹控制的精度，使井眼轨迹圆滑，避免井眼轨迹出现较大的曲率波动。钻井中尽量避免大幅度变动下部钻具组合结构、尺寸和钻井参数，并控制机械钻速在一定范围内变化，防止井眼出现小台肩现象，从而避免井下坍塌、起钻困难、键槽卡钻等复杂施工。而且为了便于分支井眼侧钻和井下安全，主水平井眼应控制在煤层上部运行（饶孟余等，2007）。

分支井眼轨迹控制可采用可回收式裸眼封隔器/斜向器进行侧钻，该工具可以在分支点处引导钻头偏离原井眼，按预定方向进行分支井眼的钻进。但是，目前国内在沁水盆地所钻的多分支水平井中主要是采用悬空侧钻技术来进行各分支井眼侧钻，该方法施工工艺比较简单，易于实现，定向井工程师根据马达压差、测斜数据、钻井参数的变化等，就可及时判断侧钻是否成功。侧钻后，和主水平井眼在煤层中钻进一样，利用LWD等随钻测量仪器监测地层自然伽马值和电阻率值来判断钻头是否在煤层中钻进，随时调整井眼轨迹，保证煤层钻遇率。利用该技术在沁水盆地所钻的多分支水平井，煤层钻遇率均达到90%以上（饶孟余等，2007）。

（3）煤层造洞穴技术

为了实现水平井与洞穴井在煤层中成功对接并且建立气液通道，需要在洞穴井的煤层部位造一洞穴，洞穴的直径一般为0.7~1.6米，高为2~4米。目前主要有水力射流造穴法和机械工具造穴法。水力射流造穴法利用了高压水射流破碎岩石的能力，施工中用钻具把特殊设计的水力射流装置送入造穴井段，开泵循环，使循环钻井液在经过小喷嘴时产生高压水力射流，破坏煤储层，形成洞穴。机械工具造穴法利用机械切削的原理，用钻具把特殊设计的机械装置送入造穴井段，然后通过液压控制方式使造穴工具的刀杆张开，并在钻具的带动下旋转，切削储层，形成满足实际需要的洞穴。

（4）双井连通技术

双井连通过程中采用的技术为近钻头电磁测距法。采气的直井是先于主水平井施工的，并在煤层段用特殊的工具造洞穴，便于主水平井眼穿过。但是由于直井轨迹的漂移、裸眼洞穴直径的限制及主井眼造斜段随钻监测精度的影响，双井连通是一个比较大的难题。因此，在双井连通前必须做到以下两点：一是对直井进行多点测量或陀螺测量，确切搞清裸眼洞穴点的坐标和井深位置；二是在裸眼洞穴以下井段打水泥塞，将裸眼洞穴下部井眼封住，再进行连通工作。这样，钻头通过裸眼洞穴时就不会因重力而进入下部井眼，可以避免复杂情况的发生。具体连通时，可以通过旋转磁场定位系统来实现，即在直井裸眼洞穴中放入特制的旋转磁场定位系统，连接计算机；在主水平井中的钻头和马达之间接入一根强磁短节来发射磁场，由直井中旋转磁场定位系统接收，并及时把信息传送到计算机中，技术人员根据传送的信息判定钻头钻进的方向与直井连通点位置的方位，然后下达指令给钻井工程师，再由钻井工程师对随钻监测的LWD进行不断调整钻进中钻头方位、井眼轨迹，直至连通。一般在100米之内，就可以接收发射的信号，距离越近，反映越明显。

（5）井壁稳定控制技术

井壁稳定控制技术问题是多分支水平井能否成功的关键因素之一。实际工作中主要从合理控制钻井液密度和稳定井眼的工程技术措施来实现。

合理控制钻井液密度。钻井液密度对煤层井壁稳定性有较大的影响。若钻井液密度过低，因煤岩抗拉强度和弹性模量，会引起构造应力释放，煤层沿节理和裂缝崩裂和坍塌。若钻井液密度过高，在压差作用下钻井液进入煤层，不仅会将煤层中裂缝撑开使煤层结构破裂，而且会对煤层造成伤害，直接影响煤层气的解吸、扩散、运移及后期排采。根据煤层气钻井实践，在水平段的煤层中钻进时，以低固相泥浆配合欠平衡技术就可以很好地解决这一难题。在实际钻井过程中，为了提高井底的净化效果、增强抑制性、携岩性和防塌性能，可根据岩屑返出情况，随时打入羧甲基纤维素（CMC）。采用低固相泥浆加入适量的 CMC 非泥浆体系循环介质，配合欠平衡技术，进行煤层段水平井钻进，有效地解决了钻井液密度对煤层井壁稳定性影响。对煤层伤害最小，有利于保护煤储层；提高了钻速、缩短了钻井周期、减少了对煤层的浸泡时间；综合经济效益明显提高。

稳定井眼的工程技术。具体措施包括：造斜点以下地层和煤层段全部采用井下动力钻具，钻柱不旋转，相对而言工作较平稳，有利于保持煤层井壁稳定；采用结构简单的钻具组合，加以减小煤层井壁碰撞和起下钻时挂拉；缩短煤层水平井段钻井时间，减少钻井液对煤层的浸泡时间；使井眼轨迹位于相对稳定的块状煤体中。

8.3.4 矿山生态环境修复技术

矿山生态环境指的是矿山周边统一的自然和社会环境，这是由采矿活动产生的矿建系统和选、冶系统等人为环境与自然环境构成，主要包括含矿地段及其影响的周围地区岩石圈、水圈、生物圈和大气圈之间相互作用（物质交换与能量流动）的客观地质体（尹国勋，2010）。矿山开采必然引发周边环境问题，这种问题称为矿山环境问题。矿山环境受到矿产资源开发影响而遭到破坏，这种破坏造成了不良影响，影响范围远大于采矿边界且时间效果的积累高于矿山生产年限的数倍。鉴于我国大量矿区的地质条件复杂多变，矿山的开采方式繁多，产生了众多复杂的矿山环境问题。即便矿山环境问题的出现存在特定机理，也很难统一，相同的问题有可能在不同矿区有不同的表现。

针对上述问题的解决方法，首先需要科学总结矿山环境问题，将问题划分归类，其次有针对性地制定调查方案，调查不同矿山环境的现状，从而获得实际的矿山环境资料。然后基于获取的数据对其做出评估，并且综合开采规划对矿山未来的环境演变趋势提出预测。现阶段相关人员的研究重心已经逐步转移到如何修复和治理已破坏的矿山环境问题上，不再局限于分析和预测矿山环境。

工程治理、生物修复和生态修复是现阶段矿山环境的修复和治理技术的三种主要类型。矿山环境的修复会涉及多种技术和手段相结合的不同治理模式。矿山环境修复的技术方案和组织施工的最优选择也依赖于该模式。矿山环境经过修复治理后，对矿山开采期间占用和毁坏的土地进行适宜性评估，厘定适用的开发利用类型，完成矿山土地资源的重复利用。在矿山环境修复治理前后，对其采取动态监测和预警，可及时发现存在的安全隐患，实时关注预警信号也是修复治理的重要方法之一。目前，现代化的云平台和大数据等先进技术手段应用在矿山信息管理系统，这种信息化的技术可以储存大量的实用数据和资料，并通过网络实时向社会报告企业矿山环境修复的过程，共同分享成果和经验。

（一）修复治理对象

矿山环境系统复杂，对矿山的各种开采和利用毫无疑问会诱发不同的矿山环境问题。矿山环境修复治理方法就是针对上述矿山环境问题进行处理。对各种矿山环境问题进行科学研究，精确对准修复治理对象，是矿山环境修复治理模式的第一要务（图8.9）。

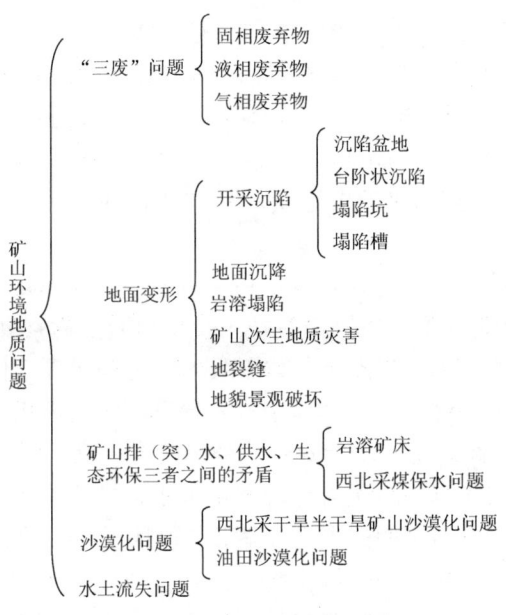

矿山环境地质问题：
- "三废"问题
  - 固相废弃物
  - 液相废弃物
  - 气相废弃物
- 地面变形
  - 开采沉陷
    - 沉陷盆地
    - 台阶状沉陷
    - 塌陷坑
    - 塌陷槽
  - 地面沉降
  - 岩溶塌陷
  - 矿山次生地质灾害
  - 地裂缝
  - 地貌景观破坏
- 矿山排（突）水、供水、生态环保三者之间的矛盾
  - 岩溶矿床
  - 西北采煤保水问题
- 沙漠化问题
  - 西北采干旱半干旱矿山沙漠化问题
  - 油田沙漠化问题
- 水土流失问题

图8.9 我国常见矿山环境地质问题

矿产资源种类、开发方式与工艺、矿山地质环境背景等是影响矿山环境地质问题的因素（图8.10）。详细来讲，矿产资源会受到矿山地质环境背景的制约，地质环境通过矿产

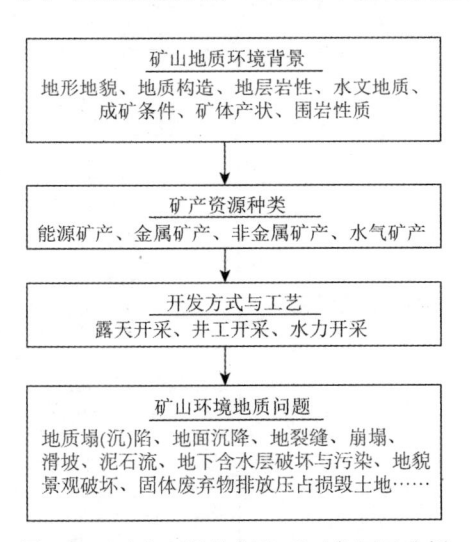

```
┌─────────────────────────────────────────┐
│           矿山地质环境背景                │
│ 地形地貌、地质构造、地层岩性、水文地质、   │
│     成矿条件、矿体产状、围岩性质          │
└─────────────────────────────────────────┘
                    ↓
┌─────────────────────────────────────────┐
│            矿产资源种类                  │
│ 能源矿产、金属矿产、非金属矿产、水气矿产  │
└─────────────────────────────────────────┘
                    ↓
┌─────────────────────────────────────────┐
│            开发方式与工艺                │
│       露天开采、井工开采、水力开采        │
└─────────────────────────────────────────┘
                    ↓
┌─────────────────────────────────────────┐
│           矿山环境地质问题                │
│ 地质塌(沉)陷、地面沉降、地裂缝、崩塌、    │
│ 滑坡、泥石流、地下含水层破坏与污染、地貌  │
│ 景观破坏、固体废弃物排放压占损毁土地……   │
└─────────────────────────────────────────┘
```

图8.10 矿山环境修复治理对象逐层分析

资源开发方式与工艺的处理后有明显的改造变化。上述因素均直接或间接制约矿山环境地质问题的发生及严重程度（武强等，2017）。

（二）修复治理技术

矿山生态环境修复技术可分为工程治理技术、生态修复技术、生物修复技术三大类（武强等，2019）。

工程治理技术是针对矿山开采造成的地质环境安全隐患，采用工程技术手段加强或改变地质结构、水文条件、岩土体结构，消除、缓解或改善危险或影响程度。此外，在工程治理技术中有专门用于解决地表土地修复相关问题的相关技术，分为岩土体平整技术与地质体整形技术，作为衔接工艺为生态修复工程和生物修复工程创造适宜的场地或立地条件，相互配合实现矿山地质环境、矿山水环境、矿山生态环境的修复治理工作。

生态修复技术是通过工程措施人为修复和生态系统自身修复两种方式，修复被破坏的土地、植被、景观、生物群落等。生物修复技术是使用微生物修复生态环境中遭受污染和破坏的土壤和水体等。近年来，生态地质修复技术在徐州市采空区综合治理与生态修复、淮南市废弃煤矿自然生态环境综合治理等工程中得到很好的应用（表8.3）。在开展生态地质修复工程的同时，也应注意工程本身对环境的影响和扰动。例如，充填开采和注浆工程中的填充物应严格控制和检查，防止对环境和地下水体的二次污染。

生物修复技术应用在受污染的矿山环境载体，包括受污染的岩土体、受污染的地表与地下水体。这项技术可以改变上述受污染物质的化学成分，一般采用原位生物修复技术，若在工程条件不利时可采用异位生物修复技术。矿山地区在应用了这项技术后，生态环境得到了改善。

表 8.3 矿山地质修复技术（据武强等，2019 修改）

大类	分类	技术	适用解决问题
工程治理技术	地质体加固与改造技术	充填开采	开采沉陷
		冒落矸石空隙注浆	
		地表回填	
		覆岩离层注浆	
		裂隙注浆	边坡稳定
		锚喷护坡	
		防护网	
		削坡减载、坡脚加载	
		拦挡（渣）坝	泥石流
		排导工程	
		淤积平台	
		排水系统	

续表

大类	分类	技术	适用解决问题
工程治理技术	水文地质修复技术	底板加固注浆	含水层结构破坏
		充填开采	
		曝气中和	水体污染
		高效絮凝沉淀	
生态修复技术	植被修复技术	人工生态林	大气污染、水土流失、次生灾害
		人工灌木林	
		土工网垫	
		人工草山格	
	景观与生态修复技术	人工湿地法	水土流失、土地沙化
		基塘法	
		生态演替法	
	其他修复技术	植生袋植被修复	生态环境破坏、水土流失
		矸石改良土壤	
生物修复技术	原位生物修复技术	生物通气	土壤有机物污染
		空气注射	
		投菌技术	
		土壤耕作	土壤重金属污染、土壤有机物污染
		植被品种筛选	
	异位生物修复技术	预制床技术	土壤有机物污染
		堆肥处理	
		生物反应器	

8.3.5 地质大数据技术

为了改变获取、存储、处理和显示地学数据的方法，建立了一个多分辨率、三维动态表达的虚拟地球模型，即"数字地球"。它提供了关于地球参考信息交换与发布的全球环境。"数字地球"的建立也为数字矿山搭建了一个重要平台，数字化的矿山数据可以对矿山规划、开拓设计和采掘过程等一系列有关矿山的施工进行模拟、仿真和分析。这些步骤涉及矿山的三维可视化建模、动态资源储量估算等智能化的决策系统。

（一）地质模型三维可视化技术

矿山信息化建设包括对矿山的勘探、规划、设计、生产等一系列研究。在我国，有关矿山信息化的建设仍在不断探索中，仍处于起步阶段，对比发达国家在这方面的发展，我们的研发水平、集成化程度和应用范围都有明显差距。现阶段地质体空间关系的复杂性、三维空间数据的不确定性和空间分析及应用的局限性是我们遇到的关键技术难题。

三维地质建模的应用目的各异等主观因素，地质体的复杂性和非连续性等客观因素，这些因素都会影响三维模型的建立。目前的许多技术方法和软件系统大多重视空间数据的三维表示和可视化程度，但基于地质体的客观因素，导致现有的技术缺乏对地质体和地质过程在多尺度方面的空间分辨能力。

针对上述关键技术难题，武强院士提出了多源数据耦合、多种构模方法集成、多分辨率可视化与检测及多维数据分析与应用的"四多"理论体系，能够有效地解决矿山复杂地质构造三维建模、实现综合一体化和三维定量化的优化管理等难题（图 8.11）（武强和徐华，2013）。

1. 多源数据耦合

多源数据耦合技术通过收集现有的数据资料，根据建立完成的数据库、各类地质图层、异构系统数据等，找出它们之间的联系，耦合建立切合实际地质情况的、能够表征复杂地质情况的三维空间数据模型。

（1）矿山数据获取及分类

地质数据是地球经历了漫长的演变过程所产生复杂的地质作用的记录，对矿区进行长期的地质勘探研究会收集大批的数据和资料，包括地区构造体系图、地质图、矿产图、地形地貌图、地质灾害图和岩相图等及与之对应的地层、构造、岩性和古生物资料等，还包括各种物探、化探、钻探、遥感影像、规划设计和点云数据等资料。

地质数据采集和处理设备包括传统测量仪器、电子测量仪器、地质钻探设备、地震探测设备、地质雷达、全站仪、三维激光扫描仪、GPS 测量及数字扫描仪和服务器等。地质数据获取方式包括本地和远程服务。

利用传统数据采集设备，如地质钻探、地震勘探和电子测量等获取的数据先进行矢量化处理，然后通过分析来判定标志层，按照一定的规则进行地层对比，最后执行数值解析工作。而采用最新设备，如 GPS、三维激光扫描仪等采集的数据则要完成去噪、解析和识别等步骤。

根据不同地质勘探方法设计的仪器所收集的原始数据和部分指示性数据虽然存在一定的误差，但从总体上看数据的精度较高，可视为硬数据即确定性数据。例如，地形测量数据、钻孔数据、三维激光扫描仪获取的点云数据等。而结合已存在数据，通过专家的经验知识来分析、解释、推断、内插和外推来得到各种数据的解释，这样得到的数据结果往往精度较低，可靠性较差，可视为软数据，大多数是不确定性数据，如物化探数据、地质图、剖面数据（原始剖面、辅助剖面）、地区构造体系图、遥感数据和属性数据等。

在三维建模时，GeoSIS 系统提供各种转换接口引擎，兼容来自异构系统的数据，如 MapGIS 或 ArcGIS 的图层数据、Visual MODFlOW/GMS/FEFlOW 地下水模拟软件的数据、GOCAD/3DS MAX/AutoCAD 的模型等，建立一个异构系统的集成平台。此外，还有其他的一些数据，包括工程数据（如巷道、管道等）、原始纹理图像等。

(2) 数据耦合处理

通过接口引擎，从文件系统、数据库系统和异构系统等将多源地质数据导入 GeoSIS 系统中，最关键的是解决数据不完整性和不一致性问题。数据不完整性是指采样数据稀疏或空间分布的不合理，通常需要通过内插或外推数据使其趋于完整。数据不一致性可以通过调整剖面数据，使其在空间位置上保持一致。

2. 多种构模方法集成

数字矿山中地质构模中采样数据稀疏，导致矿体尖灭、断层及其尖灭或分叉、褶皱、侵入岩等复杂地质构模十分困难。近年来采用多种构模方法集成，建立地质空间几何模型及其拓扑模型，实现包含断层、褶皱、侵入岩和矿体等复杂地质模型的建立，揭示地质体内部结构、空间复杂的变化规律及属性参数的分布特征，进行综合一体化、三维定量化、三维可视化的研究与管理。

1）采用各种空间插值方法，结合解析和推演方法，建立地质体的表面模型，精确模拟地质体的空间展布。

2）通过利用布尔运算、曲面合并算法和交互式编辑引擎等，使表面模型无缝连接；同时，进行网格优化，以增强可视化效果，并适应于工程计算的需要。

3）采用块跟踪技术，实现体元模型的构建，对地质体内部进行单元剖分。

4）根据多源数据耦合技术提供的地质属性数据库，采用地质统计学方法，对上述已构建的体元模型进行属性赋值，建立描述地质体内部特征的各种属性模型，为矿山数字化建设提供基础地质平台。

3. 多分辨率可视化与检测

考虑到矿山数据规模的不同、硬件配置的差异及地质模型可视化表现形式的不同，采用多层次、多细节的多分辨率转换，实现矿山场景的立体实时绘制，在可视化环境中允许在交互控制下仿真矿山景观的动态特性。主要方法包括离散和连续两种模式。

离散模式是在构模过程中生成一个地质体的多个离散的多分辨率模型，或者是生成地质体中各子地质体的多分辨率模型，立体实时显示时根据一定标准选择合适的分辨率模型进行绘制。

连续模式是为地质体或子地质体定义一个数据结构，在立体实时显示时，结合视点跟踪技术，采用诸如基于八叉树或小波分解的网格细分算法和网格简化算法生成多分辨率模型。连续模式主要适用于具有精细样本数据的地质重构，如地表、采空区和巷道等。

4. 多维数据分析与应用

多维数据分析主要包括属性建模、立体剖面及栅状图等工程开挖、等值线生成、趋势面分析、空间统计分析、品位/储量估算，以及面向数据库和面向图形库的空间数据查询。能够更好地描述、组织、管理、挖掘和利用各类信息，有利于合理、有效地进行各种评价，提供辅助决策依据，以避免投资风险，产生更大的经济利益。GeoSIS 系统研制了基于三角形的面开挖算法和基于四面体的体开挖算法。由于三角形/四面体分别是 2D/3D 网格模型的最小单元面片，任何其他模型（如四边形 2D、六面体 3D 和三棱柱 3D 等）都可以转化为三角形/四面体单元，因此，它不仅可以保证算法的健壮性，而且可以增强算法的可扩展性和应用性，提高系统开发的效率。

数字矿山中的数据查询主要分为：①面向数据库的查询，包括钻孔数据、大量属性数据和其他相关数据的查询；②面向三维模型中图形库的查询，即对几何模型和拓扑模型的查询，包括对各种点、线、面和体类及其关系的查询。随着矿山网络建设的发展，基于 Web 的数据查询与浏览也成为可能。

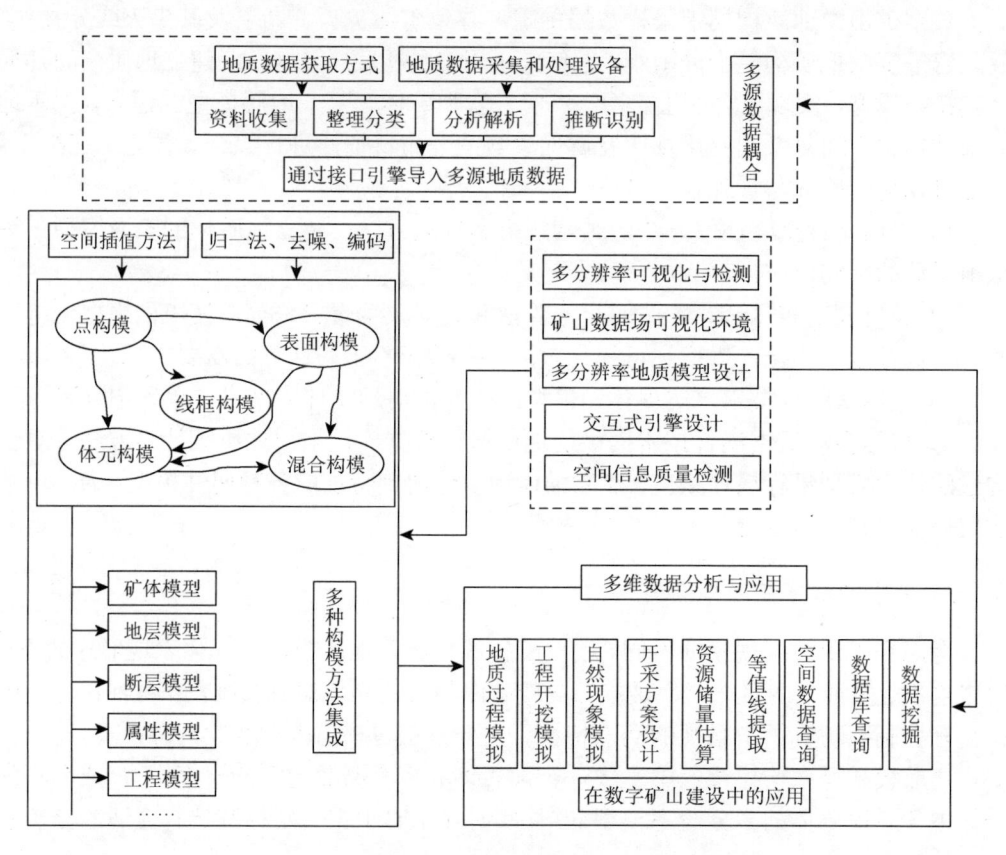

图8.11 地质模型三维可视化技术体系架构

（二）云平台技术

所谓的云平台技术就是指在广域网或局域网内将硬件、软件、网络等系列资源统一起来，实现数据的计算、储存、处理和共享的一种托管技术。云计算目前有三种模式：IaaS（基础设施即服务）、PaaS（平台即服务）、SaaS（软件即服务），通俗地讲，这三种模式对应的设备分别是：IaaS 即电脑主机或服务器；PaaS 即操作系统；SaaS 即应用软件。目前建设的云平台多摒弃了传统搭建模式，通过将计算、网络、存储访问和虚拟化统一到一个综合的系统中，进行集中管理。采用虚拟化管理平台、云业务管理平台等进行资源调度和分配，提升信息化管理水平。中国煤炭地质总局已经初步建立了煤炭煤层气资源"地质云"平台，包括煤炭煤层气资源信息系统和煤炭地质报告数据采集系统两个节点。

1. 煤炭煤层气资源信息系统

煤炭煤层气资源信息系统节点是当前已经建设完成的一套以 B/S 架构为模型的信息系统，其总体构架共分为五个层次：硬件层、软件层、数据层、操作层和应用平台层。云平台服务搭建完成后，这套系统将通过 IIS 的策略设置、Internet 信息服务策略设置、应用程序开发功能设置、IP 绑定、Web 寻址等一系列操作，实现外网 IP 访问内网数据库信息，将外网地址映射到内网 IP 网段端口，实现数据交互访问。从而作为开放应用模拟节点，向社会即行业内各机构团体开展服务。

硬件层作为基础设施和安全保障，主要包括信息系统应用服务器、文件服务器、数据库服务器、存储设备及光猫、VPN 防火墙、交换机等网络设施。

软件层为数据的存储、管理、调用等提供基础软件平台，包括 Windows 服务器版操作信息系统、ArcGIS/MapGIS 地理信息系统、ORACLE 关系型数据库管理信息系统、Mongo DB 文件管理信息系统。

数据层，是信息系统管理和应用的对象，数据层是提供各项信息服务的基础。主要包括地质勘查成果类数据、煤炭煤层气资源信息类、空间数据、索引目录数据、信息系统管理数据等。

操作层，主要是针对数据管理、维护、提取、调用而设计的功能模块。

应用平台层，是信息系统面向社会提供信息系统的窗口。

2. 煤炭地质报告数据采集系统

（1）主要技术

煤炭地质报告数据采集系统作为煤炭煤层气资源云平台的模拟节点之一，在云平台 SaaS 软件即服务层对外提供专项服务。该系统基于中国煤炭地质总局馆藏地质资料目录数据，建立了煤炭地质资料属性信息，以及其中所包含的各类图、文、表信息的采集与发布功能。

该系统主要采用的技术如下。

PHP 超文本预处理器。语法吸收了 C 语言、Java 和 Perl 的特点，利于学习，使用广泛，主要适用于 Web 开发领域。它可以比 CGI 或者 Perl 更快速地执行动态网页。用 PHP 做出的动态页面与其他的编程语言相比，PHP 是将程序嵌入 HTML（标准通用标记语言下的一个应用）文档中去执行，执行效率比完全生成 HTML 标记的 CGI 要高许多；PHP 还可以执行编译后代码，编译可以达到加密和优化代码运行，使代码运行更快。

Ajax 创建交互式网页应用的网页开发技术。通过 Ajax 创建快速动态网页的技术。在无须重新加载整个网页的情况下，更新部分网页的技术。通过在后台与服务器进行少量数据交换，实现异步更新。在不重新加载整个网页的情况下，对网页的某部分进行更新。传统的网页（不使用 Ajax）如果需要更新内容，必须重载整个网页页面。

（2）环境搭建与配置

运行环境。系统采用 B/S 架构整合设计开发，数据库采用 MySQL 数据库，安装于服务器端采用 APACHE 集成应用环境，应用程序安装于客户端，系统运行环境分两部分进行描述，包括硬件环境和软件环境。

1）硬件环境

服务器要求采用工作组或以上级别服务器，内存大于 32G，存储空间大于 2TB。客户端可采用台式及便携式计算机，要求最低配置如下。

CPU：PIII 1G 以上；

内存：4G 以上；

显存：2G 以上；

硬盘：2TB 以上，1TB 以上剩余空间。

2）软件环境

要求服务器系统简体中文版 Microsoft Windows 2012 R2 以上操作系统。

数据库：MySQL 5.7 及以上版本；

开源脚本语言：PHP 5.0 及以上版本。

（3）搭建与配置

由于用户使用的操作系统不同，开发环境或者应用环境配置要求不同，本系统采用 PHP 脚本语言开发，需要对应用层系统的运行环境进行配置，主要完成 PHP 环境搭建、APACHE 服务配置、MySQL 数据库配置。

参 考 文 献

曹代勇，魏迎春，宁树正. 2018. 绿色煤炭基础地质工作框架刍议. 煤田地质与勘探，267（3）：4-8.

杜兵建，杨涛. 2018.大孔径救援钻孔技术应用.劳动保护，（2）：88-90.

李增学，王佟，王怀洪，等. 2011. 多能源矿产协同勘查理论与技术体系研究. 中国煤炭地质，23（4）：68-72.

刘志强，胡汉月，史兵言，等. 2011. 煤层气多分支水平井技术探讨. 中国煤层气，38（3）：26-30.

林建东，魏名地，孟凡彬. 2017. 高密度三维地震勘探谱矩法反演煤厚技术. 中国煤炭地质，29（9）：67-73.

聂洪峰，杨金中，王晓红，等. 2007. 矿产资源开发遥感监测技术问题与对策研究. 国土资源遥感，19（4）：11-13.

宁树正，万余庆，孙顺新. 2008. 煤矿区沉降与遥感监测方法探讨. 中国煤炭地质，20（1）：10-12.

彭苏萍，等. 2018. 煤炭资源强国战略研究. 北京：科学出版社：44-76.

乔玉良，连胤卓，邬明权. 2008. 基于遥感与 GIS 数据融合的煤矿资源开发动态分析. 煤炭学报，33（9）：1020-1024.

冉恒谦，张金昌，谢文卫，等. 2011. 地质钻探技术与应用研究. 地质学报，85（11）：1806-1822.

饶孟余，杨陆武，张遂安，等. 2007. 煤层气多分支水平井钻井关键技术研究. 天然气工业，（7）：52-55, 135-136.

谭克龙，夏镛华，卢中正. 1999a. 遥感技术在矿井地质中的应用研究. 遥感信息，（3）：19-23.

谭克龙，伍耀中，王飞跃. 1999b. 利用遥感技术进行干旱半干旱区找水的方法和实践. 水文地质工程地质，（4）：38-41.

谭克龙，周日平，万余庆，等. 2007. 地下煤层燃烧的高光谱及高分辨率遥感监测方法. 红外与毫米波学报，26（5）：349-352.

汤红伟. 2012. 地震勘探技术在煤层气富集区预测中的探索性研究.中国煤炭，38（2）：46-49.

王佟，等. 2013. 中国煤炭地质综合勘查理论与技术新体系. 北京：科学出版社.

王植锐. 2015. 煤层气多分支水平井钻井技术实践. 钻采工艺，（6）：105-108.

武强，刘宏磊，陈奇，等. 2017. 矿山环境修复治理模式理论与实践. 煤炭学报，42（5）：1085-1092.

武强，刘宏磊，赵海卿，等. 2019. 解决矿山环境问题的"九节鞭". 煤炭学报，44（1）：10-22.

武强，徐华. 2013. 数字矿山中三维地质建模方法与应用. 中国科学：地球科学，43（12）：1996-2006.

杨涛，杜兵建. 2017. 山东平邑石膏矿矿难大口径救援钻孔施工技术. 探矿工程：岩土钻掘工程，44（5）：19-23.

尹国勋. 2010. 矿山环境保护. 徐州：中国矿业大学出版社.

张建民，管海晏，曹代勇，等. 2008. 中国地下煤火研究与治理. 北京：煤炭工业出版社.

张文若，谢志清. 2007. 煤炭领域"3S"技术的应用与发展. 地球信息科学，9（2）：3-5.

张英杰，马士杰，闫翔鹏. 2015. 三维探地雷达在道路病害探测中的应用. 山东交通科技，(5)：80-82.

赵平. 2018. 新时代煤炭地质勘查技术及发展方向思考. 中国煤炭地质，30（4）：5-8.

赵镨. 2017. 三维探地雷达技术在市政工程中的应用研究. 城市地质，12（3）：100-104.

曾邵发. 2006. 探地雷达方法原理及应用. 北京：科学出版社.

9 煤炭地质勘查重大科技创新成果与运用

摘要：本章主要展示了煤炭地质勘查重大科技创新成果与运用，主要包括"透明地球""美丽地球""数字地球"建设发展理论；中国煤炭地质综合勘查关键技术与工程应用；西北地区煤与煤层气协同勘查与开发的地质关键技术及应用；陆域天然气水合物勘查技术与重大发现；磷块岩成矿理论体系与勘查重大发现；中国煤炭资源潜力评价；中国化工矿产资源潜力评价；新型覆岩离层注浆技术；地热能勘查与开发技术；机载 LiDAR 点云的综合测图系统；合成孔径雷达（SAR）应用技术；区域煤层底板含水层改造技术；矿山抢险救援大孔径钻孔快速施工技术；煤炭分析测试新技术。

近年来，煤炭地质单位深入学习贯彻党和国家关于科技发展的一系列方针政策，大力推进科技创新，持续提高科技创新能力，完善科技创新体制机制，在地质勘查工作建设发展理念方面实现了理论创新，在勘查技术手段与方法方面取得了新的突破，在煤炭、煤系矿产、化工矿产资源勘查方面取得了一大批重大发现。同时紧跟生态文明建设步伐，在矿山环境修复治理、地热能等洁净能源勘查开发、航空遥感测量与应用、矿山抢险救援、煤炭与化工矿产测试分析等领域取得了一批较高水平的科技创新成果，有力地推动了行业科技进步，促进了国民经济的快速发展。

9.1 新时代煤炭地质勘查工作指导理论

根据新时代国民经济和社会发展对地勘工作的新要求，中国煤炭地质总局提出了地质勘查工作中的"透明地球"、"美丽地球"和"数字地球" 即"三个地球"建设发展理论，主要为"通过多手段协同勘查技术，实现地表与地下地质体精准探测，进行'透明地球'建设；通过地灾防治、环境修复技术，开展人与自然和谐发展的生态文明建设，实现'美丽地球'的愿景；以地质大数据技术为依托，全面打造地质信息数据化产业平台，搭建'数字地球'模型"。

（1）"透明地球"建设

"透明地球"建设是指通过综合协同运用遥感、物探、钻探、化探等多种勘查技术手段，精确查明各类地质体赋存条件，将同一地质体的海量多源、异构、异质勘查数据，通过多学科深度交叉深度融合，建立地球空间数据间的有效联系，更加详细地展示该地区的地质、地球物理属性、地下结构等信息，提高对地质现象、地质资源和地质环境的认知能力，实现地质结构分析三维可视化、地质过程模拟三维可视化，最终达到集各类地质信息于一体的三维可视化"透明地球"。

（2）"美丽地球"建设

"美丽地球"建设是指在进行地质勘查的同时，使用多种勘查技术手段，有目的地开展生态环境地质的评估、调查、监测、治理、利用、修复，提出生态保护修复地质解决方案并参与修复治理，服务于人类主动改造、修复、重塑生态地质环境，将矿山勘查开发阶段和后矿山时代对环境的影响和破坏降到最低，实现资源与生态环境的科学合理利用。

（3）"数字地球"建设

"数字地球"建设是指利用地理信息系统、遥感、全球卫星定位系统、互联网、基础测绘等各项信息化手段，将地质资料及地球上一切地质活动和环境的时空变化数据按地球坐标加以整理，再通过虚拟技术、定位技术、遥感技术、地理信息系统技术等测量技术进行多分辨率、多时空和多种类的多维描述，构成一个全球的地球信息系统，实现对地壳运动、地质现象、资源调查、生态与环境变化、土地利用变化的动态监测，自然灾害的预测、预报和防治。

新时代煤炭地勘工作重心需要由以资源保障为主，向资源保障和生态保障并重转变，打造地质与生态文明建设产业，投身"三个地球"建设，保障能源安全，保障"绿水青山"。

9.2 煤炭地质勘查国家级成就

（一）中国煤炭地质综合勘查关键技术与工程应用

（1）成果概况

2006年以来，国家发展和改革委员会和原国土资源部相继委托中国煤炭地质总局实施了13个大型煤炭基地和45个重点规划矿区的资源评价工作。为此，中国煤炭地质总局联合中国矿业大学（北京）、西安科技大学、山东科技大学等煤炭系统科研生产单位开展了煤炭地质勘查关键技术的研究工作，2006～2010年，先后组织实施了27项重点专项课题研究，攻克了制约我国煤炭地质勘查工作的难题。该项目建立了以煤炭地质理论为支撑，以遥感调查技术、高精度地球物理勘查技术、煤炭地质快速精准钻探技术、煤矿区环境遥感监测与工程治理技术、煤炭地质信息化技术为关键核心技术构成的立体的煤炭地质综合勘查理论与技术体系，取得了煤炭资源勘查的重大突破，有力地支撑了煤炭工业的健康可持续发展。

项目成果获得专利、软件著作权等知识产权42件，制定国家、行业标准14项，出版专著6本，发表各类论文200余篇。成果获陕西省科学技术奖一等奖，中国煤炭工业协会科学技术奖一等奖、二等奖等省部级奖励10余项。并获2010年度国家科学技术进步奖二等奖（图9.1）。

（2）核心技术

成果的主要核心技术包括以下四方面。

第一，研发出适合不同复杂地层条件的多工艺复合钻井技术及配套设备，特种钻具和钻探技术优选系统，实现了复杂地质条件下的快速精准钻探。

第二，研发出针对西部复杂煤田地质条件的三维地震观测系统设计、专用成孔设备和工艺，以及层析静校正、叠前偏移和全三维属性解释技术，拓宽了三维地震的应用范围，提高了地震资料采集、处理和解释的效率和精度，能够查明落差 5 米以上的断层和直径大于 20 米的陷落柱。

图 9.1　中国政府网关于成果的报道（左）和 2010 年度国家科学技术进步奖证书（右）

第三，建立了中国各大煤田遥感地质光谱库和解译标志，创建了西部复杂地区大比例尺（1∶50 000～1∶5000）煤田快速遥感地质填图模式，制定了煤田遥感地质填图规范，提出了煤炭地质遥感调查与地球物理勘探、钻探等相互配合的综合勘查流程，大大缩短了煤炭资源核心勘查周期。

第四，开发了具有自主知识产权的数字煤田系列软件，建立了全国 491 个煤田的煤炭资源空间数据库。实现了地质勘查野外数据采集资料分析、图表绘制、工程管理等地质勘查工作流程的信息化。

（3）推广应用

项目依托的 300 余项大区调查工程，项目累计新发现煤炭资源量 1000 多亿吨，新增煤炭探明储量 3500 多亿吨，缓解了东部老矿区资源接替的紧张状况，实现了危机老矿区持续稳定的发展，在西部自然条件恶劣的地区，探明了神府、准东、宁东等大型整装煤田，保障了国家重点规划矿区和特大型现代化矿井的建设。进入 21 世纪以来，该项目研究成果推广并成功应用到全国 1000 多个大型煤炭地质勘查项目中，煤炭地质单位累计为国家发现和探明 10 000 多亿吨煤炭资源，相当于中华人民共和国成立以来前五十年的探明资源总量，无论勘查速度还是勘查质量都得到了很大的提升。

高精度三维地震勘探技术在北方所有新建的大型矿井和生产矿井得到推广应用，地质构造查明程度大大提高，为煤矿安全生产和老矿井产能改造升级、新建矿井高产高效提供了可靠的地质保障。快速精准钻探技术被原国家安全生产监督管理总局指定为矿山抢险、灾后恢复专门救援技术，在内蒙古骆驼山煤矿突水、山西王家岭煤矿突水、郑州超化煤矿突水等灾害抢险中，快速打通了地面与井下巷道的"生命通道"，使受困矿工成功获救。

（二）西北地区煤与煤层气协同勘查与开发的地质关键技术及应用

（1）成果概况

西北地区是我国煤炭与煤层气开发战略西移的主要接续地，2008年以前，该区煤炭开发主要集中于浅部地质条件复杂地带，以中小型矿井为主，深部隐伏区煤层、构造、煤层气（瓦斯）、地下水（害）的研究程度低，接替资源不清，缺乏针对沙漠、戈壁、雪域等复杂地貌条件下的煤气水资源协同勘查技术。针对上述影响煤与煤层气开发的关键地质问题，中国煤炭地质总局联合神华集团有限责任公司、新疆维吾尔自治区煤田地质局、中国矿业大学、中国中煤能源股份有限公司、中国地质大学（北京）等单位开展了13项集"产学研用"于一体的科技研发和400余项勘查工程应用，发现区内主要含煤盆地盆缘地质条件复杂而盆内地质条件简单，煤炭资源量巨大，适宜建设大型煤炭基地。查明了影响大型煤炭基地建设开发的资源条件与地下水（害）、煤层气（瓦斯）的赋存运移规律，取得了煤气水资源协同勘查技术与矿井隐蔽致灾地质因素精细探查技术的重要突破，建成了煤层气开发示范工程，保障了国家大型煤炭基地建设。项目获新疆、青海等省部级科技进步奖6项，并获2018年度国家科学技术进步奖二等奖（图9.2）。

图9.2 2018年度国家科学技术进步奖证书

该项目取得知识产权85项，其中发明专利27项，实用新型专利35项。制定国标及行标4项，出版专著10部，发表论文121篇，其中SCI、EI检索论文32篇。培养博士研究生17名，硕士研究生42名，"煤炭与煤层气地质研究团队"2017年被国土资源部授予"科技创新团队"称号。

(2) 核心技术

第一，创建了煤、气、水资源绿色协同勘查与矿井构造、瓦斯、水害等隐蔽致灾地质因素的快速精准探测技术体系。研发出煤田（矿井）多手段、多目标精准探查技术和地质体三维立体可视化分析解译系统，为煤矿建设和安全开采提供了可靠的地质保障。

第二，取得了我国低煤阶储层煤层气（瓦斯）开发技术的突破。创立了煤层气（瓦斯）原位储层吸附气、游离气、水溶气三相态含气量预测理论，提出了富集区预测优选技术，建立了煤层气（瓦斯）产出的理论模型，研发出针对急倾斜、多煤层、厚煤层高效低成本钻完井和储层改造、采气关键技术，成功建设了煤层气开发示范工程。

第三，揭示了西北地区煤炭开发水害致灾机制，在严重贫水矿区新发现了有开发潜力的地下水资源。阐明了含煤盆地从宏观到微观的水文地质结构特征，提出了针对西北地区侏罗系弱渗含水介质的地下水资源勘查评价关键技术，为煤矿建设与开采提供了矿井水害防治保障与矿井水利用技术。

第四，首创了陆相层序地层格架下的聚煤作用理论，构建了湖侵体系域厚煤层聚集模式和典型构造样式的控煤控气控水模式。新发现并探明1000米以浅煤炭资源储量1325亿吨，为特大型煤炭基地建设提供了理论支撑和资源保障。

第五，构建了构造与地下水双重要素约束下的5类9型煤与煤层气资源开发模式，建立了绿色矿山优先开发区块评价技术体系，研发出对不利开发区块进行主动改造和防灾减灾的关键技术。形成了针对西北煤矿开发的环境地质评价技术方法。

(3) 推广应用

项目研究成果在西北地区煤炭勘查、建设、开发中得到广泛应用，效益显著。部分应用单位新增销售额47.82亿元，新增利润5.89亿元，潜在经济效益约3778亿元。新发现并探明1000米以浅煤炭资源储量1325亿吨；新发现26个煤田，其中8个为适宜建设开发的百亿吨特大型煤田；在巴里坤-三塘湖、大南湖、喀木斯特等特大型矿区发现了多处可供开发的地下水资源，满足了国家大型煤炭基地建设对优质煤炭和水资源及隐蔽致灾地质因素精准探测技术需求。勘查煤层气资源量518亿立方米，建成了年产能3000万立方米的煤层气开发示范区。

项目成果对保障国家煤炭开发战略西移和西部绿色矿山建设，推动煤、煤层气、水资源绿色协同开发，保障国家能源安全和边疆地区社会发展意义重大。

9.3 煤炭地质勘查重大成果列举

（一）陆域天然气水合物勘查技术与重大发现

(1) 项目概况

2008年11月中国地质科学院矿产资源研究所、勘探技术研究所与青海煤炭地质局105

勘探队共同在青海省祁连山南缘永久冻土带（青海省天峻县木里镇，海拔 4062 米）成功钻获天然气水合物实物样品，使我国成为世界上第一个在中低纬度陆域钻获天然气水合物的国家。对这一重大发现，国土资源部于 2009 年 9 月 25 日通过新闻发布会向外界正式发布。这一发现证明了我国低纬度陆域冻土区存在天然气水合物资源，对天然气水合物成藏规律认识、寻找新能源具有重大意义。由于木里煤田天然气水合物在煤系中发现，其成因、赋存条件与煤、煤层气必然有重要联系，此后受其推动，青海煤炭地质局等单位联合开展了 10 余项有关天然气水合物和煤炭、煤层气资源研究项目，在陆域天然气水合物综合研究与资源评价方面取得了重要突破。

从多能源资源的角度出发，制定了以青海省木里煤田为工作示范区，充分应用现代矿产资源预测评价的理论和先进技术手段，以聚煤规律和构造控煤作用研究为切入点，深入开展煤型气源天然气水化合物、煤矿床、煤层气等多能源矿床形成机制和赋存规律的综合研究，并重点在冻土区天然气水合物成因研究和资源评价方面取得突破。

在煤炭、煤层气、天然气水合物多能源矿产研究的基础上，从木里煤田特定的地质环境条件和地质作用过程出发，以天然气水合物成因类型和成藏机制为切入点，深入研究煤化作用-构造作用-地质环境条件之间的时空耦合关系，揭示区域地质背景与演化及其气候效应对天然气水合物形成的控制作用，查明木里煤田天然气水合物烃类气体的来源、成藏过程及其主控因素。形成特有的陆域天然气水合物研究与评价技术路线。

（2）核心技术

首先研究了木里煤田天然气水合物成因，经过对天然气水合物气体组分、碳氢同位素等的综合分析，确定木里煤田天然气水合物中的主要组分主要来自煤层气，为煤型气源天然气水合物。

同时研究了冻土带的分布范围，预测天然气水合物稳定带距地面 20 米以下，一直到 400 余米均可能产出天然气水合物，形成了陆域冻土地区天然气水合物稳定带确定技术。

通过稳定带的研究、气源分析、储层特征研究和断层的疏导作用的研究，初步提出木里煤田天然气水合物的成藏模式，形成了陆域冻土地区天然气水合物成藏规律研究技术。通过测井解释，建立了中纬度陆域高山冻土带天然气水合物测井曲线识别和解释方法体系，基于地质与地球物理相结合的方法进一步研究了天然气水合物的空间分布，编制了厚度分布图和最浅深度分布图，形成了陆域冻土地区天然气水合物测井技术。

采用煤炭资源总量理论产气量法、天然气水合物体积法、冻土带天然气水合物稳定带体积法三种方法，估算了木里煤田煤型气源天然气水合物的潜在资源量，采用三种方法所估算出的天然气水合物潜在资源量较为接近，估算结果取平均值约 300 亿立方米。

开展沉积环境和煤系层序地层学研究，划分了侏罗纪煤系的三级层序，认为同一层序不同体系域内厚煤层主要发育在湖侵体系域，其次为高位体系域，揭示了侏罗纪聚煤特征。查明了木里煤田构造发育规律，建立了控煤构造样式类型，将木里煤田控煤构造样式划分为两大类和具体小类，分析了各类构造样式的控煤意义。

（3）推广应用

项目研究成果推动了青海冻土地区天然气水合物及煤炭、煤层气资源多能源研究，并在木里、沱沱河等冻土地区开展了煤炭资源勘查，取得了重要发现。成果先后获 2010 年度中国煤炭工业协会科技进步奖一等奖和 2013 年度青海省科学技术进步奖一等奖。

（二）磷块岩成矿理论体系与勘查重大发现

（1）成果概况

磷矿资源是我国战略性矿产资源之一，中国磷矿资源储量虽位居世界第二位，但"丰而不富"，品位不高，五氧化二磷大于 30% 的富矿富集区不足十分之一，其平均含量也仅为 23%，且正以每年 1 亿吨的惊人速度下降。随着我国国民经济建设的发展，农业粮食产量的增加，对磷矿石的需求也在逐年增长，原已探明的磷矿石面临资源消耗殆尽的困境，迫切需要增加磷矿石的后备保障资源。国土资源部早已将磷矿列为 2010 年后不能满足国民经济发展需要的 20 个矿种之一。在此背景下，中化地质矿山总局组织开展了磷矿的成矿理论和勘查评价工作。

通过块岩成矿理论体系与找矿实践，创立了磷块岩微生物成矿理论，提出了"陆缘坻"成矿构造古地理概念，建立了磷块岩序列模式，总结了磷块岩成矿规律和成果预测，经多年找矿实践，在预测区发现和新增 21 亿吨磷矿资源，取得了巨大的经济和社会效益，磷质微生物（化石）的发现、陆缘坻构造古地理、磷块岩序列模式等均属国际首次，科技成果水平居国内外领先地位。

成果荣获 2011 年度中国地质学会十大找矿成果奖，2012 年度中国煤炭地质总局科学技术奖一等奖、优质综合地质勘查报告特等奖，2013 年度中国国际矿业大会最佳勘查奖，2018 年度中国石油和化学工业联合会科学技术奖二等奖。2017 年 7 月 12 日中央广播电视总台新闻频道《新闻直播间》栏目以"我国发现特大磷矿 资源量超 8 亿吨"进行了新闻报道（图 9.3）。

图 9.3　新闻报道截图

（2）核心技术

颠覆了"开阳磷矿洋水矿区磷矿成矿中心在背斜轴部，聚磷盆地主要以背斜轴部为中心向两翼延伸"的认识，发现了"矿区矿层厚度西薄东厚"的渐进式变化规律，认为磷矿层沉积中心应该在背斜东翼或其深部,在背斜东翼深部开展勘查工作发现大型磷块岩矿床的可能性大。由此提出了"研究成矿边界,延伸两翼深部,背斜东主西辅,钻探逐次推进"的找矿思路,为本项目的顺利开展打下了良好的理论基础。

共探获磷矿石资源量 7.87 亿吨,其中推断的内蕴经济资源量(333)5.78 亿吨,属特大型沉积型优质磷块岩矿床。这是迄今为止我国探明的单一矿床规模最大的磷矿资源产地,且属磷矿富矿床,是全国磷矿深盲找矿工作取得的重大成果,对在其他矿区开展深部找矿工作具有指导意义,并为广大地质工作者树立了深部找矿的信心,同时对矿山乃至国家的磷矿资源保障具有重要的战略意义。

通过该项目的实施,进一步查明了开阳磷矿洋水矿区的磷矿沉积边缘,并通过本次普查工作,大致查明了整个洋水矿区磷矿层东、西和南三面沉积边界,由此初步证实:洋水矿区陡山沱期聚磷盆地为北东方向开口的"U"形沉积盆地;沉积盆地内磷矿层厚度稳定,连续性好,无尖灭现象。同时查明了开阳磷矿洋水矿区的磷矿沉积中心,初步证实了开阳磷矿洋水矿区磷矿沉积中心不在背斜轴部,而在背斜东翼的预测。提出了下一步找矿的方向,磷矿层有继续向北东方向隐伏延展的趋势,是之后磷矿找矿的工作方向。

(3)推广应用

勘查成果是中华人民共和国成立以来在我国发现的最大富磷矿,相当于新增了近 16 个大型基准储量规模的磷矿山,而且矿体连续性好,具有量大质优的特点,是目前国内唯一不经选矿即可直接用于生产高浓度复合肥的优质磷矿资源,是理想的湿法制肥原料和生产无公害绿色磷化工产品的优质原料。

本次深部找矿是近年来磷矿深部找矿工作的重大突破,对指导开阳磷矿及其他矿区深部找矿工作具有重要示范作用。该项目所取得的成果为开磷集团的可持续发展提供了可靠的资源保障,将缓解我国富磷矿资源不足的困境,促进贵州省乃至全国磷肥及磷化工产业的快速发展,有效提升保障国家粮食安全的能力,同时也将为农业的稳产增收、改善人民的生活水平做出重要贡献。

(三)中国煤炭资源潜力评价

(1)成果概况

煤炭地质勘查是煤炭工业的先行,煤炭资源预测是开展煤炭地质勘查工作的基础,是实现找煤突破的关键,开展全国煤炭资源潜力评价,对于煤炭工业健康发展乃至国民经济可持续发展都有重要的现实意义和深远的历史意义。煤炭资源潜力评价是指在分析煤田地质研究、勘查、开发地质资料和其他地质成果的基础上,通过煤炭资源聚集和赋存规律的研究,预测新的含煤区并评价其勘查开发潜力的全过程。

项目由中国煤炭地质总局勘查研究总院牵头组织,联合中国矿业大学(北京)、中国煤炭地质总局第一勘探局、中国煤炭地质总局航测遥感局等单位,历时 8 年(2006~2013 年)完成,3000 余人参加该项目,编制各类煤炭资源评价报告 159 部,图件 5175 套,附表 1003 册,建立了全国煤炭资源信息系统,包括图形数据库 5175 套图件,属性数据 23 259 条,取得一系列创新成果。

应用该成果发表论文160余篇,其中,SCI、EI收录论文20篇,出版专著3部,在煤田地质学领域引起重大反响,工作期间,近千名技术人员接受了煤田地质和资源评价方法方面的培训,培养博士15名、硕士41名。成果获得了2018年度国土资源科学技术一等奖(程爱国和孙杰,2019)。

(2) 核心技术

聚煤规律和构造控煤研究取得突破性进展,从整体上提升了中国煤田地质学理论研究水平,为煤炭资源潜力评价提供了充分的科学依据。首次系统提出我国含煤地层多重划分对比方案及其层序地层对比方案,编制了基于层序地层全国聚煤岩相古地理图,建立了基于层序地层的煤层聚集模式。提出赋煤构造单元的概念,进行了全国赋煤单元区划;提出新的煤盆地构造类型划分方案和控煤构造样式划分方案,总结了控煤样式的分布规律及其对煤炭资源赋存的控制作用。系统分析了煤的特殊性与稀缺性的赋存规律;构建了煤炭质量等级划分体系,进一步凝练了中国煤类分布和变质规律。

创新性提出了煤炭资源归类系统和"三带六区四级"煤炭资源综合区划方案。建立了煤炭资源勘查程度、开发程度定量评价指标和分类系统,对我国煤矿区、远景区和规划区、省(自治区、直辖市)勘查、开发程度进行了系统评价。研制出煤炭资源多目标综合评价法。按照煤炭安全绿色科学开发理念,建立综合评价指标体系和评价模型,对我国煤炭资源进行综合评价。

研制出新的煤炭资源预测理论和方法,提出了预测资源量分级、分等、分类标准和煤炭资源潜力评价方法。以矿区、远景区或煤田为单元,以省级煤炭资源预测为基础,以全国汇总为目标,多学科融合和相互补充,开展不同层次的煤炭资源预测工作,提出了新的预测区,本次共圈定预测区2880个,总面积42.84万平方千米,预测资源量3.88万亿吨,重新厘定我国煤炭资源总量为5.90万亿吨,在充分考虑校正系数的前提下,比第三次全国煤田预测资源量增加3300亿吨。对全国647个矿区或远景区预测资源量潜力进行了分级、分等、分类评价。

研制了新的煤炭资源数据模型,采用MapGIS、ORACLE等系统软件,研发了煤炭资源信息系统软件,建立了全国煤炭资源信息系统,并实现了网络化服务(程爱国和孙杰,2019)。

(3) 推广应用

应用项目预测成果部署煤炭资源调查、预查、普查工作,取得找煤工作新突破,新发现煤炭产地2000多处,新增煤炭资源量近2000亿吨,部分已实现探矿权转让。本成果已经在全国、省(自治区、直辖市)国土资源规划、煤炭工业规划得到广泛应用,国家发展和改革委员会、国土资源部、国家能源局、工程院等部门也采用该项成果进行重大课题研究(程爱国和孙杰,2019)。

(四)中国化工矿产资源潜力评价

(1) 成果概况

项目为国土资源部重大专项"全国矿产资源潜力评价"项目,于2006~2013年由中化地质矿山总局承担并组织实施完成。项目成果首次全面、系统地对我国重要化工矿产(钾盐、磷、硼、硫、萤石、重晶石矿)进行了资源潜力评价,摸清了"资源家底"。指导全国化工矿产的 586 个预测工作区进行了全面预测,预测资源量为:钾盐矿 32.63 亿吨(KCl),磷矿 489.93 亿吨(矿石),硫铁矿 184.55 亿吨(矿石),自然硫矿 2.31 亿吨(S),硼矿 2.2 亿吨(B_2O_3),萤石矿 9.5 亿吨(CaF_2),重晶石矿 14.41 亿吨(矿石)。以各级预测区预测成果为基础,编制了化工矿产 6 个矿种预测成果图及化工矿产综合预测成果图,开展了各类预测成果统计分析。结合成矿地质条件及近年勘查工作进展,对重要的三级预测区进行了评价(商朋强和熊先孝,2016)。

(2)核心技术

第一,提出了重要化工矿产典型矿床研究和预测区评价的预测要素、预测要素组合、预测区圈定方法。依据重要化工矿产成矿地质条件和找矿综合信息研究,开展了现代盐湖型钾盐、海相沉积型磷矿、沉积变质型硼矿等类型矿床的预测要素分级分类研究,规定了全国重要化工矿产预测评价的按成矿类型的一级、二级预测要素及特征值,并提出钾盐、磷、硫、硼、萤石、重晶石矿潜力中预测区圈定的预测要素组合,出版了《重要化工矿产资源潜力评价技术要求》,有力指导了省级及大区级矿产资源潜力评价工作,成效显著。

第二,提出了重要化工矿产钾盐、磷、硼、硫、萤石、重晶石矿的预测类型划分方案。在对化工矿产各矿种成矿规律、矿床成因类型和工业类型等综合研究的基础上,结合近年来地质勘查工作的新发现,首次对 6 个化工矿种的矿产预测类型进行了系统划分,提出钾盐、磷、硼、硫、萤石和重晶石矿预测类型划分方案,参与出版了《重要矿产预测类型划分方案》(化工矿产部分由本项目提出)。共划分化工矿产 6 矿种矿产预测类型共计 26 类 88 个矿床式,其中钾盐矿 3 类 10 个矿床式,磷矿 3 类 25 个矿床式,硫矿 6 类 18 个矿床式,硼矿 5 类 10 个矿床式,萤石 4 类 11 个矿床式,重晶石 5 类 14 个矿床式。以此为基础,省级、大区及全国化工汇总组开展了系列的单矿种潜力评价工作。

第三,提出并系统划分了中国重要化工矿产钾盐、磷、硼、硫、萤石、重晶石矿的成矿区带。以成矿系列理论为指导,以最新地质资料为依据,系统开展了 6 个化工矿种成矿单元划分工作。通过化工矿产成矿背景和成矿条件的系统研究,提出全国重要化工矿产(钾盐、磷、硫、硼、萤石、重晶石矿)成矿区带划分方案,初步确立了各化工矿种成矿单元划分方案。在单矿种成矿单元划分基础上,结合化工矿产的成矿特征,初步厘定出 33 个化工矿产综合成矿区带。总结研究了各矿种成矿规律,出版了《中国钾盐矿成矿规律》(韩豫川等,2012a)、《中国磷矿成矿规律》(韩豫川等,2012b)、《中国硼矿成矿规律》(韩豫川等,2014b)、《中国重晶石矿成矿规律》(田升平等,2014)、《中国萤石矿成矿规律》(王吉平等,2014)、《中国硫矿成矿规律》(韩豫川等,2014a)。

第四,系统地总结了中国重要化工矿产钾盐、磷、硼、硫、萤石、重晶石矿的成矿规律。以矿床类型、矿产预测类型、成矿区带、矿集区研究为基础,系统地总结了中国重要化工矿产钾盐、磷、硼、硫、萤石、重晶石矿的成矿规律。确定了化工单矿种矿集区的圈定原则,圈定化工矿产单矿种矿集区 74 个,其中钾盐矿矿集区 5 个,磷矿矿集区 21 个,硫矿矿集区 17 个,硼矿矿集区 11 个,萤石矿矿集区 11 个,重晶石矿矿集区 9 个。选择重要矿集区开展了成矿规律及潜力分析等相关研究。研究总结了各成矿区（带）典型矿床，建立矿床成矿模式、区域成矿模式及矿床成矿系列及区域成矿谱系。系统总结了化工矿产资源空间分布规律及区域成矿特征。从成矿的时空演化角度总结归纳出化工矿床成矿系列。全国共厘定出化工矿床系列组 56 个、矿床成矿系列类型 30 个、矿床成矿系列 116 个。

第五，对全国 263 个重要化工矿产典型矿床进行了成矿模式、预测模型研究，提出并总结了 17 个化工矿产预测评价模型。依据潜力评价总量预测组要求，项目组结合潜力评价成果资料及有关研究资料，提出并研究了化工矿产有关的碎屑岩型钾盐、沉积变质型硼矿、热液充填型萤石矿等 17 个预测评价模型，总结提出了各预测评价模型的地质环境、成矿特征、预测类型、预测要素及典型矿床式预测模型等（商朋强和熊先孝，2016）。

（3）推广应用

围绕提升化工矿产地质工作程度，摸清重要化工矿产"资源家底"的国家目标，形成了系统研究成果，为国家、地方科学合理地规划和部署化工矿产地质找矿工作提供了依据，同时也为国家、地质找矿部门及矿业企业开展化工矿产地质研究工作奠定了基础。项目技术成果适用于国土资源部及其他相关基础性公益性部门合理地规划和部署化工矿产地质找矿工作；适用于地质找矿单位开展化工矿产资源预测评价和找矿部署；适用于化工矿产地质科研人员开展相关成矿规律和矿产预测研究工作；适用于矿业企业开展化工矿山找矿工作（商朋强和熊先孝，2016）。

（五）新型覆岩离层注浆技术

（1）成果概况

煤炭资源在开采过程中会产生煤矸石等大量的固体废弃物，还会导致地表沉陷等一系列问题，这些均对生态环境产生威胁，也会诱发地质灾害。通过研究基于固废充填材料力学特性的充填浆液制备技术，以及煤矿井下采动前后的地下空间发展变化规律，形成了固废注浆充填减沉、防冲、保水一体化技术。该技术从防治采煤沉陷的角度，把控采煤过程中覆岩运动规律，采用离层高压注浆的手段，在离层中充填粉煤灰、煤矸石等煤基固废，保护上覆关键层不破断，从而能够起到"减沉、增载、保水、防冲、除废"五大功能，在释放"三下"煤炭资源方面、保护地表建筑物方面取得较好的效果。

通过实施新型覆岩离层注浆技术，会形成三方面的效应。一是高压浆体对离层上部岩层起到顶托作用，有效地阻止其上部岩层的下沉。二是承压浆液沿离层扩散，离层缝边缘将被撑开而扩大离层空间；三是承压浆液对离层下部岩层施加压应力，使下部因煤层采空产生的垮落带和裂隙带被压实（图 9.4）。

项目成果申请专利 11 项，其中发明专利 6 项，发表论文 10 余篇。获得中国煤炭工业协会科学技术奖 2 项。

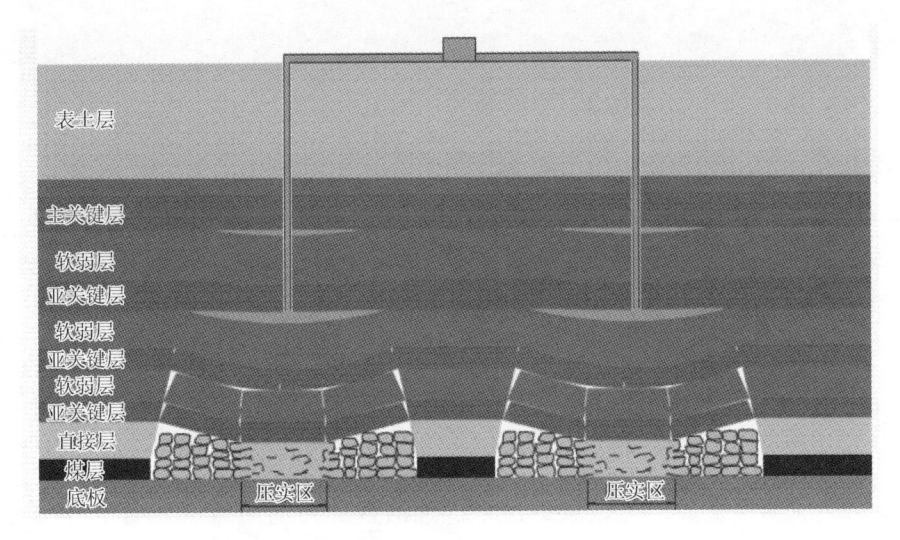

图 9.4　覆岩离层注浆技术原理示意图

（2）核心技术

基于覆岩离层注浆技术，创造性地将固废处理、"三下"煤炭资源释放与生态环境治理进行有机融合，利用地下空间进行固废充填，同时利用"充填压实体+保护煤柱+覆岩关键层"的稳定框架结构，保护上部地层及含水层，有效阻截水源破坏、冲击地压及地面变形，达到固废处理、环境治理（地表减沉、含水层保护、防治冲击地压、增强老空区地基承载力）、资源释放多重目的。基于大量工程实践，对原有的离层制浆、输浆、注浆设备及施工工艺进行了改良优化，从而满足高压、大流量、高效、低成本注浆要求。首次提出了利用离层空间及相关的采空空间进行固废无害化、规模化处置的思路。

（3）推广应用

2018年，中国煤炭地质总局勘查研究总院承担实施了潞安集团"建筑物下压煤释放和上覆建筑物保护工程""公路下压煤释放和公路保护工程"两个项目，均于2019年上半年全部完成。据统计，项目完成后分别释放建筑物下煤炭资源37万吨，公路下煤炭资源224万吨，产生了可观的经济效益。同时，经过10个月的地面连续观测，倾斜、曲率和水平变形值都达到"三下"采煤一级保护标准，公路的完整性也得到有效保护，技术具有良好的减缓上覆岩层沉降、增加上覆岩层承载能力的作用，这对采煤沉陷预防与治理具有重要意义。在这两个项目中，主要采用了电厂粉煤灰与矿井水制成浆液注入工作面上覆岩层的离层空间中，解决了煤基固废和矿井水的处理问题，这也是煤矿生态文明建设和绿色矿山建设的重要内容。目前该技术已在内蒙古、山西、陕西、河南等地进行推广。

（六）地热能勘查与开发技术

（1）成果概况

中国地热资源分布广泛、储量丰富，开发利用潜力大，但资源探明率和利用程度较低。

2017 年 1 月，国家发展和改革委员会、国家能源局、国土资源部发布了《地热能开发利用十三五规划》，把地热能的开发利用放在了首位，这意味着"地热"的重要性正在逐渐被社会各界所认识。我国北方大部分地区尤其是京津冀地区，出现了长时间大范围的雾霾天气。全力推动北方地区冬季清洁供暖刻不容缓，地热能供暖可以减轻天然气供暖造成的保供和价格的双重压力以及减少冬天北方雾霾的恶劣天气情况的出现，具有十分重要的意义。但是，传统的中深层地热供暖（水热型）面临着回灌难题。100%回灌是水热型地热利用可持续发展的先决条件，然而，回灌技术受制于地层条件，在不能实现回灌的前提下，开展水热型中深层供暖对地下水资源将造成难以挽救的破坏。

为解决传统地热能开采中存在的问题，更好地保护生态环境，保护地下水资源，"取热不取水"是实现地热能资源绿色环保利用的关键技术。技术主要采用中深层地热闭式井下换热系统+地源热泵系统供暖，该技术具有以下优势：①只取热不取水，能最大程度保护地热水资源；无废气、废液、废渣等任何污染排放。②不受气象条件、地热水资源量的限制；地热井占地面积小。③中深层地热资源储量巨大，可再生性强；地热井寿命长，无须维护。④与采用电锅炉、发热电缆、燃气或燃煤等供暖方式相比较，中深层地热供暖运行成本最低。成果获得专利授权 6 项，获中国煤炭地质总局科学技术奖一等奖。

2019 年 11 月，中国煤炭地质总局水文地质局中深层地热"取热不取水"技术成果发布会在邯郸召开，宣布了该技术在河北工程大学新校区换热试验中取得的重大成果。一是首次成功钻探了我国第一眼大口径长距离地热 U 形对接井，在我国中深层地热"取热不取水"开发利用技术上取得重大突破；二是在不扰动地下热水系统实现保护性开采、提高地热供暖换热量方面取得一系列科研成果，达到国内及国际先进水平；三是该成果引领了我国地热供暖技术的创新发展，可作为中深层地热"取热不取水"技术重要的示范基地，在全国范围内广泛推广应用（图 9.5）（中煤国地，2019）。

图 9.5 "取热不取水"技术成果发布会

（2）核心技术

1）中深层地热能开发"取热不取水"关键技术

单井换热技术原理。在深井中通过同轴套管进行单井内部流体循环，基于热传导的方式与地层进行热交换，从而以"取热不取水"形式开发地热能的技术。其过程为向中高温岩层钻进一定深度（2500～3000米）的地热井，下入套管，采用新型高导热材料进行固井，然后在井内安装绝热中心管，建立井内换热系统。换热过程中通过地面设施将低温水从环状间隙向井下流动，与周边土壤及岩层进行充分换热后变成热水，到达底部后从中心管向上运移，热水回到地面后，作为热源进入高温热泵机组，通过高温热泵机组的提升，达到建筑物采暖所需的供水温度，实现稳定地向建筑物供暖。

U形对接井换热技术原理。U形对接井换热是基于热传导换热方式，通过U形井内部流体循环，实现"取热不取水"。向岩层中钻进一对U形对接井（垂直深度2000～3000米，水平段长度大于300米），采用套管固井工艺封闭地热井，建立井内换热系统。低温水从注入井向井下流动，在沿直井段和水平井段流动过程中，吸收周边土壤及岩层的热量后温度升高，从另一眼井向上流出换热器。利用中深层地热井内换热器加热循环出来的热水作为热源，进入高温热泵机组，通过高温热泵机组的提升，达到建筑物采暖所需的供水温度，实现稳定地向建筑物供暖。U形对接井比单井换热效率高，但是钻探施工难度大。

"取热不取水"地热能利用主要关键技术包括：①地热井的集成勘查技术。②精准定向钻探与对接技术。③新型高导热材料与绝热的中心管技术。④高效的闭式单井和U形对接井的集成换热关键技术。⑤U形闭式井换热的数值模拟评价技术。⑥地温场及地面换热动态监测技术。

2）深层干热岩勘查施工关键技术

技术实施背景。干热岩（HDR），也称增强型地热系统（EGS），是一般温度大于200℃，埋深数千米，内部不存在流体或仅有少量地下流体的高温岩体。绝大部分为中生代以来的中酸性侵入岩，目前我国在青海发现大规模可利用干热岩地热资源，由于干热岩的特征，其钻探工艺存在超深、高温、高硬度的特点，包括：①大深度钻进时，可钻性极差带来的井身结构设计困难，井下复杂情况多发，对钻机设备、破岩-取心配套工具要求极高；②高温环境下，井内钻进工具、钻井液体系、固井工艺等均受到很大限制，尤其钻头、钻井液体系等的性能和寿命大大降低；③超深、高温钻进过程中，井壁热破裂现象明显，井壁围岩稳定性差，极易造成掉块和卡钻、憋钻现象；④深部发育裂隙与断层，钻井液漏失现象严重，大大提高了高温高压条件下堵漏的难度，风险亦较大。

技术创新点。针对以上难题，通过科技攻关，实现了深层干热岩勘查施工关键技术突破，主要包括：①抗高温钻井液使用。经过现场多次优选、配比及试验，研发的抗高温钻井液配方在200℃高温下、60MPa以上高压下可保持良好的流变性和较低的滤失量，抗盐能力强，致密且可压缩性好。②超深（大于4000米）、高温（大于150℃）、高硬度（摩氏硬度大于7）地层无心钻进，优选高效破岩牙轮钻头，采用螺杆钻具复合回转钻进方式。该钻头可适应高温、高抗压强度、高研磨性地层，轴承寿命长、有较强保径能力。取心钻进，采用特定取心筒，配合使用螺杆钻具，可靠高效。③技术套管选用石油套管，固井采用超高密度水泥浆体系，水泥采用G级油井水泥，加入热稳定剂、高温缓凝剂及降失水剂，试验所得配方满足了特殊条件下技术套管固井要求。④高温条件下放喷、抽水、回灌试验的实施与评价技术：放喷、抽水、回灌试验中的测温、测水位、汽水分离器等配套设备的有效组合及利用；综合试验方案的制定、实施与评价技术。⑤高效钻进保障机制研究。结合当前煤炭地质单位经营管理模式，保证高效钻进保障机制，探索建立组织管理保障机制、技术服务与质量控制保障机制、资金投入与成本控制保障机制、进度保障机制、后勤保障机制、安全与环保保障机制、内部审计机制、风险控制机制。

通过技术攻关，在超深（大于4000米）、高温（大于150℃）、高硬度（摩氏硬度大于7）、易失稳地层中的勘查施工，中国煤炭地质总局水文地质局在关键技术上取得了突破，取得了一系列技术成果：①超深、高温、高硬度条件下施工高效破岩-取心工具、钻头优选、抗高温钻井液配比、高温固井工艺和高温测井等关键技术；②干热岩井内水位测量技术；③抽水试验、放喷试验、回灌试验方法所需的配套设备及装置准备工作，所必需配备的测量、测试设备和仪器。抽水试验方法、数量、数据观测及采样、化验工艺及组合。成果已获得5项专利授权。

（3）推广应用

中国煤炭地质总局水文地质局在华北地区的河北邯郸市开展了中深层"取热不取水"技术应用，已取得了初步成效，2017年以来，完成了多口地热井施工，建立了井下换热系统、地源热泵热交换系统，实现供暖面积超过1.5万平方米。目前正在进行2500米单井与U形对接井工程实施，将在闭式单井和U形对接井的集成换热技术上取得关键性突破，并将"取热不取水"技术全面应用于河北工程大学新校区3号能源站（图9.6），将采用中深层地热取热不取水技术进行供暖，供暖面积预计28万平方米，是目前国内应用"取热不取水"技术供暖面积单体最大工程，将成为我国开发利用中深层地热能的标杆性工程。该技术将立足华北地区的地热能地质特征，以目前的邯郸地区为起点，辐射京津冀和雄安新区，为我国供暖方式带来变革，对我国绿色清洁能源的发展将起到重要的促进作用。

利用深层干热岩勘查施工关键技术中国煤炭地质总局水文地质局在青海省贵德县完成多口干热岩勘查钻井施工，其中ZR1井终孔深度超过3000米，终孔温度超过150℃，这是我国首次在该地区探获了可供今后开发利用断裂带型热水-蒸汽-干热岩地热资源。2016~2018年，又在该地区利用该技术实施第二口干热岩井，完钻井深超过4700m，终孔温度超过200℃，这是目前我国最深的干热岩井，为干热岩示范基地的建设奠定了坚实的基础，青海省作为"一带一路"国家战略规划圈重要的节点地区，干热岩资源丰富，构建清洁低碳、安全高效的能源体系意义重大，作为新型清洁能源，干热岩也可为青海及周边省区的能源优化和经济高质量发展提供能源保障（图9.7）。

（七）机载LiDAR点云的综合测图系统

（1）成果概况

近年来，基于主动测量原理的LiDAR技术以其高效率、高密度、高精度等独特优势，越来越受到测绘领域的关注，并体现出广阔的应用前景。随着其硬件设备集成度的不断提高，许多LiDAR系统中都配备了CCD相机，可以在获取点云数据的同时得到被测场景的

图 9.6　河北工程大学地热井施工现场

图 9.7　青海省贵德县干热岩施工现场

CCD影像。目前，CCD影像都仅用于后期的纹理映射。事实上，若能充分利用影像信息实现LiDAR点云与CCD影像的融合处理，对于充分发挥LiDAR技术的空间信息获取作用具有重要意义。

2012年，中国煤炭地质总局航测遥感局根据自身业务发展需要成立了"基于机载LiDAR点云的综合测图系统与应用"课题组，开始相关研究工作，研发了具有自主知识产权的"基于机载LiDAR点云的综合测图系统"，包含"融合LiDAR点云与影像的三维重建系统"、"LiDAR点云数据处理系统"和"LiDAR点云与影像的单片测图系统"三个子系统。该成果先后获得中国煤炭地质总局科学技术奖一等奖、特等奖；西安市科学技术奖二等奖；测绘科技进步奖一等奖；陕西省科学技术奖二等奖等。

（2）核心技术

1）在国内外率先研发了一套基于机载LiDAR点云的综合测图系统

目前基于LiDAR点云数据快速处理的关键技术基本上被国外垄断，实现基于LiDAR点云数据的高效、实时、快速处理，面临如下的瓶颈：①复杂地物三维重建困难；②点云分类自动化程度低、人工干预量大；③正射影像纠正后存在的"拉花"问题无法自动解决；④真正射影像纠正效率低、生产周期长；⑤在已具备LiDAR点云和影像的条件下仍须采用立体测图。突破了基于LiDAR点云信息数据快速处理的关键技术，实现了基于机载LiDAR点云的综合测图，促进我国地理信息产业的发展。

2）基于机载LiDAR数据的建筑物屋顶重建方法

本方法在平面分割的基础上引入了法向量竞争增长机制，提高了单个屋顶面片的分割精度；并在分割基础上，提出了轮廓点云序列引导的拓扑关系分析方法，使重建模型结构更加规整。

3）基于机载LiDAR数据的建筑物外边界线提取方法

与现有方法相比，该方法为一组合算法，融合了道格拉斯-普克、最小二乘及建筑物主轴提取等算法的一整套工艺流程。在实现这些经典算法的基础上，本方法对上述算法逐一进行了更适合组合应用的改进，使组合后的算法得到的建筑物外边界更加准确规整。

4）基于机载LiDAR数据的电力线提取及建模方法

电力线点云识别与建模方法实现了一种最小二乘辅助下的霍夫（Hough）变换提取单根电力线的算法，对现有的Hough变换过程进行了改进，使获取的直线方程更符合电力线点云分布规律，提高了电力线识别算法的鲁棒性，提高了电力线重建精度。

5）研发了基于LiDAR点云数据与影像的DLG数据采集子系统

LiDAR点云能够直接获取地物高精度的三维空间位置信息，特别是高程信息较传统的摄影测量方法获取的数据，具有更高的精度性和可靠性。影像信息能够精确地描述各种地物的特征和细节，具有丰富的纹理信息和空间信息，可以很好地描述地物的边界和轮廓。将LiDAR点云和影像进行配准后，二者可以实现完全的优势互补，利用LiDAR点云的高程信息和影像[包括原始影像和（真）正射影像]的平面位置信息，就可以实现空间地物的精确测量，在不需要立体像对的情况下实现DLG测图。本系统可以进行融合LiDAR点云和原始影像的测图、带镶嵌线辅助的LiDAR点云和DOM测图、融合LiDAR点云和DOM的测图、基于LiDAR点云和影像的二三维联动测图。

6）真正射影像的生成方法

生产真正射影像图的关键技术是遮蔽检测和遮蔽补偿。本方法针对已有技术效率低、实用性差的缺点，提出一种基于投影射线的自适应面元遮蔽检测并有序补偿的方法，提高了真正射影像的生产效率。

7）数字正射影像拉花区域的处理方法

在正射影像生产过程中，"拉花"区域用人工处理费时费力，本方法针对"拉花"问题自动化处理的空白，提出了一种在根据摄影方向和 Z-buffer 方法进行"拉花"检测的技术，利用对角相邻影像对"拉花"区域进行自动补偿，提高了生产效率。

8）研制了 LiDAR 点云数据处理子系统，主要解决的关键技术有：①改进的顾及地形的渐进三角网加密滤波算法。这是一种复合的渐进加密三角网滤波算法在传统的渐进加密三角网滤波算法的基础上对种子点分层滤波筛选，对大多数地形具有较强的自适应性，自动化程度高。②自动算法辅助的点云交互式分类编辑，是在人机交互编辑 DEM 作业时引入了数据自动内插、地表模型光滑等自动化算法，使点云编辑分类的作业效率得到了大幅提高。与现有的商业软件 TerraSolid 相比，编辑点云的效率有明显提高，尤其在植被覆盖茂密的区域，生产 DEM 效率提高至少 20%。③点云分割引导下的半自动道路点云精细提取算法。应用点云分割和区域增长的组合方法提取道路点云。与现有方法相比，该算法避免了多余的地面点造成的强度干扰，并应用区域生长的思想去除道路干扰点，对道路分类的结果完整性较高，有较强的实用性。

（3）推广应用

系统研发成功后，通过参加全国测绘地理信息技术装备展览会、全国激光雷达大会等行业会议推广本系统，取得了良好的经济效益和社会效益，至今已在北京、天津、广东、浙江、福建、河北、吉林等国内十余个省（直辖市）上百家单位得到推广应用，特别是在植被茂密的丘陵地区，半自动的地面点分类和区域地形光滑功能，大大提高了生产效率，用户反映系统性能稳定、操作简单，生产效率高。同时，融合 LiDAR 点云与影像的三维重建系统还应用于加拿大卡尔加里市的国际三维建模项目中，成果获得了用户好评。

（八）合成孔径雷达（SAR）应用技术

（1）成果概况

合成孔径雷达（synthetic aperture radar，SAR）是一种高分辨率有源微波遥感成像系统，能够全天时、全天候的对地物目标大面积成像，其研究领域从目标识别、地形测绘等扩展到农业、林业、水文地理、地球物理等多个研究领域。

经过数十年的发展，SAR 数据的应用，特别是在我国的应用正在进入一个快速发展阶段。我国已于 2016 年发射高分三号等多颗民用 SAR 卫星。SAR 数据处理技术在地质条件稳定性分析、地形图测绘、土地利用等方面必将成为市场的热点。中国煤炭地质总局航测遥感局通过承担实施国家"863 计划"《高效能航空 SAR 遥感应用系统地形测绘研究》项目等科研课题攻关形成了该领域一系列核心技术。

（2）核心技术

1）高效能航空 SAR 遥感应用系统地形测绘研究

通过实施国家"863 计划"《高效能航空 SAR 遥感应用系统地形测绘研究》项目，突破了西方技术壁垒，在测绘方面为国民经济建设和国防建设提供了有效保障。我国西部地区自然条件恶劣，交通不便，地貌特征为高海拔、大起伏、大面积荒漠/沙漠及山地类型，其艰苦的自然地理环境给外业测图工作带来了极大困难。像青藏高原、塔里木盆地、横断山脉、阿尔泰山地、喀喇昆仑山等区域，长期是测图工程的空白区域。因此稀少控制的航空 SAR 多航带大面积测图技术将在西部困难地区测图中能大显身手。同时，机载雷达干涉测量技术弥补了航空摄影测量受天气制约的不足，解决了我国西南、华南等多云雾、多雨的地区及传统光学传感器成像困难地区的地形测绘问题，从而可以高效、实时为国家重大战略、重大工程和灾害应急反应提供可靠的空间数据和信息资料，提升了随需测绘的服务保障能力。

通过该项目的研究，形成出台了该领域两项技术规范，包括《机载干涉和成孔径雷达（InSAR）系统测制 1∶10 000 1∶50 000 数字高程模型 数字正射影像图 数字线划图技术规程》（NB/T 51031—2015）和《机载 InSAR 系统测制 1∶10 000 1∶50 000 3D 产品技术规程》（GB/T 32874—2016），获得多项知识产权。

2）"SAR 变形监测系统"研究

通过研发建立 SAR 数据处理系统，攻关形成了拥有自主知识产权和核心技术，提高了 SAR 数据处理的能力，形成利用 InSAR 技术进行变形监测的业务流程，促进 InSAR 技术的进步和发展，为实现中国地理信息产业领军企业的目标提供技术支撑。研究内容主要为基于差分干涉 SAR（differential interferometric SAR，DInSAR）技术和小基线集（small baseline subset，SBAS）技术的地表形变分析。

本项目攻克的关键技术有：干涉 SAR 处理技术、DInSAR 技术、SBAS 技术、SAR 数据预处理及基本几何处理技术。

（3）推广应用

该项目在煤矿老采空区地表沉降等地形变化监测、地灾监测等方面得到应用。2018年 6 月起，通过与榆林市国土资源局达成合作关系，启动了基于 InSAR 技术的榆林市煤矿开采沉降监测和越界开采监测的相关项目，对榆林全市共 12 个区县的煤矿开采沉降形变进行长期监测，该项目的应用取得了良好的成果，并获得了榆林市科技进步奖三等奖。

另外，InSAR 技术同样可用于地灾监测工作中，可完成对地质灾害的监测和预警。滑坡在发生前数月会有持续的形变，SAR 数据的大面积覆盖的优势可以进行大范围的监测，为滑坡预警提供数据支持。

项目启动的主要自主知识产权如下。

1）发明专利：一种基于 InSAR 制作 3D 产品的系统及方法。

2）发明专利：一种基于机载 InSAR 的地面控制点测量布点方法。

3）发明专利：基于单片 InSAR 正射影像的调绘方法。

4）实用新型专利：基于单片 InSAR 影像的垂直地物高度测量系统。

5）实用新型专利：基于 InSAR 影像的垂直动物定位误差纠正系统。
6）实用新型专利：一种基于 InSAR 制作 3D 产品的系统。
7）实用新型专利：一种基于单片 InSAR 数据的 DLG 采集系统。
8）实用新型专利：基于机载 InSAR 生产 3D 产品的精度检测系统。
9）实用新型专利：一种基于 InSAR 制作 DEM 的水域高程处理方法。
10）计算机软件著作权：基于 InSAR 影像垂直地物定位误差纠正软件。
11）计算机软件著作权：SAR 变形监测系统（DMSAR v1.0）。

（九）区域煤层底板含水层改造技术

（1）成果概况

华北地区是我国煤炭资源开发强度最高的地区，也是支撑和供给我国煤炭资源的主要地区，而华北地区主要煤炭资源，石炭系下部奥陶系灰岩为巨厚层含水层，水头压力高，裂缝、陷落柱发育，成为困扰我国煤炭开采领域的重要难题和亟须解决的问题。长期以来，我国对承压水上采煤所采取的煤层底板注浆加固和含水层改造，从空间尺度上看，均以单工作面进行；从时间尺度上看，均是在工作面形成后实施；从治理目标层来看，主要以煤系薄层灰岩含水层治理为主；从治理场地来看，主要以井下为主。区域超前治理就是从以往的一面一治理扩展到采区、水平或相对独立的水文地质单元进行区域治理；从时间上，注浆治理移到掘进之前，实现"先治后掘"。地面区域超前治理是治本，掘前"条带"钻注和采面补强注浆是保障，从而为实现"不掘突水头，不采突水面"探索出一种新的有效途径。

针对煤炭开采过程中的水害威胁问题、水资源浪费问题、大量疏排地下水问题和生态环境保护问题，中煤地质集团大地公司开展了奥陶系灰岩多分支水平井钻进技术研究，解决灰岩多分支水平井钻进、地面水平井高压注浆、堵漏效果评价等技术难题，全面掌握多分支水平井注浆堵漏技术和底板加固技术，从建井阶段开始防治底板突水事故，降低施工风险，保障煤矿生产安全，填补我国煤矿生产水灾治理相关技术空白，助推我国华北型煤矿安全、经济、绿色可持续的发展。

该成果获 10 余项国家专利授权，并先后获得北京市石景山区科学技术奖，中国煤炭地质总局科技进步奖特等奖，国家安全生产监督管理总局安全生产科技成果奖二等奖，中国煤炭工业协会科学技术奖二等奖等。

（2）核心技术

该技术主要通过电法、三维地震等物探手段预测突水威胁区，利用非顶驱钻机水平钻井技术、复合钻进技术、裂隙发育区和破损带水平井眼轨迹控制和成孔等技术，在煤层顶底板含水地层进行水平钻进，对异常区进行多方位控制和充分揭露，探测溶洞、断层、导水裂隙带等异常含水体，并采用充填浆液控制技术对异常区进行注浆加固改造，加固完成后进行水平取心和高压试验，通过试验研究验证注浆堵漏煤层顶底板加固效果，从而实现有效加固顶底板、隔离奥灰水等直接充水含水层的目的，提高煤层顶底板的抗压能力和隔水性，提升煤矿企业的安全生产水平，提高煤炭资源的开采回采率，保护地下水资源不受损害，自然生产环境不受破坏。该技术已成为国内煤矿水灾治理领域的重要技术，引领全国煤矿水防治技术发展，全面提高了我国煤矿水防治水平，潜在经济效益和社会效益巨大（自然资源部，2019）。

（3）推广应用

成果在河北、河南、陕西、安徽等地矿山企业推广应用，为煤炭资源安全开发提供了保障，在冀中能源集团有限责任公司、河南能源化工集团有限公司、淮南矿业（集团）有限责任公司、山东能源集团有限公司等下属20余个矿井广泛开展应用，为企业创造年产值超2亿元，其中，在河北省、山西省矿井水灾治理技术大会上，该技术成果被作为防治水害的先进理念和管理经验广泛推广。国家安全生产监督管理总局、国家煤矿安全监察局组织召开的全国煤矿水害防治现场会议，将该技术的现场实施工程项目作为参观学习工程，来自国家有关部委及各省（直辖市）煤炭行业主管部门、行业协会、煤炭生产企业的负责人，国内煤矿水害防治领域的众多专家学者进行了观摩和交流。

本技术作为中煤地质集团有限公司"灾前预防、灾中抢险、灾后治理"技术体系的重要组成部分，多次参加国际、国内相关展览会。本项目研发的装备和成果的展示，不仅提升了企业在本领域的知名度，也确实减少了地下水资源浪费，保护了生态环境；降低了煤矿开采水灾威胁，提高了煤矿生产安全；解放了受地下水灾害威胁的煤炭资源，提高了回采率，降低了煤炭开采成本。为我国煤矿生产过程中水资源、生态环境保护和煤炭资源集约化开采与煤矿安全生产的矛盾问题提供了新的解决途径。

（十）矿山抢险救援大孔径钻孔快速施工技术

（1）成果概况

大孔径钻孔在煤矿排水、瓦斯治理、投料、避难硐室等方面应用广泛，同时大孔径钻孔也是救助井下被困人员的最有效手段。但施工效率低、井斜控制难度大等一直是大孔径施工的难点和痛点。中国煤炭地质总局中煤地质集团有限公司作为国家矿山抢险救援队，通过承担实施国家重点研发计划，总结国内大孔径应急救援孔施工中出现的问题和有待改进的技术，针对我国矿山灾害和地质条件的特点，研究攻关以快速救生为目的的大孔径潜孔锤反循环快速精准钻进技术，实现大孔径钻孔的快速高效精准钻进。

（2）核心技术

1）复合防斜钻进和空气钻进等导向孔钻进技术

通过钻具组合优化，采用自主研发的风动螺杆，将传统钻井过程中使用的液体循环介质由空气代替，实现了导向孔空气复合钻进。钻进过程中采用螺杆钻具配合高效钻头外加随钻测量仪器的钻具组合来进行复合钻进，具备高效纠斜能力，能够主动控制井斜与方位，解决了井底水平位移超标的问题，简化了施工工序，提高了机械钻速，缩短了钻井周期。

2）非贯通式潜孔锤反循环钻进技术研究

大孔径潜孔锤反循环钻进技术有利于井壁稳定，但是目前常规潜孔锤即非贯通式潜孔锤还无法实现反循环钻进。针对这一难点，通过设备改造在钻具组合中加入阻风板和正反循环转换接头,在动力头下部加装气盒子装置,改变高压气流在非贯通式潜孔锤中的循环方式,形成非贯通式潜孔锤反循环钻进技术,实现非贯通式潜孔锤的反循环钻进。

(3)推广应用

本技术已应用于煤矿大孔径瓦斯排放钻孔、大孔径矿井水直排孔、大孔径避难硐室钻孔、大孔径投料孔,以及非煤矿山大孔径通风孔、大孔径投料孔施工中。在2015年山东临沂市平邑县万庄石膏矿区"12·25"采空区重大坍塌事故中,中国煤炭地质总局大地抢险救援队与多组救援队一起,创造了国内矿山首次钻孔救生的奇迹。

相比于传统的大孔径钻孔施工方法,本技术提升了钻进速度,缩短了施工周期,提高了钻孔透巷精准度和井身质量。相关成果一经宣传和推广,不仅为企业带来可观的产值和利润,更能拯救被困人员生命和挽回财产损失。同时作为承担矿山应急救援任务的中国煤炭地质总局大地抢险救援队,通过本技术的研发,培养了一批大孔径施工技术、工程地质技术和定向技术等相关方面的技术人员和工程施工人员,促进了大孔径救援人才队伍建设,提升了应急救援施工队伍的战斗力;构建了配套装备与施工技术兼容的大孔径应急救援施工工艺和技术体系,切实提高了国内重大矿山事故的应急救援技术水平,形成系统的、整体的救援实战能力,将为建设更加高效的国内煤矿安全生产应急救援体系做出贡献。

(十一)煤炭分析测试新技术

(1)成果概况

煤炭分析测试是一项规范性很强的技术工作,执行标准、测试仪器、工作环境、试验方法、试验步骤、数据处理等都应严格按相应技术规范操作,测试报告中要注明各项检测参数依据的技术标准(秦云虎等,2009)。煤样的测试项目包括煤的工业分析、发热量、硫分、煤的元素分析、煤中微量元素和有害元素、煤灰熔融性、煤灰成分分析等,以及煤矿安全检测项目如煤尘爆炸性、煤自燃倾向性等。煤层顶底板应以物理力学测试为主,若考虑其特殊用途可选做成分分析、光谱分析等,煤矸石的测试项目一般包括工业分析、发热量、硫分,不同勘探阶段或考虑特殊用途的煤矸石应选做元素分析、微量元素、成分分析、光谱分析、真相对密度和放射性等。

(2)核心技术与新设备成果

近年来,传统的煤质分析技术发展很快,尤其是测试仪器的发展促进了煤质分析技术的革新换代,有的改进了测试方法,改善了测试环境,降低了测试人员的劳动强度,有的因为自动化测试技术提高,极大提升了测试工作效率,有效降低分析测试成本,体现了新时代测试技术的高质量发展。主要核心技术与新设备如下。

1)联合制样机组制样新技术

联合制样机组是依据《煤炭机械化采样 第2部分:煤样的制备》(GB/T 19494.2—2004)、《煤样的制备方法》(GB474—2008)的相关要求,研制开发的多级破碎多级缩分联合机组。该机组不仅可以取代传统的制样设备,有效地保证制样质量,提高制样效率,还可以减少制样过程中的粉尘污染,也可以减少人员操作带来的误差。

2）新型智能马弗炉

测定煤挥发分的最大影响因素是恒温区的稳定性，新型智能马弗炉采用三个热电偶控制恒温区的温度和长度，相比传统单热电偶的马弗炉大幅提高了挥发分测定的精度。

3）天平管理器称量新技术

天平是煤质分析中最常用也是最基础的设备，天平管理器在测定煤的工业分析指标和焦化指标时，实现管理器和分析天平间的数据直接传输，可以记录批量试样的重量，还可以选择不同的程序自动计算每个样品的各项指标，大大节省了时间，也避免了人员计算可能带来的误差。

4）自动工业分析仪测试新技术

工业分析包括煤的水分、灰分、挥发分和固定碳，是判断煤炭燃烧和气化特性的重要指标。以往测定工业分析的各个指标，需要试验人员分别完成，测定一份样品至少要 4 个小时，还要多次干燥和称量。自动工业分析仪采用双炉膛双天平结构，一次放置 19 个样品，放样后可无人值守，大幅度减轻了人员的劳动强度，配置的试验电脑带有数据库系统，可以实现试验数据的打印和查询功能。

5）半自动碳氢测定仪新技术

碳、氢元素含量是煤中元素分析的主要检测项目，是判别煤变质程度的重要指标，氢元素的含量还直接影响煤的低位发热量，从而影响煤炭交易价格。传统的碳氢测定仪无论是三节炉法还是两节炉法都是完全由实验室人员手动，按照时间节点频繁拉动炉体，耗费大量的人力，多台仪器同时操作时容易忙中出错，高温炉体易造成人员烫伤。半自动碳氢测定仪在保证实验精度的基础上实现了自动按照时间节点移动炉体，试验中无须人员看守，大大降低工作人员的工作难度，同时也尽可能地避免操作过程中的高温伤害。

6）全自动小氧弹量热仪测试新技术

量热仪主要用于检测煤炭的发热量，发热量是动力煤计价的重要指标，全自动小氧弹量热仪革新了氧弹的结构设计，内筒与水全方位隔离，消除热量测定过程中的水分蒸发，分析时间由原来传统量热仪的约 20 分钟缩短至现在的 8～9 分钟，采用专业冷水站进行精准控温，重复性、长期稳定性、自动化水平大幅度提高。

7）全自动定硫仪测试新技术

煤中硫对炼焦工艺性能和环境燃烧排放都是十分有害的，煤中硫含量是评价煤的质量重要指标之一。新一代的全自动定硫仪实现了在低故障率的基础上自动添加固体催化剂，一次放置 24 个样品，自动送样、实验、出样、弃样，大幅度缩短实验时间；运用新型电炉丝代替硅碳管，从根本上解决硅碳管易碎、使用寿命短的问题；具有全硫和三氧化硫两套专用程序，不但可以测定煤的全硫，还可以测定粉煤灰、型煤、灰渣样品中的硫含量。

8）智能煤灰熔融性测定仪

煤灰熔融性是表征煤灰在一定条件下随加热温度的变化而呈现变形、软化、半球和流动物理状态时候的温度，是动力用煤和气化用煤的重要指标。传统方法测定煤灰熔融性全部靠实验人员透过炉膛的观察孔肉眼观察，实验人员需要一直守在温度很高的炉膛边上，稍有不慎可能造成烫伤。新型的智能煤灰熔融性测定仪采用高温图像采集系统，把煤灰在炉膛里变化的整个过程记录下来，还可以通过图像比对技术，自动识别比对、出具报告，大幅提高了实验的安全性和便捷性。

9）全自动胶质层指数测定仪

胶质层指数是煤炭分类和判断烟煤结焦性能的一项重要指标，胶质层指数测定过程能近似反应工业炼焦过程，对于指导配煤炼焦有着重要作用。传统的胶质层指数测定仪操作步骤烦琐，需要丰富的测试经验，每一个环节都不允许出错，操作人员的心理压力很大，全程几个小时需一直观察仪器的运行状态。新型的全自动胶质层指数测定仪实现了利用传感器实时显示煤杯体积曲线，由智能机械手自动测定胶质层上下面高度，计算机自动拟合上下层曲线并计算出 Y 值，实现了整个实验过程无人值守，自动保存数据、即时查询和打印。

10）智能燃点测定仪

煤的燃点也称作着火点，是煤受热后开始爆燃的温度。在煤田地质勘探中，根据煤的着火温度来判断煤层的氧化带；在生产、储运过程中可根据煤的着火温度来采取措施预防自燃，减少环境污染和经济损失。燃点试验必须从常温开始，普通燃点测定仪炉体冷却慢，需要等待很长时间才能进行下一个试验。智能燃点测定仪加入通风装置，试验结束后炉温可迅速降低，在短时间内就可进行下一个试验，整个测定过程由计算机自动控制，自动记录升温曲线并自动判断煤的着火温度，自动生成数据库，打印检测结果。

11）半自动氟氯测定仪

2015 年 1 月起国家开始执行《商品煤质量管理暂行办法》，禁止污染元素含量超标的商品煤生产和销售，要求煤中氟、氯含量分别低于 200 微克/克和 3000 微克/克。半自动高温水解炉（氟氯测定仪）与常规的水解炉相比，可以实现自动控制进样和退样、智能控温，样品处理过程中无须人工干预，具有电偶、升温、进样等故障的自诊断提醒功能，大幅提高了试验效率（杨金和等，2004）。

12）煤灰成分测定新技术

煤灰成分是指煤中矿物质经燃烧后生成的各种金属和非金属的氧化物与盐类，其主要成分为二氧化硅、三氧化二铝、三氧化二铁、氧化钙、氧化镁、二氧化钛、五氧化二磷、氧化钾、氧化钠等。煤灰成分是煤炭加工利用中的一项重要参数，根据煤灰成分可以大致推测煤的矿物组成，在动力燃烧中根据煤灰成分可以初步判断煤灰熔点的高低；根据煤灰中碱性成分的高低可以大致判断它对燃烧室的腐蚀程度；在煤灰和矸石的综合利用中，其成分可以作为提取铝、钛、矾等元素和制造水泥、砖瓦等建筑材料的依据。传统的煤灰成分分析采用化学法和重量法测定，每种元素单独化验，实验过程烦琐，耗时长，要使用大量的酸碱试剂，对实验人员身体健康易造成危害。

使用 X 射线荧光光谱仪分析煤灰成分是近年来煤质分析技术进步的标志性成果。X 射线荧光光谱仪主要由 X 射线发生器（X 射线管、高压电源及稳定稳流装置）、分光检测系统（分析晶体、准直器与检测器）、记数记录系统（脉冲辐射分析器、定标计、计时器、积分器、记录器）等部分组成。在测试过程中，X 射线管产生入射 X 射线激发被测样品，受激发的样品中每一种元素会放射出二次 X 射线，不同元素所放射的二次 X 射线具有特定的能量特征或波长特性，从而对待测元素进行定性和定量。用 X 射线荧光光谱仪测量煤灰成分，与传统化学分析方法相比较，具有分析速度快、测试流程简单易操作、测量元素多、多元素同时分析、不使用酸碱化学试剂等优点，可以一次性测出煤灰成分中的硅、铝、铁、钛、钙、镁、钾、钠、锰、磷、铜、锌、锶、钡、铅、镍、锆、钒等元素（杨金和等，2004）。

13）电感耦合等离子体质谱（ICP-MS）煤炭测试技术

电感耦合等离子体（ICP）是由高频电流经感应线圈产生高频电磁场，使工作气体（Ar）电离形成火焰状放电高温等离子体，以电感耦合等离子体为离子源，雾化器将溶液样品送入等离子体光源，试样以水溶液的气溶胶形式引入氩气流中，在高温下汽化、原子化、电离。部分等离子体经过不同的压力区进入真空系统，正离子经滤质器按照质荷比大小分离，检测器将分离的正离子转换成电子脉冲，根据探测器的计数与浓度的比例关系，可测出元素的含量或同位素比值。

该方法具有准确度高、精密度好、检出限低（达 10^{-9} 级或更低）、基体效应小、消除干扰的手段多、多元素同步测定等优点，并且可以实现大量、快速测试，满足痕量样品的测试要求。其测试依据是《进出口煤炭中砷、汞、铅、镉、铬、铍的测定 微波消解-电感耦合等离子体质谱法》（SN/T 4369—2015）和《岩石矿物分析》（第四版第四分册）。ICP-MS 可检测锂、铍、硼、钪、钛、钒、铬、锰、钴、镍、铜、锌、镓、锗、铷、溴、锶、锆、铌、钼、铟、锡、锑、碘、铋、钡、铊、铀、钍、哈、钽、钨、钇、铯、镉、银、金、稀土元素等几十种微量及痕量煤中金属元素。

14）电感耦合等离子体发射光谱（ICP-AES）煤炭测试技术

电感耦合等离子体（ICP）是由高频电流经感应线圈产生高频电磁场，使工作气体（Ar）电离形成火焰状放电高温等离子体，以电感耦合等离子体为离子源，试样溶液通过进样毛细管经蠕动泵作用进入雾化器雾化形成气溶胶，由载气引入高温等离子体，进行蒸发、原子化、激发、电离。受激发的原子不稳定，跃迁至基态辐射出各种不同特征波长的复合光，经光谱仪分光记录后，得到不同元素的特征谱线，根据特征光谱的光强度与物质的含量成正比，从而进行定量分析。

该法具有准确度高、精密度好、检出限低（达 10^{-6} 级或更低）、基体效应小、扣除背景干扰效果好等优点，且分析成本低，可多元素同时分析，线性动态范围宽，高达 6 个数量级，高低含量可以同时测量，可以实现大量、快速测试，满足煤炭中主量和微量金属元素的测试要求，适合于大批量生产测试。可检测铝、铁、钙、镁、钾、钠、钛、磷、锂、铍、钪、钒、铬、锰、钴、镍、铜、锌、镓、锶、锆、铌、钡等几十种常量及微量煤中金属元素（陈辉和王佟，2015）。

15）原子荧光光谱（AFS）煤炭测试技术

原子荧光光谱是用激发光源照射含有一定浓度的待测元素的原子蒸汽，从而使基态的原子跃迁到激发态，激发态原子回到较低能态或基态时发出原子荧光，根据发出荧光的强度和待测物质元素的含量成正比，检测元素的含量。

该法具有准确度高、精密度好、检出限低（达 10^{-9} 级或更低），分析元素能够与引起干扰的试样基体分离等优点，氢化物法能将待测元素充分富集，进样的效率近 100%，不同价态的元素氢化物发生实现的条件不同，可进行价态分析，测样速度快，测试依据是《进口煤炭中砷、汞含量的同时测定 氢化物发生-原子荧光光谱法》（SN/T 3521—2013）和《岩石矿物分析》(第四版第四分册)。可检测汞、砷、锑、铋、硒、锗、碲、锡、铅等近十种微量和痕量煤中元素,目前,全国煤炭标准化技术委员会正在组织《煤中砷、硒、汞的测定 原子荧光光谱法》国家标准精密度协同试验。

16) 扫描电子显微镜煤炭测试技术

扫描电子显微镜测试原理是,从电子枪阴极发出电子束在加速电压作用下射向镜筒,经过聚光镜和物镜聚焦后,形成一个具有一定能量、强度和斑点直径的入射电子束,在物镜上部扫描线圈产生的磁场作用下,入射电子束按一定时间、空间顺序作光栅式扫描。由于入射电子与样品之间的相互作用,从样品中激发出的信号被不同的检测器收集,并成像,二次电子检测器形成样品形貌像,背散射检测器形成样品成分衬度像,电镜配备X射线能谱仪后,还能用于元素定性、定量分析。

扫面电镜的放大倍数一般可达30～500 000倍,可做以下煤岩学方面研究:①煤的有机显微组分分析(镜质组、惰质组、壳质组);②成煤低等生物研究(低等生物以凝胶化、丝炭化、矿化等方式保存下来);③煤中矿物质分析(扫描电镜与能谱结合,研究煤中矿物的形态、成分、大小、表面/晶面结构、发育程度等特征);④煤的孔隙特征;⑤煤的裂隙特征;⑥煤体结构研究(观察显微构造,乳角砾、褶皱、碎粒、糜棱质、滑移面、磨擦面等)。

17) X射线衍射煤炭测试技术

一般的化学方法只能给出试样中各种化学元素的百分含量,很难给出各种物质成分的百分含量,特别是对于含有相同元素组合,但成分不同的试样,其X射线衍射定量分析方法测定各物相的百分含量是一种很好的方法。

X射线衍射分析是利用X射线通过矿物晶体时所产生的衍射效应来分析矿物的,矿物呈结晶状态,因为X射线波长与矿物晶体内原子间距接近,因此X射线经过时被衍射成强度不同的衍射图谱,应用X射线衍射技术可以对煤中的黏土矿物和常见的非黏土矿物进行定性、定量分析。其原理是基于每种物质成分都有各自特征的衍射图谱,且衍射强度与其含量大致成正比,在混合矿物中,每一种物质成分的衍射图谱与其他物质成分的存在与否无关(陈辉和王佟,2015)。目前利用X射线衍射测试煤炭中的矿物成分还无现行标准,主要参考《沉积岩中黏土矿物和常见非黏土矿物X射线衍射分析方法》(SY/T 5163—2018)。

18) 全自动物理吸附仪测试煤炭孔隙结构新技术

全自动物理吸附仪借助于气体吸附原理(如氮气)及等温物理吸附的静态滴定法进行等温吸附和脱附分析,可进行单点、多点BET比表面积、朗缪尔(Langmuir)比表面积、BJH介孔、孔分布、孔大小及总孔体积和面积、密度函数理论(DFT)、吸附热及平均孔大小等多种数据分析(陈辉和王佟,2015)。适用于各种材料的研究与产品测试,包括测量煤炭等碳材料、沸石、分子筛、二氧化硅、氧化铝、土壤、黏土、有机金属化合物骨架结构等。

全自动物理吸附仪能够较全面地分析煤炭的比表面积及孔径分布相关数据,广泛应用于煤炭的孔隙分布特征研究。N_2吸附可测定BET比表面积、BJH孔径分布、DFT孔径分布、总孔容、平均孔径等数据,CO_2吸附可测定煤炭的微孔吸附情况。

19）全自动煤岩分析系统

煤由多种不同性质的显微组分组成，通过测定反射率和显微组分的含量，可以研究煤的变质程度。传统的煤岩测定需要试验人员肉眼观察显微镜，长时间操作易造成视觉疲劳，在有限的时间内采集的观测点也有限。新型的全自动煤岩分析系统用自动载物台结合高清摄像头对煤岩样品进行大量的随机拍摄，再利用图像识别技术对照片里的显微组分进行识别，综合给出试验报告，大大节省了试验人员的操作负担。

20）智能机器人化验系统

随着人工智能的技术进步，智能机器人化验系统也应运而生。智能机器人化验系统就是在一个小型区域内，集合了工业分析、全硫、发热量、碳氢等煤炭常规化验项目，智能机器人根据程序和定位系统全程自动完成称量、装样、试验、弃样和清理的工作，减少了人员成本和人为因素造成的误差。该系统目前仅限于煤质常规指标分析，多用于港口、码头、电厂的商品煤检测，还无法应用在煤的特殊指标、煤质研究和煤质仲裁检验，大面积推广还有待改进和提高，但智能化、无人化的机器人化验系统无疑是近年来煤质分析的新亮点，其应用前景可期。

（3）推广应用

新时代中国煤炭地质总局煤炭分析测试技术发展迅猛，形成了以煤质分析测试为基础，以煤系气、煤中"三稀"矿产和煤矿固废检测为特色的煤炭清洁高效利用系列检测技术，涵盖煤炭、岩矿、水质、煤层气、页岩气、金属/非金属矿产、环境、建筑材料、煤矿安全等15大类、99个产品、近2000个检测项目。分析测试技术已经实现了由人工测试到设备自动化定量分析、大数据智能处理的新阶段。这些技术目前已经在煤中稀土元素、煤中硒、锂、汞等微量元素测试，以及粉煤灰中稀有金属、煤矸石的浸出毒性等方面形成了行业领先的测试方法，并在全国推广使用。

参 考 文 献

陈辉，王佟. 2015. 煤质分析和评价. 徐州：中国矿业大学出版社.
程爱国，孙杰. 2019. 全国煤炭资源潜力评价. 中国科技成果，（2）：15-16.
韩豫川，熊先孝，商朋强，等. 2012a. 中国钾盐矿成矿规律. 北京：地质出版社.
韩豫川，熊先孝，薛天，等. 2012b. 中国磷矿成矿规律. 北京：地质出版社.
韩豫川，熊先孝，曹烨，等. 2014a. 中国硫矿成矿规律. 北京：地质出版社.
韩豫川，熊先孝，孙小虹，等. 2014b. 中国硼矿成矿规律. 北京：地质出版社.
秦云虎，张谷春，潘树仁，等. 2009. 煤炭资源勘查煤质评价规范. 北京：国家安全生产监督总局.
商朋强，熊先孝. 2016. 全国化工矿产资源潜力评价取得系列成果. http://www.cgs.gov.cn/xwl/cgkx/201611/t20161123_417459.html[2016-11-23].
田升平，韩豫川，熊先孝，等. 2014. 中国重晶石矿成矿规律. 北京：地质出版社.
王吉平，商朋强，熊先孝，等. 2014. 中国萤石矿成矿规律. 北京：地质出版社.
杨金和，陈文敏，段云龙，等. 2004. 煤炭化验手册. 北京：煤炭工业出版社.
中煤国地. 2019. 助力打赢蓝天保卫战 总局中深层地热"取热不取水"技术取得重大突破. http://zmgd.ccgc.cn/zjxw/2019-11-21/574.html [2019-12-20].
自然资源部. 2019. 矿产资源节约和综合利用先进适用技术目录（2019年版）. http://gi.mnr.gov.cn/202001/t20200107_2496334.html [2019-12-24].

10 煤炭地质事业发展的美好愿景畅想

摘要：本章首先介绍了新时代煤炭地质勘查工作建设理念的背景和意义，介绍了煤炭地质勘查行业开展"三个地球"建设的主要内容，具体包括"透明地球"、"数字地球"和"美丽地球"的由来，以及"三个地球"在煤炭地质勘查工作中的具体内涵；提出了煤炭地质勘查工作投身"三个地球"建设的重点发展方向，包括煤与煤系共伴生矿产勘探开发、水资源勘查与保护治理、粮食化工矿产与非金属固体矿产勘查与资源开发、新能源勘探与开发、生态地质勘查、民生地质、地下空间探测与基础工程建设、"一带一路"地质勘查服务和地理信息技术等九个方面。

党的十九大把生态文明建设提升到前所未有的高度，并纳入新时代中国特色社会主义建设"五位一体"总体布局和"四个全面"战略布局，对地质工作提出了新的更高要求。今后地质工作要统筹考虑地上与地下、国土陆域与海域、多门类自然资源数量和质量的综合调查评价；树立人与"山水林田湖草"是生命共同体的整体系统观；依靠科技创新，积极驱动地质工作向绿色、智能化、信息化方向发展。对照新时代国家对地质工作的要求，地质工作需要进一步加大创新驱动，推动地质勘查产业技术升级，以保障国家对能源与矿产资源的新需求，助力美丽中国与生态文明建设发展。

10.1 愿景的提出

根据新时代国民经济和社会发展对地勘工作的新要求，2018年12月中国煤炭地质总局赵平在参加第十六届中国企业家发展论坛会议上提出了共建"透明地球""美丽地球""数字地球"的畅想，此后在2019年初的中国煤炭地质总局工作会议上，将"三个地球"建设作为今后煤炭地质勘查工作的发展方向，即以地质勘查技术为依托，全面加强地下空间探测，投身"透明地球"建设；以地灾治理、环境修复技术为依托，做生态文明建设的先行者，奉献"美丽地球"建设；以地理信息技术为依托，全面打造地质信息化产业平台，参与"数字地球"建设。

近年来针对煤炭资源勘查工作量逐年变化趋势和生态文明建设对地质勘查工作提出的新要求，煤炭地质勘查队伍未来发展走向何处，不仅是当前需要讨论的热点话题，更是今后需要解决的关键问题。"三个地球"建设的问题，对破解煤炭地质工作和煤炭地质队伍发展的难题，指明今后发展的重点方向，有着重要意义。如果说以往以资源勘查为主的地质勘查工作是打开了探索地球奥妙的一扇大门，那么投身"三个地球"建设，是为煤炭地质勘查工作打开了探索地球奥妙的另一扇门，意义非凡。同时也明确了组建一支具有国际影响力的煤炭地质勘查队伍是我们今后的发展目标。

毫无疑问，煤炭地质勘查工作与"三个地球"建设紧密相连，从今往后的煤炭地质工作的开展都要具体体现和贯彻"透明地球"、"数字地球"和"美丽地球"建设，只有通过地质勘查工作和生态环境的美丽建设，以及地理信息技术的有机融合，逐步实现将局部扩大到全国乃至走向世界，才能形成横纵联合、贯穿矿产资源勘查和开发全过程的"地质+"产业链。

10.2 "三个地球"科学内涵

"透明地球"是早先由澳大利亚地质学家 Carr 等提出"玻璃地球"的概念发展而来，其含义是利用地质信息技术建立一个横向分区或连片的、多尺度的、数字化的、透明的地壳浅层模型，其中凝聚了所能采集的全部地质空间信息和属性信息（刘文灿，2002；刘树臣，2003；吴冲龙和刘刚，2015）。

"美丽地球"是 2019 年 4 月 28 日习近平在北京出席世界园艺博览会开幕式上发表了题为《共谋绿色生活，共建美丽家园》的重要讲话中首次提出的理念。其立足美丽地球家园阐释的五个"追求"——追求人与自然和谐、追求绿色发展繁荣、追求热爱自然情怀、追求科学治理精神、追求携手合作应对[①]。习近平对美丽地球建设的要求，为今后各项地质工作的开展指出了新方向。

"数字地球"的概念是由 1998 年时任美国副总统的戈尔在一次演说中首次提出的（何淑贞和王日远，1999）。2009 年 9 月，在国际数字地球学会和中国科学院联合主办的第六届国际数字地球会议上，《2009 数字地球北京宣言》建议：加快"数字地球"从理论研讨到实际应用的进程，特别是在全球变化研究、自然灾害防治、新能源探测等方面发挥重要作用。

（一）"透明地球"建设

（1）概念

"透明地球"建设是指通过综合运用多种先进地质勘查技术手段，建立一个一定尺度的、数字化的、透明的地质框架模型，全面掌握地质体及内部蕴含各类资源的分布情况，充分反映地质框架的成藏条件、成矿条件、水文条件等多种属性，并借助地球大数据和地质信息技术，凝聚所能采集的全部地质空间信息和属性信息，实现对地质体特征的全解析。

（2）"透明地球"建设在煤炭地质勘查工作中的具体内涵

煤炭地质单位围绕"透明地球"建设的勘查工作应为贯穿煤炭产业全过程的主要工作之一，即利用多种勘查手段，建立起遥感、物探、钻探、化探等各种地球空间数据间的有效联系，更加详细地展示研究对象的地质、地球物理属性、结构特征等信息，提高对地质现象、地质资源和地质环境的认知能力，同时，借助地质大数据，将同一地质体的海量多源、异构、异质勘查数据，通过多学科深度交叉和融合、实现地质结构分析三维可视化、地质过程模拟三维可视化，最终达到勘查目标的全解析，具体内涵如下。

[①] 新华网. http://www.xinhuanet.com/2019-04/28/c_1124429816.htm[2019-7-25].

1）推进绿色煤炭资源勘查评价

我国煤炭资源总量丰富，绿色煤炭资源储量低、绿色资源总体勘查程度较低（王佟等，2017a），可供规划建设的基础储量不足，亟须提升经济可采绿色储量规模。我国绿色煤炭资源暂未有准确预测，部分学者初步预测绿色煤炭资源基础储量约为8764亿吨，经济可采的绿色储量更低，仅为4575亿吨（张博等，2019）。亟待提升绿色煤炭资源的勘查程度，尤其是绿色煤炭资源勘查与评价。

新时代煤炭资源勘查工作重心主要面向建立绿色煤炭资源勘查、开发、利用、修复的技术理论体系。勘查工作要以提升绿色资源勘探比重、绿色资源储量梯级进补、扩大绿色资源总量为重点，支撑绿色煤炭资源开发、生态文明建设与新型能源体系的建立。

煤炭地质勘查要紧随煤炭开发技术革命，积极为绿色煤炭资源开发做好保障，由资源保障为主向资源保障和安全生产保障并重转变，由以煤为主向煤、水、气、工、环并重转变；由地面地质向地面地质和井下地质并重转变。在勘查技术方面加大空天遥感数据、高精度多维地球物理勘探数据、精细钻探数据以及样品测试化验数据的高度融合，实现复杂地质体透明和可视化解译。

2）开展煤和煤系气等共伴生矿产资源协同勘查与开发

煤与煤系气（煤层气、页岩气、致密砂岩气等）同源共生，煤系气赋存于煤层及附近岩层中，我国潜在资源量初步预计在90万亿立方米以上。煤炭开发会破坏煤系气资源，造成资源的浪费、破坏环境、影响煤矿安全生产。此外，煤中还发育镓、锗、锂等在内的"稀有、稀土、稀散"金属矿产，煤系中还发育有铀矿、黏土矿、铝土矿等其他矿产，资源潜力大。新时代煤炭地质单位要充分发挥自身长期研究煤和煤盆地地质的优势，按照国家建设节约型社会的要求，进一步加大创新，建立煤系多能源矿产与其他共伴生矿产探采一体化地质保障技术体系，实现煤、煤系、煤盆地多种矿产综合勘查、协同开发，由资源勘查向开发地质延伸，打通上下游，延长产业链。

3）树立大地质观，构建"地质+"体系

国家经济建设、社会进步与地质工作息息相关，新时代生态文明建设作为"五位一体"发展战略的重要一环，生态建设和环境治理必将成为地质工作的重点。煤炭地质工作应积极研究服务于"大地质"事业的关键技术，积极适应国家强化对矿产、森林、草原、湿地、农田、湖泊等自然资源的管理形势，加快地质工作由单一找矿向"山水林田湖草"自然资源一体化调查转变，打破传统的地质调查和评估工作，构建地质工作与"山水林田湖草"资源调查相适应的工作体系，搭建"地质+"体系，提供用武"大空间"。

地质与人们的日常生活、行为联系紧密，要研究地质学与人们改造自然活动的关系，扩大地质工作的服务领域。构建"地质+"体系，打破行业壁垒，重塑煤炭地质产业结构关系，拓展产品和技术边界，服务生态文明建设，应着力从以下四个方面，进一步重视和加强"地质+"。一是加强为煤炭绿色开发和精细利用以及灾害评估、调查、监测、治理、预警等方面相结合的地质基础工作；二是拓展服务于"山水林田湖草"资源管理与调查的地质工作；三是全面支撑城市、城镇建设的地质基础工作，建立城市地质工作体系，主动服务城市开发建设；四是服务西部生态脆弱区、缺水地区的生态保护和资源开发利用（赵平，2018）。

4）加强对地质大数据的分析与处理能力

"透明地球"具备科学大数据的 5V（变化速度快 velocity、体量大 volume、模态多样 variety、真伪难辨 veracity 和价值巨大 value）特性（李德仁，2016），在体量上更加巨大。在类型上有图像、视频、文档、地理位置信息等，同时也涉及对地观测、地下勘查、科学模型、社会、经济等多类数据。"透明地球"系统具有对海量数据进行快速处理、实现数据到信息快速转化的能力，能够为人类可持续发展面临的资源、环境、灾害和生态等问题提供信息服务支持。

目前，现代地学类的信息技术领域，实用性的单一学科的地学软件工具较多，均可以实现二维、三维成图，航空遥感领域的软件也比较成熟，但对地下矿产资源评价和以地表地质灾害早期预警为目标的相应软件工具还不多，跨学科跨领域并具有集成空间数据为目的的分析研究平台还不成熟，这是目前国际上普遍争相研发的热点之一。如何将上述的众多数据库等大数据进行整合、处理和开展应用研究是目前科学家们追求的目标。当前我国正在建设国际性地球大数据科学中心与平台，研究的目标无疑是将地球做得更加"透明"。

（二）"美丽地球"建设

（1）概念

"美丽地球"建设核心就是要开展生态地质勘查工作。根据自然资源勘查开发的源头保护、利用节约与破坏修复全过程需要，在进行地质勘查的同时，使用多种勘查技术手段，有目的地开展生态环境地质的评估、调查、监测、治理、利用、修复，提出生态保护修复地质解决方案并参与修复治理，服务于人类主动改造、修复、重塑生态地质环境，将矿山勘查开发阶段和后矿山时代对环境的影响和破坏降到最低，实现资源与生态环境的科学合理利用。

（2）"美丽地球"建设在煤炭地质勘查工作中的具体内涵

我国煤炭资源勘查开发理论研究、煤炭资源开采技术领先于世界，但以往勘查开发利用受技术条件制约，煤矿开采中瓦斯、水、应力灾害，以及煤矿开采后采煤沉陷、环境改变等，对生态环境产生了一定的负面影响。按照"绿水青山"的新发展理念要求，将生态地质勘查理念与先进的勘查技术手段结合起来，统筹解决煤系、煤盆地内矿产协同的勘查与开发，以及在煤矿区地质灾害防治、矿山环境恢复等问题，做到煤炭资源绿色勘查、绿色开发、绿色利用，为"绿水青山"建设发挥地质保障作用。

生态地质勘查的核心是实现人类活动、地质效应与生态系统的动态平衡。其主要研究包括两个重点：一是生态地质学理论研究，研究生态地质环境的组成、结构与各要素功能，查明"山水林田湖草"生态环境基本地质特征，建立评价理论体系；二是生态地质环境保护、治理、调节控制的技术措施，重点是治理与修复改造技术。具体如下。

1）"山水林田湖草"一体化评价

"山水林田湖草"是一个生命共同体，生态地质勘查工作要统筹矿产、森林、草原、湿地、农田、湖泊地质环境勘查与保护工作，系统性、整体性实施勘查、评价与修复。以往的地质勘查大多针对一种主体进行工作部署，未能从地质和生态环境两个维度进行协同勘查与评价。针对国家对"山水林田湖草"自然资源的管理形势，生态地质勘查工作要以

"地球科学系统"为核心,通过实施协同勘查与评价,查明多个主体的赋存状态、分布规律、耦合效应等,主动减少采矿等人类活动对生态地质环境的影响效应,建立生态地质环境优劣评价体系,对区域环境开展协同评价,实现既要达到服务国土空间用途管制的精细地质保障新要求,也要满足生态优先、环境友好的可持续发展的需求。

2) 人类活动对生态环境影响评价

矿业开发利用、城市建设等是国土资源高强度开发的主要表现形式,一方面满足了人类生存需求和质量提升,同时也带来了环境方面的"负效应",一是引发了大气、水体、土壤等环境的污染,致使一些地区生态环境严重恶化,二是改变了已有的"山水林田湖草"的生态格局。人类过度开发引起的土地沙漠化、河湖水体污染,采矿活动引起的地面沉降、坍陷,工程建设引起的道路边坡垮塌等已经在我们的生活中随处发生,有的甚至直接影响着人类居住环境、质量和安全,对其危害性的评价是主动减灾和环境修复再造不可或缺的环节。生态地质勘查的最终目标是系统评价人类活动与生态环境的相互作用关系,在保障生态环境安全的基础上,合理利用自然资源,实现社会经济的可持续性发展,建立基于人类活动多样性、生态环境系统性、自然资源经济性于一体的生态地质评价系统,实现生态格局的整体优化,生态功能的整体升级。

3) 生态地质修复与重塑体系建设

生态地质修复与重塑是新时代赋予生态地质勘查工作的重要内容。主要目的是为通过工程修复再造,解决因人类活动引起的负面环境问题。我国生态地质修复治理呈现扰动破坏因素多、机理复杂、问题类型多、分布面积广、修复治理难度大等特点。在矿山环境修复方面,将治理目标分为地质工程、土地修复及生态修复三类目标,将修复技术归纳为消灾修复技术、工程修复技术、生态修复技术、生物修复技术四类,系统搭建了矿山环境修复的理论体系(武强等,2017)。生态地质修复与重塑要以生态脆弱区和城市、矿区等人类活动密集区为重点,围绕生态脆弱区土地沙化、土地盐碱化、水流域沿线污染等实施源头控制,涵养水源地、防控土壤污染、保护生物多样性;要围绕交通沿线敏感矿山山体、裸露岩体、污染水体等加大边坡稳定性修复力度,绿化复垦和重塑生态环境,统筹实现生态环境整体保护、系统修复、综合治理。中煤地质集团有限公司等单位在北京市斋堂镇柏峪村、百花山地区、霞云岭乡等地区开展废弃矿山生态环境修复治理,对因采煤、采矿造成的植被破坏、土地退化、粉尘污染、地质灾害频发等一系列生态环境问题进行治理,重塑了地区的生态环境体系。

在国家倡导生态文明建设和生态保护修复的新要求背景下,提出"美丽地球"建设,就是要在煤炭地质勘查过程中,实现人类活动、地质效应与生态系统的动态平衡。将"美丽地球"建设作为煤炭地质工作的一项重要任务,转型升级为煤炭地质勘查工作的一个重要阶段,减轻矿山开采对环境的破坏和环境污染对人类的威胁,服务于国土空间用途管制和生态保护修复的新要求。

(三)"数字地球"建设

(1) 概念

"数字地球"就是数字化的地球,是一个地球的数字模型,利用地理信息系统、遥感、全球卫星定位系统、互联网、基础测绘等各项技术综合起来的信息化手段，将地质资料及地球上地质活动和环境的时空变化数据，构成一个全球的地球信息系统，通过定期采集全球与区域资源环境要素数据，开展自然资源调查、地质灾害、生态环境等的综合监测，直观完整地了解地球的变化。

（2）"数字地球"建设在煤炭地质勘查工作中的具体内涵

1）"数字地球"基本架构

"数字地球"中的数据系统是核心，承担着科学大数据的分析与处理功能，主要包括地球空间数据和数据平台2个部分。地球空间数据是数字地球数据系统的核心部分，包括各种比例尺的地理、空间数据、多传感器、多时相、多分辨率多手段的对地观测和勘查数据，以及涵盖资源、环境、经济在内的各种与空间相关的社会数据。数据平台则要依托于国家空间基础设施等，架构于高速互联网络，连接多卫星数据中心和地理信息中心，完成空间数据的获取、传输、存储、处理分析、计算及分发的全流程（王佟等，2019）。

2）"数字地球"科学大数据来源

实现"数字地球"需要三大类科学数据即空间大数据、地下空间和资源科学大数据、社会运行产生的各类科学大数据。空间大数据的主要来源偏宏观的是星载对地观测体系，偏微观的是机载对地观测的各种手段所拥有的空间测量数据成果。地下空间和资源科学大数据的来源则大多来自航空地球物理、地面地质勘查、海洋地质调查等地质手段。社会运行产生的各类科学大数据的来源更为广泛和持续。

3）"数字地球"构建的理论与技术

构建"数字地球"的理论与技术主要包括数据结构理论、多源多时相多分辨率数据集成理论、分布式计算理论、海量存储理论、三维仿真理论、空间数据仓库理论、智能化信息提取理论、信息的认知理论、遥感技术、动态互操作技术、数据发掘技术、开放平台、构件技术、分布式对象技术、智能代理技术、计算机图形和虚拟环境技术、多维虚拟现实技术、空间数据多媒体技术，以及可持续发展、农业、资源、环境、灾害（水灾、旱灾、火灾）、人口、气候、生物、地理、全球变化、生态系统、水文循环系统等方面的建模理论等（王佟等，2019）。

"数字地球"的实现是基于区域性或全球性的数字地图及各种各样的地图数据库管理系统等，通过虚拟技术、定位技术、遥感技术、地理信息系统技术等对地观测新技术及其他相关技术有机集成，运用海量地球信息对地球进行多分辨率、多时空和多种类的多维描述。有了地球大数据平台，就可实现对地壳运动、地质条件、资源调查、地震预报、生态与环境变化、土地利用变化的动态监测，自然灾害预测和防治、环境保护等，最大限度地为人类的可持续发展和社会进步以及国民经济建设提供高质量的服务。

（四）"三个地球"建设

"三个地球"建设的关键是数据与信息技术，通过实施"透明地球""美丽地球"工程，进而实现"数字地球"目标，三者互为支撑、相互促进，可实现地质数据的采集、归纳、汇总、集成，大数据的一体化存储、组织、管理。不仅为后期的数据挖掘和分析能力的提升,支撑更大区域精细化、定量化的地球三维模型构建,而且为后续开展地质、资源和环境提供决策分析。

"三个地球"建设是对新时代煤炭地质勘查工作的愿景构想,各项资源地质勘查、基础地质勘查、生态地质勘查与环境治理等都是"三个地球"建设的一部分。如果将地球比作一个西瓜,切开后能够看到瓜皮、瓜瓤和瓜子的清晰结构。同样人们也能够通过各种探测技术和手段对地球内部结构、各类地质特征和资源达到透明清晰认知的程度,指导人们有目的地开展资源勘查、生态环境地质勘查、环境监测与治理利用。

10.3 愿景的路径

新时代煤炭地质工作面临的严峻形势,从而倒逼传统煤炭地质工作重心需要由以资源保障为主向资源保障和安全生产保障并重转变,由以煤为主向煤、水、气、工、环并重转变,由地面地质向地面地质和井下地质并重转变,同时,构建"地质+"体系,服务生态文明建设(赵平,2017)。"三个地球"建设理念的提出,是传统煤炭地质工作的一场革命,研究内容将得到进一步延伸和扩展,研究方向更加明确。目前,煤炭地质单位投身"三个地球"建设的重点研究内容应包括煤与煤系共伴生矿产勘探开发、水资源勘查与保护治理、粮食化工矿产与非金属固体矿产勘查与资源开发、新能源勘探与开发、生态地质勘查、民生地质、地下空间探测与基础工程建设、"一带一路"地质勘查服务,并与地理信息技术充分融合,从九个方面共同构成和实现"三个地球"建设的目标,见图10.1。

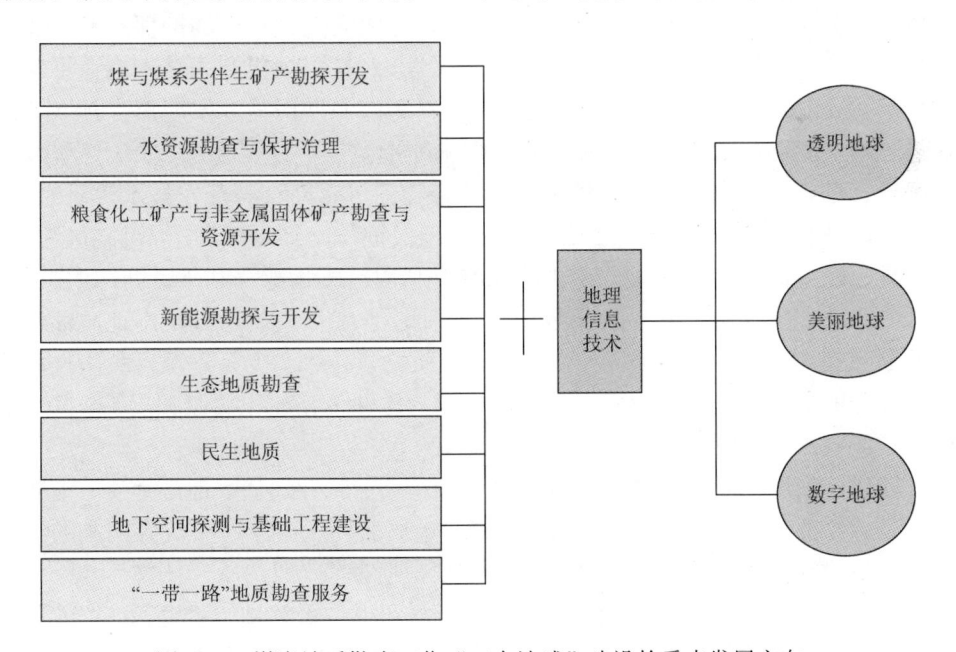

图10.1 煤炭地质勘查工作"三个地球"建设的重点发展方向

煤与煤系共伴生矿产勘探开发。目前煤系多能源矿产与共伴生矿产勘探开发由一个或多个勘探单位多次完成,无法实现多矿产综合勘查、综合开发利用。对煤与煤系共伴生矿产勘探开发工作，应根据煤系矿产时空分布、成藏（矿）类型、环境约束条件，开展煤系多资源的多目标协同勘查评价，实现综合勘查开发。主要研究工作包括开展绿色煤炭资源勘查评价、煤和煤系气资源协同勘查、煤与共伴生固体矿产的协同勘查、煤与金属元素矿产资源的协同勘查、煤与水资源的协同勘查与利用、煤盆地多能源多矿产资源综合评价与协同勘查技术等（彭苏萍，2018；袁亮等，2018；王佟等，2017b）。

水资源勘查与保护治理。在合理开发利用煤炭及煤系资源的同时，对生态水位、生态关键岩层实施协同勘查、系统评价和有效保护。同时还要做好矿区和更大范围水文地质、地下水资源评价，开展矿山防治水、水环境改造与治理修复、污水处理等技术研究（彭苏萍，2014；武强等，2017）。

粮食化工矿产与非金属固体矿产勘查与资源开发。化工矿产资源与国家粮食安全和战略性新兴产业密切相关，围绕新能源和新材料对化工矿产的需求和发展趋势，重点做好化工地质找矿、化工矿产资源开发、矿肥矿化结合、粮食化工矿产以及研究新材料的矿物特征等方面的研究（夏学惠，2013）。

新能源勘探与开发。我国的新能源勘查开发还处于起步阶段，与煤炭地质工作或煤盆地地质研究较为密切的包括深、浅层地热能、煤系气、煤系油页岩、煤系砂岩型铀矿等。目前，地热资源被用于发电、疗养-洗浴和取暖等方面，但与丰富的地热能资源总量相比，其开发利用尚未达到规模（李德威和王焰新，2015）；在煤系气勘探开发方面，我国已在沁水、鄂尔多斯盆地东缘建成了多个大型煤层气生产基地，在天然气供给中发挥了重要作用。同时，对矿井瓦斯通过抽采等改造技术也实现了煤矿减灾与安全生产，提高了瓦斯（煤层气）资源的利用（叶建平和陆小霞，2016）。在陆域天然气水合物勘探开发方面，我国成为全球第三个成功钻获陆域天然气水合物的国家，对其大规模开采技术也在不断探索之中（吴传芝等，2008；黄朋等，2002）。今后，对新能源勘探与开发应重点开展地热、干热岩、浅层地温能资源勘查评价、开发利用技术与示范工程，煤层气、页岩气、致密砂岩气资源评价、勘查与开发技术，陆域天然气水合物评价、勘查与开发技术等研究工作。

生态地质勘查。重点开展环境地质、矿山环境保护与恢复治理、采煤沉陷区综合治理、煤矸石处理、煤电固废处理、关闭矿山资源综合利用、废物综合利用、西部生态脆弱区、缺水地区的生态保护和资源开发利用等。生态地质勘查工作主要通过生态地质评价技术与绿色协同勘查技术、生态地质监测技术、生态地质修复技术、废弃资源再利用技术等关键技术，实现对生态环境影响评价、生态地质修复与重塑体系建设（谢和平等，2017；王双明等，2017；赵平，2018；程光华等，2018）。

民生地质。重点开展与人类活动紧密的城市地质、农业地质、地震地质、地质灾害评估、矿山应急救援、土地整治、土壤污染调查、地质公园、旅游地质等各门类的综合性地质工作，如京津冀、粤港澳大湾区建设等都需要地质勘查作为基础工作。

地下空间探测与基础工程建设。地下空间开发利用是缓解城市资源匮乏、改善环境状况、提升居民生活品质的重要途径（油新华等，2019）。基础工程建设是为社会生产和居民生活提供公共服务的物质工程设施。围绕发展地下空间探测与基础工程建设，重点开展城市地表浅层塌陷、地下空洞与空间探测、地下综合管廊规划与利用、工程勘察、岩土勘查、地基与基础工程、建筑基坑支护、挡土墙、基坑工程、动力机器基础与地基基础抗震等工作。对于实现城市可持续发展、创造城市美好生活具有重大意义（彭芳乐等，2019）。

"一带一路"地质勘查服务。"一带一路"沿线国家矿产资源丰富，部分地质工作程度低，深入研究"一带一路"沿线国家和地区地质特征，推进我国与沿线国家进行能源和矿产勘探、开采、加工、消费，以及矿业投资、交易方面的合作，并带动测绘、勘查等许多基础性研究与建设项目，服务沿线国家经济发展，共同构建人类命运共同体（郭衍敬，2017）。

地理信息技术。一方面地理信息技术随着以大数据、云计算为代表的信息技术迅猛发展，煤炭地质工作的信息化与智能化技术研究要以提供地理信息产品服务为主要目标，在集成化、智能化、云计算和三维可视化等方面加快发展（王佟等，2017b），重点做好遥感地质、新一代测图系统、多元信息的复合与融合处理技术、数据挖掘技术、虚拟现实、动态模拟、三维建模、基于位置服务的数据增值服务产品、智慧城市系统、智慧管网系统、互联网服务等技术研发。另一方面地理信息技术与地质勘查技术相融合，对于提高地质勘查精度和勘查效率、系统刻画局部地质构造发育和矿产资源赋存特征等勘查成果将会发挥重要作用（储征伟和杨娅丽，2011）。

上述一个或多个技术与地理信息技术的有机结合或一个或多个领域工程的实施，可实现对一定空间内一种或多种地质体、矿产资源不同尺度的透明化，一定范围地表及浅层生态环境的美丽化及其与地质大数据融合的信息化，构成了"三个地球"建设的基本架构与技术路径。"三个地球"建设理念和内涵也必将随着技术进步和地质认识的不断完善，逐步发展和提高。

参 考 文 献

程光华，苏晶文，杨洋，等. 2018. 新时代地质工作战略思考. 地质通报，（7）：1177-1185.
储征伟，杨娅丽. 2011. 地理信息系统应用现状及发展趋势. 现代测绘，34（1）：19-22.
郭衍敬. 2017. "一带一路"背景下中国煤炭经济发展路径思考. 煤炭经济研究，37（2）：37-41.
何淑贞，王日远. 1999. 数字地球——知识经济的巨大信源库. 中医药导报，5（12）：35-37.
黄朋，潘桂棠，王立全，等. 2002. 青藏高原天然气水合物资源预测. 地质通报，21（11）：794-798.
李德仁. 2016. 展望大数据时代的地球空间信息学. 测绘学报，45（4）：379-384.
李德威，王焰新. 2015. 干热岩地热能研究与开发的若干重大问题. 地球科学——中国地质大学学报. 40（11）：1858-1869.
刘树臣. 2003. 发展新一代矿产勘探技术——澳大利亚玻璃地球计划的启示. 地质与勘探，39（5）：53-56.
刘文灿. 2002. "玻璃地球"——穿透覆盖层勘查的地球化学前沿. 国土资源情报，（12）：46-50.
彭芳乐，乔永康，程光华. 2019. 我国城市地下空间规划现状、问题与对策. 地学前缘，36（3）：57-68.
彭苏萍. 2014. 煤炭资源与水资源. 北京：科学出版社：26-75.
彭苏萍. 2018. 煤炭资源强国战略研究. 北京：科学出版社：23-98.
王双明，杜华栋，王生全. 2017. 神木北部采煤塌陷区土壤与植被损害过程及机理分析. 煤炭学报，42（1）：17-26.
王佟，张博，王庆伟，等. 2017a. 中国绿色煤炭资源概念和内涵及评价. 煤田地质与勘探，45（1）：1-8，13.
王佟，邵龙义，夏玉成，等. 2017b. 中国煤炭地质研究取得的重大进展与今后的主要研究方向. 中国地质，44（2）：242-262.
王佟，赵欣，林中月，等. 2019. 新时代煤炭地质勘查工作的发展方向——"三个地球"建设[J]. 中国煤炭地质，31（11）：7-10，25.
吴冲龙，刘刚. 2015. "玻璃地球"建设的现状、问题、趋势与对策. 地质通报，34（7）：1280-1287.
吴传芝，赵克斌，孙长青，等. 2008. 天然气水合物开采研究现状. 地质科技情报，27（1）：47-52.
武强，申建军，王洋. 2017. "煤-水"双资源型矿井开采技术方法与工程应用. 煤炭学报，42（1）：8-16.
夏学惠. 2013. 中国主要化工矿产成矿区带及找矿远景.//中国地质学会2013年学术年会. 昆明：79-83.

谢和平, 高峰, 鞠杨, 等.2017. 深地煤炭资源流态化开采理论与技术构想. 煤炭学报, 42（3）: 547-556.
叶建平, 陆小霞.2016. 我国煤层气产业发展现状和技术进展. 煤炭科学技术, 44（1）: 24-28.
油新华, 何光尧, 王强勋, 等.2019. 我国城市地下空间利用现状及发展趋势. 隧道建设, 39（2）: 7-22.
袁亮, 张农, 阚甲广, 等.2018. 我国绿色煤炭资源量概念、模型及预测. 中国矿业大学学报, 47（1）: 1-8.
张博, 彭苏萍, 王佟, 等.2019. 构建煤炭资源强国的战略路径与对策研. 中国工程科学, 21（1）: 88-96.
赵平.2017. 新时代煤炭地质勘查技术及发展方向思考. 中国煤炭地质, 30（4）: 1-4.
赵平.2018. 新时代生态地质勘查工作的基本内涵与架构. 中国煤炭地质, 30（10）: 1-5.